国家出版基金项目
NATIONAL PUBLICATION FOUNDATION

ARJ21新支线飞机技术系列

主编 郭博智 陈 勇

支线飞机运行支持技术

Operation Support Technology of Regional Aircraft

徐庆宏 柏文华 余 钧 等 著

上海交通大学出版社
SHANGHAI JIAO TONG UNIVERSITY PRESS

大飞机读者俱乐部

内容提要

  本书是民用飞机运行支持技术人员及技术管理人员基于型号运行支持工程研制及运行支持管理工作实践,总结提炼而形成的关于民用飞机运行支持工程技术方面的专著,系统地介绍了民用飞机运行支持的基本要求及任务、民用飞机运行支持技术要求及技术要点、技术管理要求及管理要点,并结合 ARJ21 - 700 飞机型号研制和运营实践介绍了民用飞机运行支持技术的应用。

  本书适用于航空器制造厂家、运行支持供应商及航空器运营相关工程技术人员及管理人员专业技术参考,亦可作为航空院校相关专业教师、本科生及研究生教学科研参考。

图书在版编目(CIP)数据

支线飞机运行支持技术/徐庆宏等著. 上海:
上海交通大学出版社,2017
大飞机出版工程
ISBN 978 - 7 - 313 - 18549 - 5

Ⅰ.①支… Ⅱ.①徐… Ⅲ.①飞机—飞行术 Ⅳ.
①V323

中国版本图书馆 CIP 数据核字(2017)第 307704 号

支线飞机运行支持技术

著　　者:徐庆宏　柏文华　余钧 等
出版发行:上海交通大学出版社　　　　　　　地　　址:上海市番禺路 951 号
邮政编码:200030　　　　　　　　　　　　　　电　　话:021 - 64071208
出 版 人:谈　毅
印　　制:上海万卷印刷股份有限公司　　　　经　　销:全国新华书店
开　　本:710 mm×1000 mm　1/16　　　　　印　　张:23.75
字　　数:475 千字
版　　次:2017 年 12 月第 1 版　　　　　　　印　　次:2017 年 12 月第 1 次印刷
书　　号:ISBN 978 - 7 - 313 - 18549 - 5/ V
定　　价:205.00 元

大飞机出版工程

丛书编委会

总主编

顾诵芬（中国航空工业集团公司科技委原副主任、中国科学院和中国工程院院士）

副总主编

贺东风（中国商用飞机有限责任公司董事长）

林忠钦（上海交通大学校长、中国工程院院士）

编委会（按姓氏笔画排序）

王礼恒（中国航天科技集团公司科技委主任、中国工程院院士）

王宗光（上海交通大学原党委书记、教授）

刘　洪（上海交通大学航空航天学院副院长、教授）

任　和（中国商飞上海飞机客户服务公司副总工程师、教授）

李　明（中国航空工业集团沈阳飞机设计研究所科技委委员、中国工程院院士）

吴光辉（中国商用飞机有限责任公司副总经理、总设计师、中国工程院院士）

汪　海（上海市航空材料与结构检测中心主任、研究员）

张卫红（西北工业大学副校长、教授）

张新国（中国航空工业集团副总经理、研究员）

陈　勇（中国商用飞机有限责任公司工程总师、ARJ21飞机总设计师、研究员）

陈迎春（中国商用飞机有限责任公司CR929飞机总设计师、研究员）

陈宗基（北京航空航天大学自动化科学与电气工程学院教授）

陈懋章（北京航空航天大学能源与动力工程学院教授、中国工程院院士）

金德琨（中国航空工业集团公司原科技委委员、研究员）

赵越让（中国商用飞机有限责任公司总经理、研究员）

姜丽萍（中国商用飞机有限责任公司制造总师、研究员）

曹春晓（中国航空工业集团北京航空材料研究院研究员、中国工程院院士）

敬忠良（上海交通大学航空航天学院常务副院长、教授）

傅　山（上海交通大学电子信息与电气工程学院研究员）

ARJ21 新支线飞机技术系列

编委会

顾 问

赵越让（中国商用飞机有限责任公司总经理、研究员）

罗荣怀（中国商用飞机有限责任公司原副总经理、研究员）

吴光辉（中国商用飞机有限责任公司副总经理、中国工程院院士）

主 编

郭博智（中国商用飞机有限责任公司副总经理、ARJ21 项目原副总指挥、研究员）

陈 勇（中国商用飞机有限责任公司工程总师、ARJ21 项目总设计师、研究员）

副主编

谢灿军（中国商用飞机有限责任公司 ARJ21 项目办公室主任、研究员）

李 玲（中国商飞上海飞机客户服务有限公司总经理、原上海飞机设计研究院项目行政指挥、研究员）

编 委

刘乾酉（中航商用飞机有限责任公司原副总经理、研究员）

徐庆宏（中国商用飞机有限责任公司科技委副主任、研究员）

田剑波（中国商飞上海飞机设计研究院 ARJ21 项目副总设计师、研究员）

常 红（中国商飞上海飞机设计研究院 ARJ21 项目副总设计师、研究员）

赵克良（中国商飞上海飞机设计研究院 ARJ21 项目副总设计师、研究员）

修忠信（中国商飞上海飞机设计研究院 ARJ21 项目副总设计师、研究员）

朱广荣（中国商飞上海飞机设计研究院 ARJ21 项目副总设计师、研究员）

吕 军（中国商飞上海飞机设计研究院 ARJ21 项目副总设计师、研究员）

赵春玲（中国商飞上海飞机设计研究院 ARJ21 项目副总设计师、研究员）

辛旭东（中国商飞上海飞机设计研究院 ARJ21 项目副总设计师、研究员）

徐有成（中国商飞上海飞机设计研究院 ARJ21 项目副总设计师、研究员）

柏文华（中国商飞上海飞机客户服务有限公司 ARJ21 项目副总设计师、研究员）

尹力坚（中国商飞上海飞机制造有限公司 ARJ21 型号总工程师、研究员）

王 飞（中国商飞上海飞机设计研究院院长助理、ARJ21 工程管理办公室主任、研究员）

任 和（中国商飞上海飞机客户服务有限公司副总工程师、教授）

叶群峰（中国商飞上海飞机设计研究院 ARJ21 工程管理办公室副主任、高级工程师）

总　　序

　　国务院在 2007 年 2 月底批准了大型飞机研制重大科技专项正式立项,得到全国上下各方面的关注。"大型飞机"工程项目作为创新型国家的标志工程重新燃起我们国家和人民共同承载着"航空报国梦"的巨大热情。对于所有从事航空事业的工作者,这是历史赋予的使命和挑战。

　　1903 年 12 月 17 日,美国莱特兄弟制作的世界第一架有动力、可操纵、比重大于空气的载人飞行器试飞成功,标志着人类飞行的梦想变成了现实。飞机作为 20 世纪最重大的科技成果之一,是人类科技创新能力与工业化生产形式相结合的产物,也是现代科学技术的集大成者。军事和民生的需求促进了飞机迅速而不间断的发展和应用,体现了当代科学技术的最新成果;而航空领域的持续探索和不断创新,也为诸多学科的发展和相关技术的突破提供了强劲动力。航空工业已经成为知识密集、技术密集、高附加值、低消耗的产业。

　　从大型飞机工程项目开始论证到确定为《国家中长期科学和技术发展规划纲要》的十六个重大专项之一,直至立项通过,不仅使全国上下重视我国自主航空事业,而且使我们的人民、政府理解了我国航空事业半个多世纪发展的艰辛和成绩。大型飞机重大专项正式立项和启动使我们的民用航空进入新纪元。经过 50 多年的风雨历程,当今中国的航空工业已经步入了科学、理性的发展轨道。大型客机项目产业链长、辐射面宽、对国家综合实力带动性强,在国民经济发展和科学技术进步中发挥着重要作用,我国的航空工业迎来了新的发展机遇。

　　大型飞机的研制承载着中国几代航空人的梦想,在 2016 年造出与波音公司

B737 和空客公司 A320 改进型一样先进的"国产大飞机"已经成为每个航空人心中奋斗的目标。然而,大型飞机覆盖了机械、电子、材料、冶金、仪器仪表、化工等几乎所有工业门类,集成数学、空气动力学、材料学、人机工程学、自动控制学等多种学科,是一个复杂的科技创新系统。为了迎接新形势下理论、技术和工程等方面的严峻挑战,迫切需要引入、借鉴国外的优秀出版物和数据资料,总结、巩固我们的经验和成果,编著一套以"大飞机"为主题的丛书,借以推动服务"大飞机"作为推动服务整个航空科学的切入点,同时对于促进我国航空事业的发展和加快航空紧缺人才的培养,具有十分重要的现实意义和深远的历史意义。

2008 年 5 月,中国商用飞机有限公司成立之初,上海交通大学出版社就开始酝酿"大飞机出版工程",这是一项非常适合"大飞机"研制工作时宜的事业。新中国第一位飞机设计宗师——徐舜寿同志在领导我们研制中国第一架喷气式歼击教练机——歼教 1 时,亲自撰写了《飞机性能及算法》,及时编译了第一部《英汉航空工程名词字典》,翻译出版了《飞机构造学》《飞机强度学》,从理论上保证了我们的飞机研制工作。我本人作为航空事业发展 50 多年的见证人,欣然接受上海交通大学出版社的邀请担任该丛书的主编,希望为我国的"大飞机"研制发展出一份力。出版社同时也邀请了王礼恒院士、金德琨研究员、吴光辉总设计师、陈迎春副总设计师等航空领域专家撰写专著、精选书目,承担翻译、审校等工作,以确保这套"大飞机"丛书具有高品质和重大的社会价值,为我国的大飞机研制以及学科发展提供参考和智力支持。

编著这套丛书,一是总结整理 50 多年来航空科学技术的重要成果及宝贵经验;二是优化航空专业技术教材体系,为飞机设计技术人员的培养提供一套系统、全面的教科书,满足人才培养对教材的迫切需求;三是为大飞机研制提供有力的技术保障;四是将许多专家、教授、学者广博的学识见解和丰富的实践经验总结继承下来,旨在从系统性、完整性和实用性角度出发,把丰富的实践经验进一步理论化、科学化,形成具有我国特色的"大飞机"理论与实践相结合的知识体系。

"大飞机出版工程"丛书主要涵盖了总体气动、航空发动机、结构强度、航电、制造等专业方向,知识领域覆盖我国国产大飞机的关键技术。图书类别分为译著、专著、教材、工具书等几个模块;其内容既包括领域内专家们最先进的理论方法和技术成果，也包括来自飞机设计第一线的理论和实践成果。如：2009 年出版的荷兰原福克飞机公司总师撰写的 *Aerodynamic Design of Transport Aircraft*（《运输类飞机的空气动力设计》）；由美国堪萨斯大学 2008 年出版的 *Aircraft Propulsion*（《飞机推进》）等国外最新科技的结晶；国内《民用飞机总体设计》等总体阐述之作和《涡量动力学》《民用飞机气动设计》等专业细分的著作；也有《民机设计 1 000 问》《英汉航空缩略语词典》等工具类图书。

　　该套图书得到国家出版基金资助，体现了国家对"大型飞机"项目以及"大飞机出版工程"这套丛书的高度重视。这套丛书承担着记载与弘扬科技成就、积累和传播科技知识的使命，凝结了国内外航空领域专业人士的智慧和成果，具有较强的系统性、完整性、实用性和技术前瞻性，既可作为实际工作指导用书，亦可作为相关专业人员的学习参考用书。期望这套丛书能够有益于航空领域里人才的培养，有益于航空工业的发展，有益于大飞机的成功研制。同时，希望能为大飞机工程吸引更多的读者来关心航空、支持航空和热爱航空，并投身于中国航空事业做出一点贡献。

2009 年 12 月 15 日

序

民用飞机产业是大国的战略性产业。民用客机作为一款高附加值的商品,是拉动国家经济发展的重要力量,是体现大国经济和科技实力的重要名片,在产业和科技上具有强大的带动作用。

自新中国成立以来,中国民机产业先后成功地研制了 Y-7 系列涡桨支线客机和 Y-12 系列涡桨小型客机等民用飞机。在民用喷气客机领域,曾经在 20 世纪 70 年代自行研制了运-10 飞机,国际合作论证了 MPC-75、AE-100 等民用客机,合作生产了 MD-80 和 MD-90 飞机。民机制造业转包生产国外民机部件,但始终没有成功研制一款投入商业运营的民用喷气客机。

支线航空发展迫在眉睫。2002 年 2 月,国务院决定专攻支线飞机,按照市场机制发展民机,并于 11 月 17 日启动 ARJ21 新支线飞机项目,意为"面向 21 世纪的先进涡扇支线飞机(Advanced Regional Jet for the 21st Century)"。从此,中国民机产业走上了市场机制下的自主创新之路。

ARJ21 作为我国民机历史上第一款按照国际通用适航标准全新研制的民用客机,承担着中国民机产业先行者和探路人的角色。跨越十五年的研制、取证和交付运营过程,经历的每一个研制阶段,解决的每一个设计、试验和试飞技术问题,都是一次全新的探索。经过十五年的摸索实践,ARJ21 按照民用飞机的市场定位打通了全新研制、适航取证、批量生产和客户服务的全业务流程,突破并积累了喷气客机全寿命的研发技术、适航技术和客户服务技术,建立了中国民机产业技术体系和产业链,为后续大型客机的研制打下了坚实的基础。

习近平总书记考察中国商飞公司时要求改变"造不如买、买不如租"的逻辑,坚持民机制造事业"不以难易论进退",在 ARJ21 取证后要求"继续弘扬航空报国精神,总结经验、迎难而上"。马凯副总理 2014 年 12 月 30 日考察 ARJ21 飞机时,指出,"要把 ARJ21 新支线飞机项目研制和审定经验作为一笔宝贵财富认真总结推广"。工信部副部长苏波指出:"要认真总结经验教训,做好积累,形成规范和手册,指导 C919 和后续大型民用飞机的发展。"

编著这套书,一是经验总结,总结整理 2002 年以来 ARJ21 飞机研制历程中设计、取证和交付各阶段开创性的重要成果及宝贵经验;二是技术传承,将民机研发技术专家、教授、学者广博的学识见解和丰富的实践经验总结继承下来,把丰富的实践经验进一步理论化、科学化,形成具有我国特色的民机理论与实践相结合的知识体系,为飞机设计技术人员提供参考和学习的材料;三是指导保障,为大飞机研制提供有力的技术保障。

丛书主要包括了项目研制历程、研制技术体系、研制关键技术、市场研究技术、适航技术、运行支持系统、关键系统研制和取证技术、试飞取证技术等分册的内容。本丛书结合了 ARJ21 的研制和发展,探讨了支线飞机市场技术要求、政府监管和适航条例、飞机总体、结构和系统关键技术、客户服务体系、研发工具和流程等方面的内容。由于民用飞机适航和运营要求是统一的标准,在技术上具有高度的相似性和相关性,因此 ARJ21 在飞机研发技术、适航验证和运营符合性等方面取得的经验,可以直接应用于后续的民用飞机研制。

ARJ21 新支线飞机的研制过程是对中国民机产业发展道路成功的探索,不仅开发出一个型号,而且成功地锤炼了研制队伍。参与本套丛书撰写的专家均是 ARJ21 研制团队的核心人员,在 ARJ21 新支线飞机的研制过程中积累了丰富且宝贵的实践经验和科研成果。丛书的撰写是对研制成果和实践经验的一次阶段性的梳理和提炼。

ARJ21 交付运营后,在飞机的持续适航、可靠性、使用维护和经济性等方面,继续经受着市场和客户的双重考验,并且与国际主流民用飞机开始同台竞技,因此需要针对运营中间发现的问题进行持续改进,最终把 ARJ21 飞机打造成为一款航空公司愿意用、飞行员愿意飞、旅客愿意坐的精品。

ARJ21 是"中国大飞机事业万里长征的第一步",通过 ARJ21 的探索和积累,中国的民机产业会进入一条快车道,在不远的将来,中国民机将成为彰显中国实力的新名片。ARJ21 将继续肩负着的三大历史使命前行,一是作为中国民机产业的探路者,为中国民机产业探索全寿命、全业务和全产业的经验;二是建立和完善民机适航体系,包括初始适航、批产及证后管理、持续适航和运营支持体系等,通过中美适航当局审查,建立中美在 FAR/CCAR - 25 部大型客机的适航双边,最终取得FAA 适航证;三是打造一款具有国际竞争力的喷气支线客机,填补国内空白,实现技术成功、市场成功、商业成功。

这套丛书获得 2017 年度国家出版基金的支持,表明了国家对"ARJ21 新支线飞机"的高度重视。这套书作为上海交通大学出版社"大飞机出版工程"的一部分,希望该套图书的出版能够达到预期的编著目标。在此,我代表编委会衷心感谢直接或间接参与本系列图书撰写和审校工作的专家和学者,衷心感谢为此套丛书默默耕耘三年之久的上海交通大学出版社"大飞机出版工程"项目组,希望本系列图书能为我国在研型号和后续型号的研制提供智力支持和文献参考!

ARJ21 总设计师

2017 年 9 月

序

  2000 年以来,强调掌握自主知识产权的中国民机产业的快速发展,给国内航空制造业带来的最令人瞩目的变化就是面向客户需求的服务理念和实践的深化。其实,客户服务的理念和实践,对民用产品的制造业而言早就是"行规"、主业和文化,然而对于起步于产品仿制并在计划经济环境下成长壮大的国内航空制造业而言,却意味着是一个向适应市场经济的理念、习惯和做派大转变的艰难过程。ARJ21-700 的历程表明,这种艰难既来自对服务理念与航空业务适应性的疑惑,也有对航空制造服务业务内涵和规律摸索的煎熬,说"ARJ21-700 客服发展蹒跚在认知的困惑和行动的迷茫中"并不过分,毕竟民机服务的命题涉及的是企业创建与产品设计、制造并列的服务的能力、体系和文化的大动作,理念和工作内涵的性质变化的经历,不可能是顺顺当当的过程。令人欣慰的是,经过不懈的努力,ARJ21-700 的服务已经进入正常轨道,而艰难过程揭示出的服务业务规律和特点则为后来的民机项目研制提供宝贵经验,这也是 ARJ21-700 项目作为中国民机探路者的历史担当。

  说到服务业务内涵,更多想到的是"服务窗口"和"现场服务"组织构架的完善和工作态度的改进,而工作内容和依据则认为应该是来自产品设计体系的工作成果,不需要服务工作者的特别关注。然而,ARJ21-700 的经历告诉我们,国内传统的航空产品设计体系基本输出的是"产品构架"的定义,服务需求的产品使用操作和维修的逻辑、方案、程序、工具等却并不都是其必然的内容,后果就是服务业务内容贫乏甚至"无米下锅"的低值状态。而 ARJ21-700 经验又表明,改变这种处境的唯一途径就是开创基于"产品构架"向"产品使用"转换的专业技术工作,为服务业务奠定坚实的技术基础。不难看出,这是一个在工作内容和方法都不与产品设计相同的服务业务专有的工程技术工作。因此可以说,"服务工程"的工作才是服务业务的真正起点,而"服务工程"则是服务业务的核心能力之一,其开发成果是项目知识产权的重要组成部分。2014 年中国民航颁发的有关文件,把国内民用航空器制造企业的服务能力聚焦到"运行支持体系的建设",至此可以更加明确地说,民机制造业的服务能力建设要始于运行支持工程技术能力和体系的建设,这是 ARJ21-700 项目揭示出的民机产业体系建设最重要的基本概念和规律之一。

正由于此,中国商飞客户服务中心(上海飞机客户服务有限公司)把在 ARJ21-700 项目实践中的运行支持的工作大纲和各专业的技术工作内容以及点滴心得体会编辑成书,除了在技术上的总结探讨以充分发挥 ARJ21-700 民机研制探路者角色的作用之外,还意在促进大众对企业客户服务能力内涵的更深理解。其中有些内容,也许从技术角度看可以挖掘得更深一些,提炼得更精细一些,但它们却都是运行支持工程技术实战案例,尽管稚嫩,仍彰显出服务能力中工程技术体系的功能和作用,而今后更多类似工作成果的出现,必将会有力推动国内民机产业的茁壮成长,我想,这也许是编写本书的深层用意吧。

汤小平

ARJ21 飞机首任行政指挥

2017 年 9 月 30 日

前　言

民机运行支持是近年来国内民机行业使用频率最高的专业名词之一。民机运行支持的重要性、必要性已经在业内达成广泛的共识，并在型号研制阶段落实运行要求，研制运行支持产品，借以为飞机交付后的运行支持做好准备。为此必须有相应的运行支持技术予以支撑，方能完成相关运行支持工作。

民机运行支持技术是关于民机运行支持工程研制（策划与研发）及运行支持，借以保障民机安全运行的科学方法及原理，适用于民机立项及可行性论证阶段的运行支持策划、研发阶段的运行支持工程研制及交付运行阶段的全寿命运行支持。

民用飞机运行支持技术是一门全新的技术门类。中国商飞客户服务中心基于"在探索中发展，在创新中超越"的发展理念，充分学习借鉴国际民机运行支持技术标准和一流民机制造商运行支持经验，利用现代信息化与网络、数据传输与信息化管理、需求分析与管理、自动控制与模拟等基础技术的最新研究成果，积极转变并突破传统售后服务模式与管理模式，创新民机运行支持技术及技术管理新途径、新模式，力求以高客户满意度取得卓越的应用效果继而实现超越。

迄今为止国内外尚未有关于民机运行支持技术方面的专著供民机运行支持一线技术人员与管理人员参考。本书是ARJ21-700飞机运行支持技术人员及技术管理人员基于型号运行支持工程研制及运行支持管理工作实践，将实际工作中的创新观点和实践经验系统化和理论化，总结提炼而形成的关于民机运行支持技术方面的专著，为国内民机运行支持相关技术人员及技术管理人员提供参考。

本书涵盖了民机运行支持基本任务及要求、民机运行支持技术要求及技术要点、技术管理要求及管理要点，并结合ARJ21-700飞机实际介绍了民机运行支持技术的应用。全书分为12章，第1章介绍了民机运行支持的背景、目标及要求，运行支持任务、运行支持技术及其应用，以及运行支持最佳实践及发展趋势。第 2 章至第 12 章分别介绍了运行支持技术及管理，并介绍了这些技术在 ARJ21-700 飞机上的应用及其所取得的成果及经验、启示及展望。附录介绍了与运行支持直接相关的航空器评审以及关键人员队伍建设要求。

本书适用于航空器制造厂家及航空器运营相关工程技术及管理人员专业技术参考，亦可作为航空院校相关专业教师、本科生及研究生教学科研参考。

本书第 1 章由柏文华、余钧、刘平编写。第 2 章由华丹宏、王震威、张晶、张婧瑜、李青、谭义茹、曹栋伟、张兴国、李发生、耿歆、胡军锋、苏剑、陆晓华、高云、曹文婷、樊越强编写。第 3 章由沈萍、周寅秋、张雅杰、赵鹏、马思宁、韩天时、张晟昱、温丽华、朱杰霞、周广东、彭和平、李渊恒、韩皓、王清淼、武延丽、王宏朝编写。第 4 章由王龙飞、刘昕、冯子寒、苏茂根、李冲祥、谭宏斌、任立平、吕峰、高飞鹏、何利华、商桂娥、朱昊、魏晓飞、尹楚雄、蔡碧金编写。第 5 章由仲广志、管佳欢、佟宇、孙宝泉、马新、覃翌、郑云、徐宾、沈忆强、刘龙、贝亮、顾志武、齐田田编写。第 6 章由金璇、任屹楠、吕荣照、范志强、陈新霞、黄爱军、陈金、王道祥、李琪、王洪、晏震乾编写。第 7 章由夏群、刘伟、肖鹏、王芳、钱坤、孙蕾编写。第 8 章由邱明杰、王志强、熊俊、陈啸、巴塔西、庞志鹏、杨路、陈莎编写。第 9 章由张晨昊、陆朝阳、柳春娇、朱峰、韩霁悦编写。第 10 章由廖翠英、罗刚、陈逸潇编写。第 11 章由陈莎、王志强、熊俊、张文燕、刘衣、王梓霖编写。第 12 章及附录由余钧、钱浩然、张杰、阎晶、包丽、葛久亮编写。全书由徐庆宏、柏文华、余钧策划、统稿并审阅。

本书是集体智慧的结晶。在民用飞机运行支持技术的形成及应用过程中，得到了国内众多单位及专家的大力支持和帮助，上海飞机客户服务有限公司相关技术人员为本书编写提供了大量资料及编写支持，在此一并表示谢忱。

限于作者才疏学浅，存在错误疏漏以及不当之处恳请读者批评指正。

徐庆宏

中国商飞客户服务总监

2017 年 9 月 30 日

目　　录

1 绪　　论

1.1 概述

1.1.1 背景

众所周知，作为特殊商品的航空器设计和制造应符合相应适航标准（如 CCAR－25 部）外，根据航空器的不同用途和运行环境，其运行和维修还应满足相应运行规章（如 CCAR－121 部）要求，以保证航空器安全飞行，所有这些已经达成业内共识。

从表象上看，尽管运行规章是针对航空器运营人提出的要求，并不是对航空器制造厂家的要求，事实并非如此。纵观民用航空器发展历史不难看出，航空器运营离不开航空器制造厂家的支持。航空器制造厂家的运行支持旨在：

1）支持航空器获得运行许可批准

按照行业通行惯例，航空运营人须以航空器制造厂家提供的技术规范为基础制订相应的运行和维修规范，借以申请航空器运行批准。有些航空器运营人还需要航空器制造厂家直接提供必要的服务，借此保障航空器运行满足相应的运行和维修要求。故满足运行规章要求不仅仅是航空器运营人的责任，同样也是航空器制造厂家不可推卸的责任。

2）降低航空器使用和维修成本

除满足相应运行规章要求外，航空运营人选择航空器时还会重点考虑其使用和维修成本，而航空器使用和维修成本主要取决于航空器的设计水平和航空器制造厂家提供的运行支持。提供优质的航空器、提供优质运行支持，进而协助航空器运营人降低航空器使用和维修成本、延长航空器使用寿命，也是航空器制造厂家基本责任。

3）助力航空器取得商业成功

航空器制造厂家的目标是获取市场份额并取得商业成功。在全球航空器市场竞争日趋激烈的情况下，航空器制造厂家研发的航空器如果不能得到客户认可，是无法取得商业成功的。而优质的运行支持除去会给航空器运营人带来利益，也给航空器制造厂家带来利益，故运行支持是航空器制造厂家取得商业成功的必要举措。

由此可见，运行支持既是局方①的要求、用户的要求，同时也是航空器制造厂家自身的要求。为确保所研制的航空器既能符合运行规章的要求、满足航空运营人降低使用和维修成本的需求，取得航空器商业成功，航空器制造厂家应自航空器规划阶段起即考虑运行规章要求，研制阶段完成运行支持工程研制，并在交付运行阶段为航空器运营人提供持续的运行支持，以此保证实现上述目标。

由于种种历史原因和特定的历史背景，我国民用航空器经历了漫长而又曲折的过程，但未能取得长足的进步，与行业最佳实践之间的差距尤其是运行支持差距甚大。究其原因是因为长期以来我国航空界盛行"重研制、轻运营"的"军机"研制观念及思路，往往将航空器取得型号合格证（TC）作为其终极目标，并在型号研制过程中几乎倾斜了所有的资源保障。轻视或忽略航空器的制造厂家运行支持之于航空器运行的重要性及必要性，导致所研制的航空器可维修性、可操作性差，进而严重影响了运营人购置信心，使航空器制造厂家的商业成功的愿望变为"水中月""镜中花"。

幸运的是，近年来航空器运行支持之于民用航空器的重要性在业内达成了广泛的共识。国务院及相关部委司局先后发文，要求民用航空器制造厂家建立健全民机运行支持技术体系，以进一步提升国产民用航空器的核心竞争力。

1）国务院文件

2012年7月，为促进中国民航业发展，国务院发布《国务院关于促进民航业发展的若干意见》（国发〔2012〕24号），将积极支持国产民机制造列为主要任务之一，并明确要求"建立健全售后服务和运行支持技术体系"。

文件第一次将民用航空器运行支持提升至国家战略层面，是民机行业运行支持顶层设计与要求，为我国民机运行支持体系的建立与运行支持工作的开展指明了方向。

2）民用航空局文件

2014年10月，中国民用航空局发布《民航局关于航空器制造厂家建立运行支持体系的指导意见》（民航发〔2014〕94号），指出"（航空器）制造厂家缺乏运行支持体系一直是制约国产民用航空器发展的瓶颈问题"，明确"建立运行支持体系是航空器制造厂家的基本责任，是提升国产民用航空器安全运行水平的有效途径，是实现国产民用航空器可持续发展的有力抓手，对提升国产民用航空器竞争力具有重大意义"。

文件明确了运行支持的主要任务，包括航空器初始设计及持续改进时充分考虑运行需求，为用户提供专业人员培训、维修支持、交付及运营支持等服务；建立使用信息收集与处理机制、实施航空器全寿命期持续改进；为小规模航空器运营人或

---

①　局方指中国民用航空局（CAAC），也包括 FAA、EASA 等。

所有人提供支持和服务等。

文件还明确了航空器制造厂家保障措施要求,包括统一思想、加强组织领导、配置专业专职人员、加强机构建设,以及制订管理手册、加强规范管理等。

3) 民航局飞行标准司文件

2014 年 12 月,民航局飞行标准司下发《航空器制造厂家运行支持体系建设规范》(MD - FS - AEG006),进一步明确了运行支持体系建设责任、运行支持基本任务、航空器制造厂家相关部门职责、关键人员队伍建设、运行支持规范及流程、运行支持体系管理等要求。

文件为航空器制造厂家建立运行支持体系、开展运行支持工作提供指导,保证其所研制的航空器投入运行后得到有效的运行支持。

上述文件是航空器制造厂家必须遵循的基本原则、要求及规范。

1.1.2　运行支持目标

运行支持旨在协助航空运营人持续保持飞机安全、经济、可靠运行,借此确保航空运营人能够为其乘客提供安全、高效、舒适的飞行服务,最终实现企业发展、客户盈利、服务社会的良性可持续发展模式,确保飞机商业成功。

航空器制造厂家运行支持的目标可分为飞机交付前和交付后目标:

1) 飞机交付前目标

(1) 保证所研制的航空器符合预期运行环境并满足运行规章要求、使用要求和维修要求。

(2) 开展运行支持工程研制,完成运行支持产品开发,做好运行支持准备,协助航空器顺利投入运行。

2) 飞机交付后目标

(1) 为航空器运营人或所有人提供支持以保持飞机固有安全性、可靠性。

(2) 基于运行数据实施(使用寿命期内)航空器持续改进,提升航空器核心竞争力。

(3) 基于不断增长的市场及客户要求实施运行支持持续改进,助力航空器商业成功。

1.1.3　运行支持要求

按照局方相关文件规定,运行支持相关要求如下:

(1) 所设计的航空器应充分考虑包括符合运行规章、适合预期使用环境、有效控制使用和维修成本等在内的需求,并符合局方的合格审定要求。

(2) 为航空运营人或所有人的各类专业人员提供必要的培训,并符合局方的合格审定要求。

(3) 为航空运营人或所有人提供规范的运行和持续适航文件,实施运行和持续适航文件持续改进,并符合民航局相应的合格审定要求。

（4）为航空运营人或所有人提供必需的维修支持，包括定期检修和部件维修、航材和地面设备供应、工程技术支援，并符合民航局相应的合格审定要求。

（5）建立全面的使用信息收集和处理流程，了解航空器的使用情况，高效解决航空运营人或所有人反馈的问题，做出及时响应，并符合民航局相应的合格审定要求。

（6）为航空运营人或所有人提供必要的交付和运行支持服务，协助航空器顺利投入运行。

（7）为规模较小的航空运营人或所有人提供必要的特殊支持和服务，保证航空器的持续运行。

1.2　运行支持任务

按照局方要求，运行支持包括运行要求符合性设计、人员培训、运行和持续适航文件、维修支持、飞行运行支持、使用信息收集与处理，以及其他支持等相关任务。上述任务包括了型号运行支持工程研制及交付、飞机交付运行后的运行支持期间航空器制造厂家所必须完成的工作。

除此以外，运行支持工程研制还包括根据客户需求，市场竞争要求，结合型号预期的运行环境提出运行要求、维修要求作为型号设计的输入。同时还应支持型号运行符合性评审所需的驾驶舱观察员座椅适应性评审、客舱应急撤离程序适应性演示以及航行新产品（如电子飞行包等）适应性评审任务，以及驾驶舱设计评估、维修性设计评估等任务。

值得注意的是，这里所列出的是基于局方所要求的任务，实际上航空器制造厂家除了完成这些任务外，还会按照行业惯例及客户服务要求增加其他的任务，以便能为客户提供全方位的服务和支持。

1.2.1　运行要求符合性设计

1）一般要求

型号设计满足运行需求是局方基本要求。航空器制造厂家应充分考虑运行需求并将其作为航空器研制需求基准予以控制，确保航空器满足符合运行规章及政策要求、适合预期使用环境要求且能有效控制使用和维修成本。

2）型号研制任务

航空器制造厂家研制的航空器应安装下述运行规章和政策要求的设备（尤其是不包括在型号审定基础内的设备），并明确对应的型号设计、审定基础或专用条件。

（1）飞行基本设备。

（2）应急和救生设备。

（3）通信、导航和监视设备。

（4）提升安全水平要求的设备。

（5）安全管理要求的设备。

（6）为满足客户提高飞机利用率和特殊使用需求而必需的设备。

3）交付运行任务

飞机交付运行后，应基于运行规章和客户需求的变化及时启动相应的设计改进，更新运行符合性清单。

1.2.2　人员培训

1）一般要求

航空器制造厂家应为航空器运营人或所有人的各类专业人员提供必要的培训，并符合局方相关运行规章要求。这些培训包括：

（1）飞行训练。

（2）维修培训。

（3）乘务培训。

（4）签派培训。

2）型号研制要求

（1）制订培训规范、教材并获得局方相应的批准或认可。

（2）研制培训设备并获得局方相应的批准或认可。

（3）完成教员培训并获得局方相应的批准或认可。

（4）（按需）建立培训机构并获得相应的批准①。

（5）制订全机应急撤离程序，结合型号合格审定全机应急撤离演示审查，演示全机应急撤离程序对运行规章的符合性，并通过飞行标准化委员会（FSB）评审。

3）交付运行要求

（1）任一客户首架飞机交付前，应根据相关运行规章要求为客户首批驾驶员、维修人员、乘务员及签派人员提供培训，后续根据客户需求提供相应的复训。

（2）飞机交付达到一定数量后，应基于机队规模并考虑客户训练成本，制订培训机构布局规划并实施。

1.2.3　运行和持续适航文件

1）一般要求

航空器制造厂家应为航空运营人或所有人提供规范的运行和持续②适航文件，实施持续改进，符合局方相关运行规章要求。这些运行和持续适航文件应包括下述内容：

---

①　厂家已经有了培训机构或者是已经委托了含航空器运营人在内的培训机构实施型号培训，则只需将该型号的培训纳入培训机构培训项目即可，而无须建立新的培训机构。

②　运行和持续适航文件是局方特别要求的技术出版物，由《航空器的运行文件》（AC-91-11R1）及《航空器的持续适航文件》（AC-91-24）所规定，且须经由局方批准或认可。一般而言，为了更好地保障客户安全运营飞机，航空器制造厂家会按照行业惯例编制数量更多的技术出版物，为客户飞机运行及维修提供指导和帮助。

（1）维修要求。

（2）飞机维修程序（含机载设备和零部件维修程序）。

（3）运行程序。

（4）构型控制文件。

2）型号研制要求

（1）制订运行和持续适航文件（编写、验证、修订及分发）管理规范并获得局方认可。

（2）编制运行和持续适航文件编制及验证方案并获得局方批准或认可。

（3）编制运行和持续适航文件，结合试飞完成使用验证。

（4）编制运行和持续适航文件符合性报告。

（5）运行和持续适航文件获得局方批准或认可。

3）交付使用要求

（1）任一客户首架飞机交付前，为客户提供运行和持续适航文件，并明确后续修订控制及分发方式。

（2）飞机交付后，（航空器制造厂家以修订方式）对运行和持续适航文件实施持续改进，使之满足运行规章和客户需求。

1.2.4　维修支持

1）一般要求

航空器制造厂家应为航空运营人或所有人提供必需的维修支持，并符合局方相应的合格审定要求。这些支持包括：

（1）建立与机队规模和布局相适应的航材供应能力。

（2）为客户或第三方机构建立航线维修或定期维修能力，提供专用工具设备支持。

（3）建立各级飞机定期检修及部件维修能力。

（4）为客户或第三方机构提供便利的工程技术支援。

2）型号研制要求

（1）完成航材工程分析，建立潜在航材集。

（2）完成航材需求预测及分析，完成客户推荐航材清单（RSPL）。

（3）完成航材保障流程，结合试飞完成验证及必要的改进。

（4）完成专用工具设备的研发，结合试飞完成使用验证及必要的改进。

（5）建立各级飞机定期检修及部件维修能力并获得 CCAR-145 部批准。

（6）完成工程技术支援所需技术准备，完成首批客户服务代表培训。

（7）制订工程技术支援规范及流程，并结合试飞完成验证。

3）交付使用要求

（1）建立与首批交付飞机机队规模对应的，包括最低航材库存、航材运输保障及飞机停场(AOG)订货等在内的航材供应能力。

(2)任一客户首架飞机交付前,应为客户提供首批航材和工具设备配备建议、维修服务资源信息。

(3)为客户提供持续的航材供应,并持续优化 RSPL。

(4)为客户选派客户服务代表提供持续的运营支持。

(5)为客户提供超手册维修支持。

(6)飞机交付达到一定数量后,应结合机队规模和客户维修成本考虑,制订维修中心布局规划并实施。

1.2.5 飞行运行支持

1)一般要求

航空器制造厂家应为航空运营人或所有人提供必要的运营支持,并符合局方相应的合格审定要求。这些要求包括:

(1)为客户提供便利的飞机性能分析和载重平衡控制工具。

(2)为任一客户首架飞机投入运营提供航线熟悉带飞。

2)型号研制要求

(1)研制飞机性能分析和载重平衡控制工具,结合试飞完成使用验证及必要的改进。

(2)完成符合运行规章要求的航线带飞人员培训,结合功能可靠性试飞建立必要的飞行经历,并获得局方相应的批准或认可。

(3)制订运营支持规范及流程,完成首批运营支持客户服务代表培训,并结合试飞完成运营支持规范及流程验证。

3)交付使用要求

(1)任一客户首架飞机交付前,应为客户提供航线熟悉带飞服务、飞机性能分析和载重平衡控制工具。

(2)为航空运营人获得 CCAR-121 部批准提供支持。

(3)为客户航行新技术应用提供支持。

1.2.6 使用信息收集与处理

1)一般要求

航空器制造厂家应制订使用信息收集和处理规范及流程,并符合局方相应要求。这些要求包括:

(1)建立快速响应机制,及时响应用户反馈信息,高效解决航空运营人或所有人的问题。

(2)建立可靠性数据管理机制,发布可靠性分析报告。

2)型号研制要求

(1)制订使用信息收集和处理规范、流程,建立工作平台,并结合试飞完成验证和试运行。

（2）制订可靠性数据管理规范及流程，自首飞起即全面收集可靠性数据。

（3）建立客户服务文件规范及流程，用以解决运行问题。

3）交付使用要求

（1）任一客户首架飞机交付前，应与客户签订使用信息收集和反馈协议。

（2）飞机交付后持续开展使用信息收集与处理，并及时反馈处理结论。

（3）及时处置客户请求，按需发布客户服务文件。

（4）全面收集可靠性数据，开展可靠性分析，发布可靠性分析报告。

1.2.7　其他支持

1）一般要求

航空器制造厂家应向航空运营人或所有人提供必要的其他支持与服务，并符合行业相关要求。这些支持和服务包括：

（1）数据与服务。

（2）供应商服务及管理。

（3）商务支援及索赔支援。

（4）适航支持及管理等。

2）型号研制要求

（1）应建立工程数据管理机制，构建客户服务单一数据库（SBOM）、客户服务在役数据库（OBOM），并实施数据管理。

（2）应建立数字化客户服务平台（CIS）。

（3）应建立飞行品质分析及仿真平台。

（4）应完成供应商客户服务协议谈判及签署，建立供应商客户服务交付及履约管理机制，并实施供应商管理。

（5）应建立适航技术支持及管理机制，并实施适航管理。

3）交付使用要求

（1）实施客服工程数据管理。

（2）实施飞行数据译码分析和仿真再现。

（3）数字化客户服务平台投入运行。

（4）管理客户运行支持交付（EIS）。

（5）管理供应商客户服务交付，实现供应商技术支持及商务支持。

（6）管理担保与索赔业务。

（7）实施适航管理并提供适航技术支持。

1.3　运行支持技术简述

为完成民机运行支持任务，航空器制造厂家需开发、应用相应的技术以开发应用运行支持产品,确保运行支持的实现。所谓运行支持技术,系指那些适用于民机运行支持设计、运行支持产品研发、实施交付后飞机运行支持的科学方法和方法原理。

ARJ21‑700 飞机研制过程中,通过运行支持技术攻关借以解决重大技术瓶颈问题,归集、研发运行支持技术,掌握具有自主知识产权的民机运行支持核心技术,突破制约运行支持发展的技术瓶颈,缩短与国际先进水平的差距,建立完善、高效的运行支持体系,为型号研制成功、商业成功及市场成功提供支撑。

作者基于目前对运行支持的认识,结合 ARJ21‑700 飞机的实践经验,将民机运行支持技术分为培训工程技术、技术出版物技术、维修工程技术、飞行运行工程技术、快速响应工程技术、航材工程技术及管理技术等大类。

1.3.1 培训工程技术

培训工程技术包括培训需求分析技术、培训设备研发技术、培训大纲开发技术等(详见 2 培训工程技术)。

培训工程技术用以支持客户培训准备,这些培训准备包括飞行训练准备、维修培训准备、乘务训练准备以及签派培训准备。

基于上述技术,可以完成飞行训练、维修培训、乘务培训及签派培训准备及培训实施。包括:

(1)制订培训大纲并获得局方相应的批准或认可。

(2)制订培训规范、教材并获得局方相应的批准或认可。

(3)研制培训设备并获得局方相应的批准或认可。

(4)完成培训教员培训并获得局方相应的批准或认可。

(5)制订全机应急撤离程序,结合型号合格审定全机应急撤离演示审查并通过 FSB 评审。

(6)(按需)建立培训机构并获得局方相应的批准。

(7)实施客户培训及培训持续改进。

1.3.2 技术出版物技术

技术出版物技术包括技术出版物管理技术、技术出版物编写技术、技术出版物验证技术、技术出版物分发技术、技术出版物修订技术等(详见 3 技术出版物)。

技术出版物技术用以支持运行文件和持续适航文件,以及其他手册编写、验证、分发及修订。

基于上述技术,可以完成飞机维修程序(含机载设备和零部件维修程序)、运行程序以及构型控制文件在内的技术出版物编写及交付后服务,包括:

(1)制订运行和持续适航文件(编写、验证、修订及分发)管理规范并获得局方认可。

(2)编制运行和持续适航文件编制方案并获得局方认可。

（3）编制运行和持续适航文件验证方案并获得局方认可。

（4）编制运行和持续适航文件，结合试飞完成使用验证并获得局方批准或认可。

（5）编制其他手册。

（6）编制客户定制化手册并交付客户使用。

（7）实施技术出版物持续改进。

1.3.3　维修工程技术

维修工程技术包括维修任务分析技术、MSG－3分析技术、维修支援技术、超手册修理支援技术、客户服务文件编制技术、地面支援设备研制技术、可靠性分析与管理技术等（详见　4　维修工程）。

维修工程技术用以支持计划维修要求制订、专用工具设备研制、可靠性分析与管理，以及MRO建立与维护、维修技术支援准备等工作。

基于上述技术，可以完成飞机维修相关准备及可靠性管理准备并提供维修支援，包括：

（1）制订飞机计划维修要求并获得局方批准。

（2）为客户或第三方机构建立航线维修或定期维修能力提供专用工具设备支持。

（3）建立可靠性数据管理机制，发布可靠性分析报告。

（4）建立各级飞机定期检修及部件维修能力。

（5）为客户或第三方机构提供便利的工程技术支援。

1.3.4　飞行运行工程技术

飞行运行工程技术包括飞机性能分析技术（起降性能分析技术、航线业载分析技术、飞行性能监控技术等）、飞机配载平衡技术（飞机配载平衡技术、舱单设计技术等）、特殊程序设计技术（起飞一发失效程序设计技术、飘降/供氧程序设计技术、PBN基于性能的导航技术等）以及飞行工程技术（运行类客户服务文件编制技术、飞行程序编制及验证技术、最低设备清单候选项目分析技术等）（详见　5　飞行运行工程）。

飞行运行工程技术用以支持飞机性能分析、飞机配载平衡、特殊程序设计、运行类客户服务文件编制及飞行程序编制与验证、MMEL候选项目分析等，并完成飞行运行支援准备。

基于上述技术，可以完成飞行运行支援准备工作并提供飞行运行支援，包括：

（1）开发、维护、升级飞机性能分析和配载平衡分析工具。

（2）进行新开航线论证、航线油量分析、配载平衡分析等分析工作。

（3）设计并验证特殊飞行程序。

（4）编发运行类客户服务文件。

（5）编制并验证飞行程序。

（6）制订 PMMEL 并获得局方批准。

（7）制订飞行运行支持规范及流程。

（8）支持客户飞机投入运行，并提供飞行运行支援。

（9）航行新技术应用支持。

1.3.5 快速响应工程技术

快速响应工程技术包括飞机运行信息管理技术、客户请求处理技术及飞机实时监控技术（机载实时监控技术、空地数据传输技术、地面实时监控技术、机载 ACMS 软件客户化技术、报文解码技术）等（详见 6 快速响应工程）。

快速响应工程技术用以支持运行信息管理、客户请求快速响应、AOG 技术支援准备，以及编制客户服务文件，实施飞机实时监控等工作。

基于上述技术，可以完成快速响应及其管理准备并提供快速响应支援，包括：

（1）处理来自客户的各类技术请求及咨询准备。

（2）AOG 事件处理准备。

（3）飞机运行信息处理准备。

（4）客户现场技术支援准备。

（5）客户服务文件编制准备。

（6）飞机运行实时监控系统研制。

（7）提供快速响应技术支援。

1.3.6 航材工程技术

航材工程技术主要包括航材工程分析技术、航材需求预测技术等（详见 7 航材工程）。

航材工程技术用以支持潜在航材集编制、RSPL 编制、航材支援规范及流程编制、各类航材支援等工作。

基于上述技术，可以完成航材支援相关准备并提供航材支援，包括：

（1）制订全机潜在航材集。

（2）制订 RSPL。

（3）制订航材供应流程及规范。

（4）完成航材采购，为客户提供航材支援。

（5）为维修单位提供航材支援。

（6）为客户或第三方机构提供专用工具设备。

1.3.7 航线安全分析技术

航线安全分析技术主要包括飞行数据译码分析技术、驾驶舱语音辨听分析技术、飞行数据仿真再现技术和飞行数据大数据分析技术等（详见 8 航线安全分析）。

　　航线安全分析技术用以支持数据处理、数据分析和数据挖掘,并实施航线安全分析。

　　基于上述技术,可以:

　　(1) 实施飞行数据译码分析,为飞机排故提供数据分析与支持。

　　(2) 建立记录器检测平台,为试飞及在役飞机记录器数据检测提供服务。

　　(3) 开发并完善飞行品质监控软件,提供飞行品质监控产品及服务。

　　(4) 开发飞行仿真再现技术,为飞机运行提供仿真再现工作。

1.3.8　管理技术

1.3.8.1　市场与客户支援

　　市场与客户支援技术主要包括客户化需求管理技术、担保与索赔管理技术、客户满意度测评与监控技术等(详见 9　市场与客户支援)。

　　市场与客户支援技术用以支持客户运行能力需求评估、客户支援与管理、担保与索赔管理以及客户满意度管理。

　　基于上述技术,可以完成市场与客户支援准备并实施支援,包括:

　　(1) 完成客户运行能力评估,编制客户运行能力评估报告。

　　(2) 制订型号客户服务要求。

　　(3) 制订客户化服务方案。

　　(4) 制订客户化服务计划(EIS)。

　　(5) 完成客户关系管理准备。

　　(6) 实施市场与客户支援。

1.3.8.2　数据管理与服务

　　数据管理与服务技术主要包括产品数据管理技术、数据集成与交换技术以及数字化客户服务技术(详见 11　数据管理与服务)。

　　数据管理与服务技术用以支持运营数据管理、单一数据源及在役数据管理、飞行品质监控与仿真再现、飞行数据译码分析,以及数字化客户服务平台建设等。

　　基于上述技术,可以实施型号研制过程数据管理,完成数据管理与服务相关准备,包括:

　　(1) 实施运营数据采集与管理。

　　(2) 构建客户服务单一数据库。

　　(3) 构建客户服务在役数据库。

　　(4) 开发飞行品质监控软件,实施飞行品质监控。

　　(5) 开发飞行仿真再现软件,实施飞行仿真再现。

　　(6) 实施飞行数据译码分析。

　　(7) 实施客户服务产品构型控制。

　　(8) 建立数字化客户服务平台,提供网上客户服务。

1.3.8.3　供应商客户服务管理

供应商客户服务管理技术包括供应商招标选择管理技术、供应商客户服务协议管理技术以及供应商履约管理技术、供应商客户服务评价管理技术等(详见　10供应商客户服务管理)。

供应商客户服务管理技术用以支持供应商客户服务招投标文件编制及供应商选择、供应商客户服务协议编制及谈判与签署以及变更管理、供应商客户服务履约管理以及供应商客户服务评价。

基于上述技术,可以实施型号研制过程及交付运行过程供应商客户服务管理,包括:

(1) 制订客户服务供应商招标选择标准及管理文件。

(2) 编制供应商招投标文件。

(3) 编制供应商客户服务协议,完成协议谈判。

(4) 编制供应商客户服务交付标准及交付计划并组织实施。

(5) 实施供应商履约管理。

(6) 实施供应商客户服务评价管理。

1.3.8.4　适航管理

适航管理技术包括综合管理技术(含航空器评审审定基础管理、评审政策管理、关键交付物管理)、符合性管理技术(含符合性要求管理、符合性方法管理、符合性验证管理、符合性审查管理及符合性表明管理)以及局方联络与沟通技术(含联络与沟通计划管理、适航会议纪要管理、适航问题管理及适航信息管理)等(详见12适航技术与管理)。

适航管理技术用以支持型号研制过程及交付运行过程的确定航空器评审项目及管理关键交付物、确定审定基础、管理评审政策;管理评审过程及关键交付物的符合性,实施局方联络与沟通,发现并解决适航问题。

基于上述技术,可以实施型号研制过程及交付运行过程适航管理,包括:

(1) 确定航空器评审项目及其审定基础。

(2) 制订并实施航空器评审方案和计划、联络与沟通计划。

(3) 实施局方评审政策、评审方法及流程管理。

(4) 提出符合性要求、建议符合性方法,实施符合性验证及审核,向局方表明符合性。

(5) 实施适航问题管理及适航信息管理。

(6) 为航空器运营人提供适航技术支持。

1.4　运行支持技术应用综述

ARJ21‑700飞机是我国历史上第一次按照适航要求研制的中短程喷气式客机。ARJ21‑700飞机执行中国民用航空局颁发的相关适航规章及运行要求,按照国际行业标准规范开展型号研制。基于前述运行支持技术,中国商用飞机有限责任公司(简称中国商飞或 COMAC)ARJ21 - 700 飞机客服工程项目团队完成型号运行支持工程研制,协助飞机投入运营并持续提供运行支持。

　　ARJ21 - 700 飞机交付运行后,运行支持结果证明前述运行支持技术是可行的、适宜的,满足客户运行支持要求,符合局方运行支持要求,取得了运行支持技术应用相关成果。

1.4.1　人员培训

　　1)研制任务完成情况

　　(1)制订 ARJ21 - 700 飞机飞行训练、机务培训、乘务训练、性能/签派工程师培训需求及标准。

　　(2)完成 ARJ21 - 700 飞机培训需求分析,完成培训大纲、培训课程、培训教材及 CBT 编制及开发。

　　(3)制订 ARJ21 - 700 飞机培训设备研制要求及技术规范,制订模拟训练设备数据包构型及规范,完成培训设备研制。

　　(4)制订 ARJ21 - 700 飞机教员培养方案,完成教员培训及资质获取与保持。

　　2)交付使用情况

　　(1)完成 ARJ21 - 700 飞机客户转机型训练,包括飞行训练、维修培训、乘务训练及签派培训。

　　(2)完成 ARJ21 - 700 飞机客户复训,包括飞行训练、维修培训、乘务训练及签派培训。

　　(3)为其他协议机构提供培训。

　　3)审定或鉴定项目

　　(1)ARJ21 - 700 飞机飞行培训大纲获得局方批准。

　　(2)ARJ21 - 700 飞机全自动模拟训练设备获得 CCAR - 60 部 D 级证书;其余飞行训练设备获得局方批准。

　　(3)ARJ21 - 700 飞机维修培训大纲 MEII、AVII、MEI、AVI 四类大纲获得局方认可。

　　(4)维修培训机构获得 CCAR - 147 部证书。

　　(5)飞行训练中心获得 CCAR - 142 部证书。

1.4.2　运行和持续适航文件

　　1)研制任务完成情况

　　(1)完成 ARJ21 - 700 飞机运行和持续适航文件(编写、验证、修订及分发)管理规范。

　　(2)完成 ARJ21 - 700 飞机运行和持续适航文件编制方案。

　　(3)完成 ARJ21 - 700 飞机运行和持续适航文件验证方案。

（4）完成 ARJ21-700 飞机运行和持续适航文件及其他手册编写。

（5）完成 ARJ21-700 飞机运行和持续适航文件及其他手册符合性验证。

（6）完成 ARJ21-700 飞机运行和持续适航文件符合性报告。

2）交付使用情况

（1）ARJ21-700 飞机技术出版物分发客户使用。

（2）按照使用信息及设计更改信息,实施技术出版物修订。

（3）完成技术出版物修订、验证及分发。

（4）实施供应商技术出版物分发管理。

（5）实施技术出版物持续改进。

3）审定或鉴定项目

（1）ARJ21-700 飞机运行和持续适航文件（编写、验证、修订及分发）管理规范（含计划维修要求 PPH）获得局方认可。

（2）ARJ21-700 飞机运行和持续适航文件编制方案获得局方认可。

（3）ARJ21-700 飞机运行和持续适航文件验证方案获得局方认可。

（4）ARJ21-700 飞机运行和持续适航文件符合性报告获得局方认可。

（5）ARJ21-700 飞机计划维修要求 MRBR 获得中国民用航空局及欧洲航空安全局（EASA）批准,ARJ21-700 飞机 MMEL 获得中国民用航空局批准,其余运行和持续适航文件获得局方认可。

1.4.3 维修支持

1）研制工作完成情况

（1）完成 ARJ21-700 飞机航材需求预测分析,制订航材推荐清单（RSPL）,完成航材保障流程及库存航材采购。

（2）完成 ARJ21-700 飞机专用工具及设备（GSE）研制。

（3）完成工程技术支援规范及工程技术支援代表培训。

（4）建立 ARJ21-700 飞机航线维修及定期维修能力。

（5）建立 ARJ21-700 飞机可靠性数据管理机制,发布可靠性分析报告。

2）交付使用情况

（1）协助 ARJ21-700 飞机首家用户完成库存航材采购,为航线维护及定检提供航材及耗材服务。

（2）为 ARJ21-700 飞机航线及定检提供航材、耗材及工具设备保障。

（3）为 ARJ21-700 飞机客户提供现场工程技术支援服务。

（4）编发 ARJ21-700 飞机维修类客户服务文件,为客户提供维修技术支援。

（5）发布 ARJ21-700 飞机各级飞机定期检修及部件维修能力 MRO 清单。

（6）协助获取 CCAR-145 部证照。

（7）协助完成 ARJ21-700 飞机定检、特检。

3）审定或鉴定项目

（1）中国商飞获得 CCAR-145 部证照。

（2）协助部分维修机构获得 ARJ21-700 飞机 CCAR-145 部证照。

（3）协助部分供应商获得 ARJ21-700 飞机 CCAR-145 部证照。

1.4.4　飞行运行支持

1）研制工作完成情况

（1）完成 ARJ21-700 飞机性能分析、配载平衡软件、性能监控软件开发。

（2）完成 ARJ21-700 飞机特殊飞行程序设计准备。

（3）完成运行类客户服务文件编发准备。

（4）完成运营支持规范及流程制订。

2）交付使用情况

（1）完成 ARJ21-700 飞机功能与可靠性试飞、航线演示飞行、日常航线运营中的起飞机场分析、航线油量分析及其他性能支持工作。

（2）完成 ARJ21-700 飞机新开航线论证工作。

（3）支持客户 ARJ21-700 飞机 CCAR-121 部补充合格审定支持工作。

（4）交付客户 ARJ21-700 飞机性能分析软件。

（5）完成 ARJ21-700 飞机功能与可靠性试飞、航线演示飞行、日常航线运营中的舱单制作及其他配载支持工作。

（6）交付客户 ARJ21-700 飞机客户化 AHM560 文件及舱单。

（7）完成 ARJ21-700 飞机相关机场的一发失效程序设计。

（8）完成 ARJ21-700 飞机相关航线的飘降供氧程序设计。

（9）发布 ARJ21-700 飞机飞行操作通告以及操作工程通告。

1.4.5　使用信息收集与处理

1）研制工作完成情况

（1）构建了飞机运行信息处理平台，完成飞机运行信息处理准备。

（2）完成现场技术支援代表培训，完成客户现场技术支援准备。

（3）编制发布 AOG 支援流程及规范，完成 AOG 事件处理准备。

（4）编制发布客户服务文件管理规程，完成客户服务文件编制准备。

（5）完成 ARJ21-700 飞机实时监控系统研制，完成飞机运行实时监控准备。

（6）完成 ARJ21-700 飞机可靠性管理方案，建立可靠性数据管理机制。

2）交付使用情况

（1）为 ARJ21-700 飞机客户提供现场代表服务及技术支援。

（2）编发 ARJ21-700 飞机客户服务文件，为客户提供技术支援。

（3）处理来自客户的各类技术请求及咨询。

（4）处理 ARJ21-700 飞机 AOG 事件。

（5）处理 ARJ21-700 飞机运行信息。

（6）实施 ARJ21-700 飞机运行实时监控。

（7）收集、分析 ARJ21-700 飞机可靠性数据，发布 ARJ21-700 飞机可靠性报告。

1.4.6　其他支持

1.4.6.1　航线安全分析

1）研制工作完成情况

（1）开发 ARJ21-700 飞机飞行品质监控软件。

（2）开发 ARJ21-700 飞机飞行仿真再现软件。

（3）完成 ARJ21-700 飞机飞行数据译码分析准备。

2）交付使用情况

（1）实施 ARJ21-700 飞机飞行品质监控。

（2）实现 ARJ21-700 飞机飞行仿真再现。

（3）实施 ARJ21-700 飞机飞行数据译码分析。

3）审定或鉴定项目

飞行品质监控软件通过客户现场审核和质量认证。

1.4.6.2　市场与客户支援

1）研制工作完成情况

（1）完成 ARJ21-700 飞机客户运行能力评估，编制客户运行能力评估报告。

（2）完成 ARJ21-700 飞机客户服务要求文件。

（3）制订并发布 ARJ21-700 飞机客户服务目录。

（4）完成 ARJ21-700 飞机客户化服务方案。

（5）制订 ARJ21-700 飞机客户化服务计划（EIS）。

（6）编制客户满意度调查问卷，完成客户关系管理准备。

（7）完成担保与索赔管理准备。

（8）完成 ARJ21-700 飞机客户服务经理培训。

2）交付使用情况

（1）派遣客户服务经理提供现场支援。

（2）按照 ARJ21-700 飞机客户化服务计划完成客户服务产品交付。

（3）实施担保与索赔管理，提供客户索赔支持。

（4）实施客户关系管理，持续提升客户满意度。

（5）按照不断变更的客户要求持续实施改进。

1.4.6.3　数据管理与服务

1）研制工作完成情况

（1）完成运营数据采集与管理准备。

（2）构建客户服务单一数据库。

（3）构建客户服务在役数据库。

（4）建立数字化客户服务平台。

2）交付使用情况

（1）实施运营数据采集与管理。

（2）实施 ARJ21－700 飞机客户服务产品构型控制。

（3）基于数字化客户服务平台，提供网上客户服务。

3）审定或鉴定项目

（1）数字化客户服务平台通过业内专家鉴定。

（2）客户服务单一数据库通过业内专家鉴定。

1.4.6.4　供应商管理

1）研制工作完成情况

（1）制订 ARJ21－700 飞机客户服务供应商招标选择标准及管理文件。

（2）编制 ARJ21－700 飞机供应商招标文件，完成供应商投标文件审查。

（3）编制 ARJ21－700 飞机供应商客户服务协议，完成协议谈判。

（4）编制 ARJ21－700 飞机供应商客户服务交付标准。

（5）编制 ARJ21－700 飞机供应商客户服务产品交付计划。

（6）完成供应商客户服务评价管理准备。

2）交付使用情况

（1）组织实施 ARJ21－700 飞机供应商客户服务产品交付计划。

（2）监督供应商 ARJ21－700 飞机客户服务产品交付。

（3）实施供应商履约管理。

（4）开展供应商客户服务评价，实施供应商客户服务评价管理。

1.4.6.5　适航管理

1）研制工作完成情况

（1）协调局方确定 ARJ21－700 飞机航空器评审项目。

（2）协调局方确定 ARJ21－700 飞机航空器评审项目审定基础。

（3）制订并实施航空器评审方案和计划、联络与沟通计划。

（4）实施局方评审政策、评审方法及流程管理。

（5）提出 ARJ21－700 飞机相关符合性要求、建议符合性方法，实施符合性验证及审核，向局方表明符合性。

（6）实施适航问题管理及适航信息管理。

（7）为航空器运营人提供适航技术支持。

2）交付使用情况

（1）协调局方签署《ARJ21－700 飞机航空器持续评审合作计划》并组织实施。

（2）协助局方开展持续的航空器评审。

（3）实施 ARJ21 - 700 飞机航空器评审结论，持续改进适航符合性管理。

（4）实施 ARJ21 - 700 飞机运行支持体系业务流程符合性评估。

（5）实施适航技术支持与管理。

3）审定或鉴定项目

（1）ARJ21 - 700 飞机航空器评审项目获得局方批准、认可。

（2）相关适航管理规定获得局方认可。

（3）运行和持续适航文件编制方案、验证方案符合性要求获得局方认可。

（4）运行和持续适航文件符合性验证要求获得局方认可。

（5）运行和持续适航文件符合性验证方法获得局方认可。

（6）运行和持续适航文件符合性报告编制要求获得局方认可。

1.4.7 运行支持技术管理

众所周知，技术管理是确保技术实现的关键环节。技术管理包括技术规划、技术指向及技术审查与监督等环节。

ARJ21 - 700 飞机型号运行支持工作结果表明，下述技术管理职责及任务定义是可行且有效的。

1.4.7.1 技术管理职责

就型号运行支持技术管理组织而言，其职责是：

（1）提出运行支持技术规划。

（2）明确技术路径并解决技术问题。

（3）实施技术监督与审查。

（4）支持型号项目管理。

1.4.7.2 技术管理任务

在 ARJ21 - 700 飞机型号运行支持工程研制及后续运行支持过程中，技术管理组织的主要任务是：

1）明确技术要求及目标，提出运行支持技术规划

（1）基于运行支持要求并结合型号研制要求，明确运行支持技术要求及目标，包括：运行要求、维修要求、客户服务要求等，并在后续技术工作中组织落实。按需实施技术要求。

（2）基于运行支持技术要求及目标，明确技术管理要求。结合研制过程，组织相关技术标准、技术规范的甄别、遴选、补充，确定适用的技术标准与规范，构建型号技术文件集合；组织技术管理文件的甄别、遴选、补充，确定适用的技术管理文件，并在后续工作中持续完善，使之满足要求。

（3）基于运行支持技术要求及目标，提出运行支持相关技术规划。明确运行支持产品研制阶段及交付运行阶段技术责任人及技术管理责任人、技术工作任务及技术管理任务，以及必要的资源保障要求，并在后续工作中持续完善，使之满足

要求。

2）确定技术路径，制订运行支持技术方案

（1）基于运行支持技术规划，结合型号研制程序要求，提出符合性方法。明确各专业技术工作的输入（源数据）要求及标准、采用的技术手段、方法或工具、输出（可交付成果）标准及符合性验证、验收标准（局方要求视作最低标准）。

（2）分别确定总体技术路径、客户培训技术路径、维修支持技术路径、运行支援技术路径和使用信息收集与处理技术路径。注意总体技术路径与各专业技术路径的协调性和一致性，以及专业界面关联。

（3）组织技术专家基于技术路径识别技术难点和关键路径，按需组织实施关键技术攻关。

（4）在上述工作基础上，分别制订各专业运行支持技术方案和总体技术方案，并组织实施。

3）制订技术审查方案，实施技术监督与审核

（1）基于技术规划及技术方案，结合型号研制程序要求，识别技术审查点，制订并实施技术审查方案。该方案应包括型号阶段技术评审及日常技术审查及监督要求、审查人要求、进度要求等。

（2）按照技术审查方案，组织实施技术监督与审核。审查重点为可交付成果局方要求、型号要求及用户要求符合性和适用性、技术标准及符合性方法适用性、符合性验证结果应用正确性等。

（3）对审核发现问题提出建议解决方案和计划，组织专业技术人员完成整改，使之满足要求。

4）按照变更的（局方、型号及用户）要求，组织实施运行支持产品持续改进

1.5　最佳实践与发展趋势

1.5.1　波音公司

波音公司于 2012 年推出波音 EDGE 服务品牌，其包含的运营支持业务范围如下。

（1）物料服务（Material Services）：包括零备件供应（包括波音专利件、Aviall 提供的服务和全球配送网络）、零备件方案（包括部附件服务、集成化物料管理服务和起落架服务）、零备件支援（包括 24/7/365 零备件支援、波音 PART PAGE 零备件电子商务服务和交付准备零备件服务）等。

（2）机队服务（Fleet Services）：机队服务主要包括维修与工程（包括波音运控中心、工程支援、租赁转包服务、维修手册、维修性能工具箱 MPT、维修方案、机务培训、可靠性分析、计划维修分析和技术支援）、飞机维修［包括 AOG 服务、大修服务和金色关怀（Gold Care）方案］和飞机改装（包括航电系统升级、公务机服务、融合

式翼梢小翼改装、客改货、客舱内部升级、性能提升服务包和性能升级服务)。

(3) 飞行服务(Flight Services):包括培训(包括飞行培训、客舱安全培训、机务培训、飞行教员培养和培训机构运营服务)、模拟机服务(包括模拟机数据包和模拟机管理)、导航(包括由杰普逊公司提供导航服务)、飞行优化(包括飞行计划和机组排班)、飞行运行(包括飞机性能工具、机场支援、飞行类数据和手册、飞行安全性分析和国际航班规划服务)、空中交通管理(包括空域的设计、基于性能导航和飞行中优化服务)。

(4) 信息服务(Information Services):包括信息管理(包括 CDG 公司提供服务、数据分发服务、数字化出版和技术出版物数字化编写)、实时运营(包括飞机健康管理、电子飞行包、电子飞行日志、燃油性能管理和 RFID 综合解决方案)、互联网和电子商务服务(包括 ILS 公司提供的服务、MyBoeingFleet 门户网站和 OEM 解决方案服务)、航空软件解决方案(包括 AeroInfo 公司提供的服务)和波音公司提供专业化信息服务(包括技术/运营/IT 咨询、燃油和环境效率 IT 方案、维修和供应链管理优化 IT 方案、E 化解决方案实施和安全性 IT 方案和机场运行 IT 方案)。

(5) 综合服务(Integrated Services):包括金色关怀方案、数字化航线、基于性能的导航 PBN、租赁转包服务、移动化 IT 解决方案、波音专业化 IT 解决方案、燃油效率提升解决方案、AOG 服务和航线性能管理等服务。

(6) 客户支援(Customer Support):通过波音运控中心、MyBoeingFleet 网站和 AOG 服务向客户提供 $365 \times 7 \times 24$ 的支援。

从波音公司目前提供的运营支持业务内容可以看出,波音支持业务内容向下游价值链延伸,更加重点关注与飞机运营密切相关的下游业务(如 MRO 服务、ATM 解决方案、导航、飞行机组排班等服务)和提供完整的运营解决方案(如针对维修的金色关怀解决方案、基于飞行的 PBN 解决方案和基于航空公司数字化运行的 IT 解决方案等)。

1.5.2 空客公司

空客公司提出了 AIR+战略作为其新一代运营支持战略。空客公司通过与全球相关领域优质供应商进行全面合作,形成合作双方合作共赢关系,为航空公司提供客户化和电子化的高效运营支持服务,以提高客户运营效率和飞机的安全性/可靠性/维修性。

AIR+战略中运营支持业务内容分为三个部分:

(1) 空客公司提供的核心运营支持业务,包括技术与工程、航材支援、技术数据、升级服务、供应商支援管理、飞行运行支援、飞行和地面信息和培训八大核心业务。

(2) 与供应商和第三方运营支持业务合作伙伴合作的运营支持服务网络:包括 MRO 网络、航材配送网络、与 CAE 合作的培训网络、信息化方案提供商以及

OEM 系统供应商。

（3）向客户提供的可定制化的客户服务解决方案包包括：维修和工程、飞行运行、培训和集成化的信息技术四个服务包。

1.5.3　发展趋势

运营支持技术的总体发展趋势为标准化、客户化、数字化、网络化、实时化、智能化和空天地一体化，其中最典型的代表是波音 e-Enabled 战略和空客 e-Solution 战略，如图 1 − 1 所示。

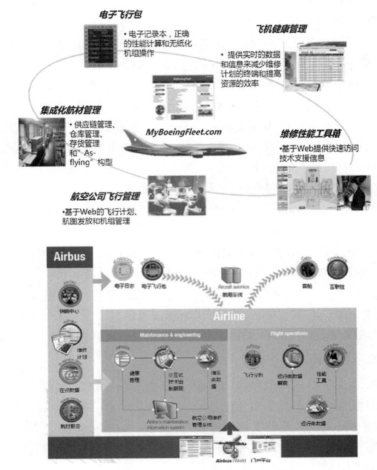

图 1 − 1　波音 e-Enabled 和空客 e-Solution 方案

1.5.3.1　波音 e-Enabled 战略工程

波音 e-Enabled 战略是利用"电子化"（e-Enabled）运营环境，将所有与飞机维护、飞行运行和乘客需求相关的数据和信息系统完美连接，有效地将飞行中的飞机纳入航空公司的网络之中。该项目将帮助航空公司削减运营成本、改善签派可靠性、减少航班延误或取消、提升乘客服务、增强航空安全，同时向飞行机组人员和航班调度中心实时提供环境的变化信息。波音 e-Enabled 战略可以说是民机运营支持技术发展上具有里程碑的意义。

e-Enabled 战略工程主要包括如下 5 个组成部分，并通过 MyBoeingFleet 门户网站统一访问，如图 1-1 所示。

（1）电子飞行包（Electronical Flight Bag，EFB Class 3）：通过 EFB 向飞行员提供机载性能计算、航路图、机场滑行图、巡航位置图、天气报告、巡航、故障报告和电子日志本、飞行手册浏览、数据/通信管理和视频监控。

（2）飞机健康管理（Aircraft Health Management，AHM）：通过实时收集飞机状态数据，并经过地面故障预测模型计算预测故障发生，在飞行过程就能完成相应维修计划的安排和资源的分配，使得飞机在降落后能够直接进行相应的排故操作和航线维修操作。

（3）集成化物料管理：实现航材的订购、询价、供应链管理、仓储管理、存货管理和"As-Flying"构型管理等功能。

（4）维修性能工具箱（Maintenance Performance Toolbox，MPT）：基于 Web方式向客户提供维修技术出版物浏览、飞机系统、飞机结构、出版物编写信息、维修任务管理和机务培训等功能。

（5）航空公司飞行管理：基于 Web 方式向航空公司飞行管理部门提供飞行计划、航图发放和机组管理等功能。

1.5.3.2　空客信息化解决方案

空客信息化解决方案（e-Solutions）为技术出版物和工程技术支援提供了创新型的工具。其中 e-Solution 战略用于维修和工程提供的工具/服务包括以下几方面：

（1）ADOC Suite：用于实现维修文档数字化管理的模块化解决方案。

（2）AirN@v：用于查询空客维修工程技术数据的浏览工具。

（3）AIRMAN-Web：飞机健康实时监控和故障隔离在线解决方案。

（4）Repair Manager：提供结构损伤修理的在线解决方案。

（5）e-Logbook：有效管理飞行员和维修人员报告以优化飞机的技术状态。

e-Solution 战略用于飞行操作提供的工具/服务包括以下几方面：

（1）AirFASE：飞机飞行分析和安全性浏览器，是一个满足适航要求的飞行数据分析软件。

（2）FEMIS：飞行效率管理和信息系统，用于追踪飞行效率，并且能够监控客户机队飞行效率所取得的提高。

（3）ADOC Web Ft Ops：ADOC 是一个允许航空公司进行客户化、修订和发布飞行手册或维修手册的技术出版物手册管理工具。ADOC 是一个基于 Web 的工具，因此不需要进行硬件的投资，并且在使用上可以减少 80% 以上手册查阅的时间和工作量。

(4) FlySmart with Airbus：用于管理飞行类手册进行性能计算的电子飞行包(1级/2级/3级)。

(5) PEP/LTS：全称 Performance Engineers Program/Load & Trim Sheet 软件，是一个在地面上使用的飞机性能工具。

目前波音公司和空客公司数字化解决方案产品近于趋同，核心服务系统包括客户服务门户、电子飞行包、飞机健康管理、交互式技术出版物、航材供应链管理、航空公司飞行管理、飞行品质/安全性分析、空地网络互联等。

2 培训工程技术

2.1 专业简介

2.1.1 培训工程

培训工程按照《航空器制造厂家运行支持体系建设规范》(MD-FS-AEG006)中第5.2条运行支持体系的基本任务中"(2)为航空运营人或所有人的各类专业人员,包括驾驶员、维修人员、客舱人员、运行控制人员提供必需的培训,并符合民航局相应的合格审定"要求,建立飞行、维修、乘务和签派性能培训能力,承担客户培训工程研制和型号客户培训工作。

培训工程基于市场需求、规章标准等培训需求调研与分析,提出作为飞机制造厂商应提供的各种基础培训、增值培训及定制化培训,规划培训课程的设计方案、培训资料、训练设备、培训数据包的总体开发方案及培训教员的培养方案。培训工程技术将培训中心、培训课程、培训资料、训练设备、培训数据包和培训教员六个要素有机结合,提供客户培训。

培训工程型号任务包括:

(1)制订培训大纲并获得局方相应的批准或认可。

(2)制订培训规范、教材并获得局方相应的批准或认可。

(3)研制培训设备并获得局方相应的批准或认可。

(4)完成培训教员培训并获得局方相应的批准或认可。

(5)制订全机应急撤离程序,结合型号合格审定全机应急撤离演示审查并通过FSB评审。

(6)(按需)建立培训机构并获得局方相应的批准。

(7)实施客户培训及培训持续改进。

培训工程下设飞行训练专业、维修培训专业、乘务训练专业、签派性能培训专业、飞行模拟机专业和培训设备开发专业。

(1)飞行训练专业。

飞行训练专业负责飞行员理论教学培训和实际操作培训。通过完整的训练,飞行员能够实时感知、分析和评估飞机的机动性能状态,能够准确地在正常和非正常情况下预期出现的结果并做出迅速合理的反应,满足航空公司正常运行、安全运营和可持续发展的需要。完善飞行训练体系,创新训练培养模式,做到以人为本,全面提高飞行员的专业素养和能力。

(2) 维修培训专业。

维修培训专业负责向航空公司维修人员提供机型培训以及维修专项培训。维修培训专业涉及的核心研制任务包括收集、整理飞机设计数据、构型数据、工程数据、试飞数据和供应商数据,制订维修培训需求和标准,确定培训内容;确定培训体系规范、培训设备研制要求、技术规范,制订及管理模拟训练设备数据包构型及规范,开展培训设备研制工作;确定维修培训教员招聘、培养方案,开展维修培训教员培训、试讲,以及获取和保持维修培训教员资质工作;收集相关数据、资料,开展维修培训需求分析工作,编制维修培训大纲及培训教材;根据 CCAR - 147 部等适航取证要求,开展维修培训资质获取工作。

维修培训课程研制保障飞机交付客户后能够顺利完成航线运营,面向航空公司维修人员提供培训。为能向客户提供优质的维修培训课程,调查研究国内外维修培训行业的发展现状,维修培训所有培训课程的开发均以满足民航规章要求为前提,维修培训课程内容开发主要包括:维修培训需求分析、维修培训大纲编写、维修培训设备的研制、维修培训教员培养以及适航取证工作。

(3) 乘务训练专业。

生产厂家的乘务训练是飞机交付客户运营前的培训之一。乘务训练主要根据训练大纲要求,通过理论授课、CBT 辅助教学、客舱训练模拟器、出口训练模拟器等实践操作课程,为客舱乘务员提供正常、非正常和紧急情况下掌握飞机客舱设备操作和客舱系统运行指导的转机型培训,确保受训的客舱乘务员都能胜任其相应岗位的职责,使经过训练后的客舱乘务员能正确地运用飞机上的各种应急和服务设备及应急处置程序,熟知机组成员职责及任务,确保客舱安全和正常服务要求。

(4) 签派性能训练专业。

签派性能训练主要面向飞行签派员、性能工程师、配载工程师这 3 类航空公司运行控制人员实施机型知识训练,使受训学员在完成训练后,能够了解和掌握机型相关知识,满足航空公司保障飞机运行的需求。签派性能训练还面向飞行员提供机型性能训练课程,以帮助飞行员建立运用性能知识管理飞机的能力。

(5) 飞行模拟机专业。

飞行模拟机是提供飞行训练的必要设备,飞行模拟机专业主要按照国际标准从事开发模拟机数据包,实施飞机飞行模拟机的开发和维护。

(6) 培训设备开发专业。

培训设备开发专业主要开展飞行、维修、乘务模拟培训设备研制工作、进行培训设备工程管理、开展培训设备数据包开发工作,为客户培训提供先进、稳定的培训设备支持,并向客户提供模拟培训设备研制和培训设备数据包相关的技术支持。

培训设备开发专业同时开展培训产品开发平台构建、计算机多媒体辅助教学设备开发和多媒体素材开发,为客户培训提供生动、形象及便捷的计算机多媒体辅助教学设备。培训工程技术专业还进行飞行、维修、乘务训练前沿技术探索及预研课题管理工作,为客户培训提供先进、稳定的培训设备支持。

2.1.2 培训工程技术

培训工程技术包括培训需求分析技术、培训设备研制及运维技术。这些技术应用于飞行、维修、乘务及签派培训。

(1)培训需求分析技术。

培训需求分析是从分析飞行、乘务、维修、签派需执行的任务出发,从而确定需培训的内容,形成飞行、乘务、维修、签派培训大纲,同时确定培训知识点。培训课程设计根据经过培训需求分析确定的飞行、乘务、维修、签派的培训大纲和教学知识点,对知识点进行内容的填充,以及教学方式的定义。

培训课程设计与飞机研发设计紧密连接,在研发设计明确飞机操作任务分析的基础上,结合规章、标准,进行培训需求分析,把设计理念和飞机运行理念融合进整个培训体系的各个方面中。通过进行培训需求分析,明确培训内容、培训设备、培训方式等整个培训体系相关的各个方面,整个培训体系相关的各个方面都得以在飞机操作任务分析的基础上完成,成为一个综合的集成化的培训体系。

(2)培训设备研制及运维技术。

训练设备研制包括对飞行训练设备、维修培训设备、乘务训练设备、签派训练设备的研制,主要开展了训练设备新技术及发展趋势研究,完成各种训练设备的系统级技术要求,完成各种训练设备的技术解决方案,完成各种训练设备的初步设计和详细设计,完成各种训练设备的测试、验收和鉴定工作。

培训设备数据包是培训设备研制的核心内容之一,是验证培训设备的飞机构型、性能、操纵品质、系统功能等方面仿真度的关键要素。完成培训设备数据包相关技术和开发方法的研究,为模拟机运营人、培训设备制造商提供完整的飞机数据和相关文档以支持模拟机设计、制造以及培训设备取证和日常运营维护。包括飞机的设计和技术信息等,主要有飞机构型与设计数据、飞机建模数据、飞机操作和维护数据、飞机验证数据、声音及震动数据等。

2.2 培训需求分析技术

培训需求分析是教学系统设计的第一步,旨在规划与设计训练之前,采用一定的方法与技术,对组织及成员的训练目标、知识、技能、态度等方面进行系统分析,从而确定培训内容的一种活动或过程。培训需求分析技术是培训需求分析在具体的实施过程中所采用的技术,是保证培训需求分析结果的正确性、合理性、有效性的重要技术。通常采用的培训需求分析技术包括:DIF 分析技术以及 KSA 分析技术。

2.2.1　DIF 分析

难度、重要性及频度（Difficulty Importance Frequency，DIF）分析技术是一种识别给定任务的培训相关内秉特性（困难程度、重要程度及使用频度）的科学方法和方法原理，是培训需求任务分析的基础技术之一。DIF 分析技术的使用范围：飞行训练需求分析、维修培训需求分析、乘务训练需求分析、签派训练需求分析。

1）技术要求

（1）符合《航空器制造厂家建议的维修人员执照机型签署及培训规范》（MD－FS－AEG005）要求。

（2）符合《航空器制造厂家运行支持体系建设规范飞行》（MD－FS－AEG006）要求。

（3）符合《基于培训需求分析的机型飞行训练规范》（MD－FS－AEG007）要求。

（4）开展困难性、重要性和频繁性分析前，需首先确定设计的机型培训课程的进入条件。

（5）应界定 DIF 等级，并明确每个等级的定义。

2）技术要点

（1）工作任务的 DIF 属性进行分析和界定。

（2）困难性判断。

（3）重要性分析。

（4）频繁性分析。

2.2.2　KSA 分析

知识、技能及能力（Knowledge Skill Ability，KSA）分析技术是一种识别完成给定任务的相关需求（知识需求、技能需求及能力需求）的科学方法和方法原理，是培训需求任务分析的基础技术之一。KSA 分析技术的使用范围为：飞行训练需求分析、维修培训需求分析、乘务训练需求分析、签派训练需求分析。在开展培训需求分析研究时，需要基于任务分析的结果，采用人员分析的基本方法和手段，将工作任务分解为 KSA 项，并构建出相应的知识阵列。

1）技术要求

（1）符合《航空器制造厂家建议的维修人员执照机型签署及培训规范》（MD－FS－AEG005）要求。

（2）符合《航空器制造厂家运行支持体系建设规范飞行》（MD－FS－AEG006）要求。

（3）符合《基于培训需求分析的机型飞行训练规范》（MD－FS－AEG007）要求。

（4）确定受训者已经具备的知识、技能和意识。

（5）将执行所有任务的知识、技能和意识汇总并组织培训模块，形成对应受训者工作和职责的训练要求。

2）技术要点

（1）将工作任务分解为 KSA 项，并构建出相应的知识阵列。

（2）层层分解出所需的知识、技能和意识项目。

（3）KSA 内容定义。

（4）KSA 进行等级定义。

（5）制订培训的总体目标和阶段性目标。

（6）确定培训目标项的达成度评估方法和标准。

2.3 培训设备研发技术

培训设备研发技术是根据《航空器制造厂家运行支持体系建设规范》（MD-FS-AEG006）中第 8.2 条人员训练中的模拟训练设备研制内容要求进行研发的。培训工程设备研发主要工作包括飞行、维修、乘务、签派性能等专业培训所需设备的研制，具体内容包括全动飞行模拟机研发技术、CBT 研发技术、三维虚拟培训设备研发技术、维修培训设备研发技术、飞行模拟机数据包研发技术、F/MTD 研发技术。

2.3.1 全动飞行模拟机

全动飞行模拟机是指通过计算机软件及飞机硬件设备来对真实世界飞行中所遇到的各种元素，包括地理环境、气象效果、飞机系统逻辑、空气动力模型等，经过计算机的仿真模拟，配合外部硬件设备进行飞行仿真操控和飞行感官反馈的一项事物。经过了多年的发展，目前飞行模拟技术无论在航空制造企业以及航空公司都得到了广泛的应用。

1）技术要求

（1）符合 CCAR-121 部《大型飞机公共航空运输承运人运行合格审定规则》中对飞行模拟机使用的要求。

（2）符合 CCAR-60 部《飞行模拟设备的鉴定和使用规则》的要求。

（3）符合国际航空运输协会（IATA）"Flight Simulation Training Device Design & Performance Data Requirements"的要求。

（4）满足飞行模拟机 D 级取证的数据包开发要求。

2）技术要点

（1）高逼真度飞机驾驶舱飞行环境。

（2）逼真模拟风雨雷电、雨雪冰雹等恶劣天气。

（3）满足高危险性的试飞科目的要求。

（4）六自由度飞行运动系统。

（5）能够进行实时飞行仿真。

（6）构建飞行视景数据库。

（7）教员台管理系统。

（8）飞行模拟机 D 级数据包。

2.3.2　计算机辅助训练设备

计算机辅助训练（Computer Based Training，CBT）是在世界航空业广泛应用的一种培训方式。计算机辅助训练采用声音、图像、文字等多种多媒体手段，为学员营造直观的培训环境，并通过交互操作，使学员有身临其境之感。计算机辅助训练服务模式是一个运用"互联网＋"创新思维与技术来实现全方位计算机辅助训练服务的模式，其主要由在线计算机辅助训练学习管理系统、移动计算机辅助训练学习管理系统、计算机辅助训练考试生成管理系统等组成。

1）技术要求

（1）输出符合目前国际上通用的 AICC/SCORM 标准。

（2）提供有效的课件缺陷跟踪及管理功能。

（3）提供高效的课件追踪、版本控制、报告和课件管理功能。

（4）具备移动客户端功能。

2）技术要点

（1）计算机辅助训练课程的培训知识点来源于培训需求分析结果所确定的培训知识点，与手册保持一致。

（2）基于场景进行设计，便于学员建立培训内容和工作内容之间的联系。

（3）按照飞机的实际飞行剖面和飞行阶段，对培训内容进行组合和设计，其过程、顺序和呈现形式符合学员的习惯和认知心理学。

（4）对计算机辅助训练课程的培训方法、形式和媒体等因素进行综合考虑。依据培训知识点，确定知识点的最佳教学方式、程度和呈现形式，选择适当的教学方法和传递教学信息的媒体，同时应考虑计算机的输出和现实能力。

（5）从色彩、构图、动画、视频、声音及图像等几个方面去考虑知识点的表现形式。

2.3.3　三维虚拟培训设备

三维虚拟培训系统以虚拟现实和虚拟仿真技术为基础，通过建设三维虚拟维修培训辅助系统，可创建出真实感与沉浸感强的三维虚拟环境，为民用飞机的各项维修工作提供模拟仿真与虚拟培训内容的展示与交互。该系统结合多种计算机辅助训练（CBT）、虚拟现实（VR）技术，对飞机各个系统进行虚拟展示与交互体验，实现飞机培训科目的沉浸式辅助教学。

1）技术要求

符合《民用航空器机型、部件修理项目培训大纲》（AC－147－04R1）。

2）技术要点

（1）民用飞机三维虚拟维修培训需求分析。

（2）民机原始工程设计数模轻量化处理与实时渲染。

（3）三维虚拟维修培训课程设计与仿真开发。

（4）三维虚拟维修培训系统平台构建。

2.3.4 维修培训设备

实习培训是飞机机型维修培训不可或缺的一个组成部分，通过实习培训，能够检验学员理论的学习成果，提升学员专业知识和能力，提高培训质量，满足客户的培训需求，降低培训成本。实习培训需要使用维修培训设备进行教学，按局方规章要求，实习培训应当使用航空器、动力装置、部件和其他培训设备实施。维修培训设备研发技术包括维修实操培训模型研制技术、标准线路施工研制技术和维修实习培训录像研制技术。

1）技术要求

（1）符合《民用航空器维修培训机构合格审定规定》（CCAR‐147 部）中第147.14条对实习设施的要求。

（2）实习场地的设备、工具、器材和维修资料应当按照培训大纲所需要进行的实习内容配备。

（3）民用航空器维修基础培训、机型或部件修理项目培训的实习地点应当提供相应的航空器、航空器部件或具有同等功能的模拟设备用于实习。

（4）符合《民用航空器维修基础培训大纲》（AC‐147‐02）线路标准施工相关内容要求。

2）技术要点

（1）设计起落架、辅助动力装置（APU）以及驾驶舱窗等维修频率较高系统的实习培训模型。

（2）鉴定维修实操培训模拟器在功能测试/操作测试和排故等方面的培训能力。

（3）按照标准线路施工程序和方法进行飞机线路检查和维修培训。

（4）进行标准线路施工课程的研制工作。

（5）梳理标准线路施工课程所需工具和耗材，形成标准线路施工工具耗材清单。

（6）建设维修实操培训车间，采购维修实操培训课程所需工具和耗材。

（7）所有培训模型需能够完成基本的拆卸/安装、部附件的位置识别、功能/操作测试、地面勤务/操作、MEL项目、排故等基本的教学功能。

2.3.5 飞行模拟机数据包

飞行模拟机数据包是生产厂家提供给飞行模拟机制造商用于设计、制造和测试飞行模拟机所需各类数据的集合,是保证模拟机性能逼真度的关键技术。

1) 技术要求

(1) 符合《飞行模拟设备的鉴定和使用规则》(CCAR - 60 部)要求。

(2) 符合国际航空运输协会"Flight simulation training device design and performance data requirements"要求。

(3) 符合模拟机数据包开发规范要求。

2) 技术要点

(1) 制订数据包开发规范。

(2) 数据包工程数据和试飞数据采集技术研究。

(3) 数据包工程数据和试飞数据分析处理技术研究。

(4) 制订数据包路线图。

(5) 编制数据构型管理文件。

2.3.6　飞行训练器/维护训练器

在飞行培训中,飞行训练器/维护训练器(FTD/MTD)利用FTD进行飞行模拟训练是必不可少的重要环节,是民航飞行员培训与训练的必备设备之一,该设备有助于飞行员进行大量重复性仪表操作训练、故障或特情处置演练。在现代化的飞行员培训机构中,运用这种简单高效的训练方式能显著降低训练成本并最大限度控制训练风险。MTD用于维修培训可以复现各系统在实际运行中可能产生的告警信息、故障现象,可对学员进行贴近实际的排故训练。用MTD取代真机进行维修排故培训可以方便、快捷、实时地展现各种系统故障,学员可根据实际需求,对相关系统进行专项排故训练,降低了使用真机进行系统排故训练的成本。

1) 技术要求

(1) 符合《飞行模拟设备的鉴定和使用规则》(CCAR - 60 部)的要求。

(2) 符合国际航空运输协会"Flight Simulation Training Device Design & Performance Data Requirements"的要求。

2) 技术要点

(1) 高逼真度模拟仿真飞机系统功能。

(2) 开放式座舱。

(3) 飞行机组培训/驾驶舱资源培训/机型维护培训。

(4) 培训效率高/培训成本低。

2.4　培训大纲开发技术

培训大纲开发技术包括飞行训练大纲开发技术、维修培训大纲开发技术、乘务训练大纲开发技术和签派训练大纲开发技术。飞行训练大纲开发技术通过课程设计,将培训需求分析得出的知识点进行设计组合。维修培训大纲开发技术是基于维修需求分析进行机型维修培训大纲设计。乘务训练大纲开发技术基于培训需求分析结果确定培训知识点以及培训等级,构建训练课程。签派训练大纲开发技术通过模块化归类知识要素,形成课程设计报告,确定培训大纲内容,形成签派训练大纲。

2.4.1　技术要求

（1）符合《航空器制造厂家运行支持体系建设规范》（MD‐FS‐AEG006）附录1.2飞行训练大纲编制流程要求。

（2）符合《航空器制造厂家运行支持体系建设规范》（MD‐FS‐AEG006）附录1.5维修训练大纲编制流程要求。

（3）符合《航空器制造厂家运行支持体系建设规范》（MD‐FS‐AEG006）附录1.8乘务训练大纲编制流程要求。

2.4.2　技术要点

1）飞行训练大纲开发技术要点

（1）设计组合培训知识点。

（2）确定总体训练目标。

（3）确定不同课程类别的训练目标和进入条件。

（4）确定训练提纲。

（5）进行课程设计。

（6）构建训练模块。

（7）开发新机型训练大纲。

（8）设计差异训练课程。

（9）分析差异等级,设计新的课程或训练方式。

（10）验证大纲符合性。

2）维修培训大纲开发技术要点

（1）确定维修培训大纲的设计和课程的开发方法。

（2）确定维修培训大纲开发规范和要求。

（3）生成培训方案。

（4）开发验证机型维修培训课程的样例。

（5）归纳知识、技能和意识三类知识点。

（6）划分知识点难度等级。

（7）形成培训模块库。

（8）验证大纲符合性。

3）乘务训练大纲开发技术要点

（1）确定培训知识点及其培训等级。

（2）确定、选择、整合并构建课程模块。

（3）形成课程设计报告。

（4）确定培训大纲内容。

（5）形成乘务转机型训练大纲。

（6）验证大纲符合性。

4）签派训练大纲开发技术要点

（1）确定培训知识点及其培训等级。

（2）确定、选择、整合并构建课程。

（3）确定学习目标和训练时间、训练手段。

（4）形成课程设计报告。

（5）确定机型的特殊运行训练。

（6）验证大纲符合性。

2.5　培训工程技术应用

培训工程将培训需求分析技术、培训设备研发技术和培训大纲开发技术应用于 ARJ21 - 700 飞机在飞行、维修、乘务和签派等方面的客户培训工作，解决了 ARJ21 - 700 飞机在试飞、交付、运行中的相关问题，对保障飞机的安全正常运营起到了重要作用。

2.5.1　培训大纲开发

2.5.1.1　飞行训练大纲开发

飞行训练大纲是实施飞行训练的指导性文件，飞行训练大纲开发的基础是训练课程的开发。为了开发具体针对性的训练课程，首先需要明确飞机的操作任务。在研发设计过程中，在明确飞机操作任务分析的基础上，进行培训需求分析（Training Needs Analysis，TNA），创建一套科学的、规范的、系统的飞行训练课程开发验证技术、流程、方法及平台，参与飞机设计初期直至培训正式运行全部过程，严格把关训练课程的正确性、合理性、有效性，进而保证飞行训练的顺利进行。从而把飞机设计理念和飞机运行理念融合进飞行训练课程的各个方面。

飞行训练课程开发是飞行训练关键技术。飞行训练课程开发采用 TNA 分析方法进行培训需求分析和课程设计。培训需求分析的最终目的是确定培训目标和培训内容，培训课程设计的最终目的是设计培训要素及构建课程。

培训需求分析作为课程开发的基础，基于培训理念，综合新技术和新培训设备的影响，是飞行训练课程获得批准的有效支持性依据，同时也是一个系统性的分析方法，它需要考虑整个飞行过程中每个阶段可能遇到的状况，从而确定培训目标，保证培训内容的完整性和针对性。

在开展培训需求分析前，需首先确定设计的机型培训课程，以便确定受训者已经具备的知识、技能和意识。明确人员的进入条件仅为明确进入机型培训课程适用的对象,不意味着不具备进入条件的人员不能开展相应的机型培训,而是需要进行必要的补充培训后方能进入机型培训课程。

培训需求分析和课程设计的基本流程包括如下步骤:编制操作任务清单;操作任务要因分析;对确定需要培训的每一项任务,进行知识、技能和意识分析;培训选择分析;确定培训目标和培训内容;设计课程;验证改进培训内容。

1) 编制操作任务清单

基于航空器设计的基本构型和运行类别,编制飞行员操作任务清单,基本要求如下:

(1) 具体飞行任务以基本的飞行阶段为基础,确定每一飞行阶段所需执行的任务和子任务。

(2) 飞行任务应当以航空器型号的飞行手册或飞行机组操作手册为基础,包括所有的正常、非正常和应急程序,并涵盖所有预期的运行条件。

(3) 在飞行阶段和飞行任务确定的基础上,对每一项飞行任务进行分解,对分解的操作任务进行组合和归类,形成飞行员操作任务清单。

2) 操作任务要因分析

对机型的操作任务进行因素分析,包括困难性、重要性和频繁性,并对各要因进行定义和分级。

通常这个程度是分析人员、基于本机型的操作理念和操作特性,考虑满足进入条件人员的普遍能力,参考主力机型的操作差异得出的主观判断,后经测试验证后得出接近准确的难度判断。

一般情况下,等级定义如下。

(1) 困难性分为两个等级,分别是 D1:困难;D0:不困难。

(2) 重要性分为两个等级,分别是 I1:重要;I0:不重要。

(3) 频繁性分为两个等级,分别是 F1:频繁;F0:不频繁。

3) 知识、技能和意识(KSA)分析

KSA 是培训的三大要素。其中,K 是基础,飞行员完成操作任务达到要求的培训目标所需要掌握的知识。信息不是知识,认识信息之间的关系才是知识,才能应用于实践的判断和决策。S 是运用已有的知识经验,通过练习而形成的趋于完善化、自动化的智力活动方式和肢体动作方式的系统。动作接近自动化,复杂的动作系统趋于完善化,这就标志着技能已经形成。经过反复练习或应用,按照任务本身的要求达到熟练的程度。A 是接收观点并纳入自己的态度体系。

针对上述分析确定需要选择的任务和子任务,逐个分析执行该任务或子任务所需的知识、技能和意识,并对其进行定义和确定等级要求。其中,知识(K)包括以下 5 个要素:系统原理、控制显示、失效故障、飞机性能和限制、操作程序。技能(S)包括飞机操纵、程序应用、飞行管理和自动操纵、问题解决和决策、沟通。意识(A)包括 3 个要素,分别为情景意识、工作载荷管理、沟通及团队合作。

根据定义的 KSA 和其等级标准,确定完成每一项操作任务所需的知识及其等级,技能及其等级,任务及其等级,形成 KSA 分析汇总表。通过对操作任务每一项指标的分析,确定每一项任务的培训要求,通过培训,成为该机型飞行员的要求。

4)培训选择分析

按照上述流程,首先编制飞行员操作任务清单,对分解后的操作任务进行 DIF 分析,确定是否对该项任务进行培训,然后针对要进行培训的任务进行 KSA 分析。

依据分析结果设计出符合不同类别知识点的训练方法,可以分为多个进阶阶段。知识类:通常采用传授、讲述、自学、观看等方式;技能类:通常采用体验、示范、观摩、操作等方法;态度意识类:通常采用角色和场景结合的方式进行培训。

5)确定培训目标和培训内容

将选择的培训项进行整理,确定其培训内容,形成培训知识点清单。

6)设计课程

开展课程设计的前提:

(1)培训目标明确。

(2)培训知识点确定。

(3)各培训知识点训练等级确定。

在前期培训需求分析的基础上,根据培训目标,通过对于操作任务的知识、技能、态度分析,形成培训知识点清单。在此基础上,对每一个培训知识点,通过分析,确定适用的培训方式:培训方式主要依据培训等级确定。培训方式包括如下。

(1)介绍,讲解,实践操作。

(2)适用的训练设备:飞行训练器和 FFS。

(3)所需的训练时间:根据知识点的复杂程度、培训等级、训练设备等因素,对该培训模块提出建议的培训时间,以分钟作为时间单位。

确认知识点所适用的培训方式、所需的训练设备、持续的培训时间后,根据相应的逻辑对培训知识点进行有序结合,并确定客户培训课程的各个相关要素,完成客户培训课程设计。

2.5.1.2　维修培训大纲开发

(1)机型维修培训目标分析。

机型维修培训目标是指机型维修培训活动的目的和预期成果,设置机型维修培训目标为整个机型维修培训计划提供明确方向和可依循的构架。有了明确的培训目标,对于培训教员来说,就确定了施教计划,在教学过程中做到有的放矢;对于学员来说,就明晰了学习目的,使培训达到事半功倍的效果;相反,如果目的不明确,则易造成培训教员和学员偏离培训的期望,造成人力、物力、时间和精力的浪费,增加了培训成本,甚至可能导致培训的失败。因此,明确的机型维修培训目标是最终检验整个培训需求分析流程是否合理、是否达到预期效果的重要指标。

根据岗位职责目标的不同可将培训课程划分为 ME-Ⅰ、ME-Ⅱ、AV-Ⅰ和

AV-Ⅱ四类,并按照规章要求,制订每一类课程的培训目标。规章中给出的培训目标是总体性的、指导性的和非针对性的;而岗位职责给出的目标也是宽泛的、笼统的。因此对当前的机型维修培训目标进行分层次细化分解,使其更具有可操作性是非常有必要的。各层次培训目标越具体越具有可操作性,就越有利于实现培训目标。

培训目标的细化、具体化由两个矩阵来实现,即基于规章分析产生的机型维修培训目标矩阵(简称规章目标矩阵)和基于岗位职责分析产生的机型维修培训目标矩阵(简称职责目标矩阵)。机型维修培训目标的确定为后续维修任务的分析提供了输入条件。

机型维修培训的最终效果不仅取决于明确的机型维修培训目标,同时与参训人员的综合能力息息相关。通过对维修人员进行科学严谨的问卷调查和综合能力测评,分析并判断学员现有知识、技能和意识是否满足相应等级课程入门能力要求,再据此制订培训实施的具体方法和形式,保障机型维修培训目标的达成。

(2)机型维修培训规章分析。

目前国内与飞机维修相关的法规包括:CCAR-66部、CCAR-43部、CCAR-145部、CCAR-147部及相关的咨询通告(AC)等,国际则包括如欧洲航空安全局(EASA)和美国联邦航空局(FAA)等局方颁布的相关法规条款。法规对飞机维修行业的各个方面,如岗位分类、人员资质、培训要求、设备设施等进行了相关的规范和指导。直接与飞机机型维修培训相关的民航规章包括 CCAR-66部、CCAR-147部及相关的 AC 等。其中 CCAR-147部及 AC-147-04R1 中明确定义了机型维修培训的理论教学和实习教学的培训等级、培训方式、培训学时等培训要求,对机型维修培训有非常明确的指导意义。

通过对上述民航规章的深入研究和分析,形成一个规章目标矩阵,结合维修岗位分析得到职责目标矩阵,生成细化的、具体的机型培训目标。并以此细化各个系统的教学重点、培训等级、学时分布、实习项目实施方法和考核方式等,形成一套有效可行的具体机型维修培训教学大纲,从而规范并保障机型维修培训大纲的完整性和针对性。

(3)机型维修培训岗位职责分析。

确定具体的、可操作性强的培训目标,能使教学大纲编写更具统一性和规范性。因此,培训目标除了须符合现有民航规章中对机型维修培训的要求外,还应该针对不同专业和类别的维修岗位梳理出更加清晰可行的指导要求,这使得岗位分析显得尤为重要。通过对国内不同维修机构进行调查研究,了解不同工作岗位在实际工作中的具体岗位职责。不同工作岗位,其维修工作所覆盖的飞机和系统的范围、深度、实践工作项目类型也各有不同。基于以上分析,可以对培训目标细化的关键因素进行梳理。根据民航规章及不同性质维修岗位的工作范畴,同时考虑安全管理系统(SMS)的因素,对具体岗位设置及维修职责进行分析定义,从而形成一个职责目标矩阵。在职责目标矩阵中建立培训目标的细化标准,结合规章分析产生的规章目标矩阵,最终产生具体的、细化的培训目标。

因此针对不同工作岗位的职能特点应制订与之相匹配的培训目标,采用合适的方式让维修人员接受对应专业知识的培训和学习。详细了解各工作岗位日常维修工作中具有代表性的维修工作,评估工作内容的复杂性和技术要求,编制出各工作岗位具体的培训要求,确保培训内容应充分覆盖飞机和系统中各岗位所需的知识和技能要求,从而提高培训的有效性和针对性。

(4)机型维修培训人员分析。

飞机维修人员具有不同的教育背景和工作经历,导致其知识水平和维修技能亦存在较大差异。同时,飞机制造和维修技术的持续发展对维修人员现有知识和技能提出了更高的要求。因此需要对目前维修人员的知识水平和技能状态进行研究分析,同时提炼新机型和新技术所需要的培训要求,制订合适的培训内容和培训实施方式,以保证学员能够达到预期培训效果。例如,对于具有丰富维修经验的参训人员,基于他们已经具有了成熟的系统概念,其培训侧重点应着力于新旧机型的差异部分;而对于年轻的维修人员,多媒体的培训方式更能激发他们的学习热情,虚拟现实设备等现代化培训手段可以让他们在较短的时间内掌握工作岗位所需的知识和技能。

在机型培训前,根据不同机型的特点,设定对学员的最基本素质要求,即要求学员在参加培训前应具备一定的知识水平和维修经验。问卷调查和综合能力测验是当前最有效、便捷的人员能力调查手段。通过问卷调查和综合能力测验可以有效地掌握全体学员的综合能力。

问卷调查是指通过严谨的问卷调查表格收集学员的工作/学习经历、维修经验及外语水平等基本资料;综合能力测验是通过科学合理地制订的一套试卷从专业角度考察学员所具备的知识、技能和意识,从而明确维修人员参加培训的进入条件。一方面,对满足进入条件的维修人员可以有侧重点的实施培训;另一方面,对不具备进入条件的维修人员可以帮助其发现短板,待其进行必要的补充学习后再参加机型培训。

总之,考虑到目前维修人员资质的现状和将来发展趋势,从人为因素的角度出发,了解和分析在实际工作过程中维修人员自身的能力差异,明确维修人员参加机型培训的进入条件,能够使机型维修培训实施更有效、更直接。

(5)机型维修任务分析。

维修任务分析主要是分析执行维修任务时所需的知识(knowledge)、技能(skills)和意识(attitudes)。机型维修培训与其他行业的培训有着较大的差异性,因此在维修任务分析时,需要从机型维修的实际出发,找出与之相匹配的关键因素,确保分析结果的准确性、科学性和合理性。

维修任务分析主要是利用民航规章和岗位分析研究的成果,对所涉及的维修任务进行分类;基于困难性、重要性和频繁性的判断,明确维修任务并进行分析,产生完成相应维修任务所需要具备的知识、技能和意识。

通过该任务的研究分析,建立机型维修培训知识、技能和意识的矩阵。在后续的研究中,通过设计不同的规则,根据不同需求,对矩阵进行重构,组成不同的维修培训课程。

2.5.1.3　签派性能训练大纲开发

1) 签派性能机型训练培训需求分析方法

签派性能机型培训具有信息量大、概念抽象、关联性强的特点,因此需要根据培训资源的特点、培训对象的需求和培训目标,合理构建签派性能机型训练课程,确保签派性能机型培训的针对性和实效性。

签派性能机型训练培训需求分析是基于以建立受训者执行任务能力为目标的系统化分析方法。签派性能机型训练培训需求分析作为培训的首要环节,其准确性直接影响了培训的有效性,而且对随后的课程设计、训练资料开发、训练实施和优化三个环节都起着"定向"作用。可见建立恰当的培训需求分析方法对于签派性能机型训练培训是重中之重,也是签派性能机型训练培训课程开发的起点。

签派性能机型训练培训需求分析的最终输出结果是获得签派性能机型训练所需要的知识要素,并确定知识要素适用的受训人群。

签派性能训练的特点与维修、飞行训练有着显著的区别,主要表现航空公司运行控制人员的工作是一项复杂的综合决策工作,其具体工作内容与每天的飞机状态、航路情况、气象情况紧密相连,需要根据实际情况,实时应对,做出决策,其工作决策的主要依托为知识类技能,特别是有些内容在航班正常时的支撑作用较为隐性,但在应急处置中又十分重要。因此难以像维修、飞行一样将运行控制人员的工作程序进行固化并逐条分析工作任务。

考虑到对于厂家进行的签派性能机型训练不仅需要满足民航规章中相应的训练要求,同时还需要使其在接受训练后能够在工作岗位上运用机型知识保障运行;此外,厂家手册也是运行控制人员工作时的重要参考。因此签派性能机型训练培训需求分析主要是对规章、岗位职责和机型手册三个方面进行分析。培训需求分析的输入包括民航规章、运行控制人员工作岗位需求和手册三部分。

2) 签派性能机型训练培训需求分析内容

规章分析主要是对民航规章、咨询通告及其他局方文件中关于运行控制人员的训练要求进行全面分析。岗位分析需要对各类运行控制岗位的职责等进行分析,从而提取与岗位职责相关的训练内容。尽管各个航空公司由于机队规模、航线种类不同,运行控制中心的管理制度、席位划设存在差异,但是运行控制人员的岗位职责是相同的,因此从岗位职责角度进行培训任务分析会更加具有适用性。手册分析主要对厂家机型手册中的内容进行梳理和归类,涉及的手册包括飞机飞行手册、机组操作手册、主最低设备清单、重量平衡手册等。

3）签派性能机型训练培训需求分析过程

签派员、性能工程师、配载工程师训练培训需求分析时需要判定是否会涉及机型知识以及知识归属类型。将知识点进行准确归类、分组将利于后续设计模块化的课程。例如，可以将知识点按照下述方法进行分类。

（1）机型基本科目：与飞机特性、限制、厂家文件相关的内容。

（2）机型系统：与飞机系统、操作程序相关的内容。

（3）实际操作：仅针对签派员，适用于满足规章的特定要求，与模拟机操作、飞行程序有关的内容。

（4）机型性能：与起降性能、爬升性能、巡航性能、飞行计划、等待性能相关的内容。

（5）机型配载：与重量重心、重量平衡数据、装载控制等相关的内容。

（6）机型性能软件：仅针对性能工程师培训考虑，指需要使用性能软件进行性能数据分析的相关内容。

2.5.2　培训设备研制

2.5.2.1　全自动飞行模拟机研制

全自动飞行模拟机按照飞机驾驶舱实际尺寸进行模拟，包括表现飞机在地面和空中运行所必需的设备和支持这些设备运行的计算机程序，主要由实时仿真计算机系统、视景系统、操纵负荷系统、仪表系统、音响系统、运动系统、教员台系统、模拟座舱、环境保障系统等九部分组成，如图 2-1 所示。

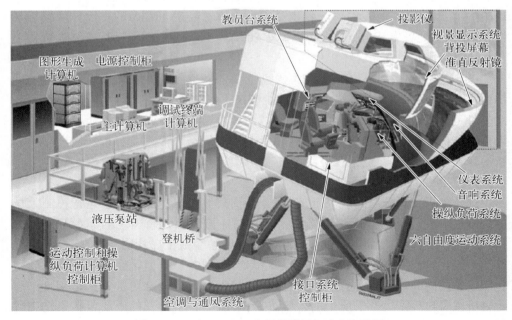

图 2-1　ARJ21-700 飞行模拟机组成和布局图

1）研制内容

（1）实时仿真系统。

飞行模拟机视景系统软件、接口系统软件、音响系统软件、运动系统软件、仪表系统软件、操纵负荷系统软件主要用于驱动相应的物理效应设备，产生视觉、听觉、运动感和力感等暗示信号，相应的驱动信号来自实时仿真计算机。

实时仿真计算机主要包含仿真模型和实时仿真管理系统两部分，其中仿真模型部分用于进行飞机性能及飞机系统的功能仿真，实时仿真管理系统则完成对整个模拟机系统软件的管理、控制、运行状态监测、重要参数显示、数据记录等。

实时仿真管理系统在飞行模拟机中的作用：一方面采用调度管理器通过对调度表、公共数据区和接口驱动与数据通信的控制实现对飞行模拟机分系统的管理功能，使它们协调运行，产生高逼真度的仿真效果；另一方面为飞行模拟机操作和维护人员提供人机交互接口用于模拟机的控制、调试、监测和数据管理等，使飞行模拟机能够在优化、安全和确保高逼真度的运行环境中工作。ARJ21-700 飞行模拟机软件系统组成如图 2-2 所示。

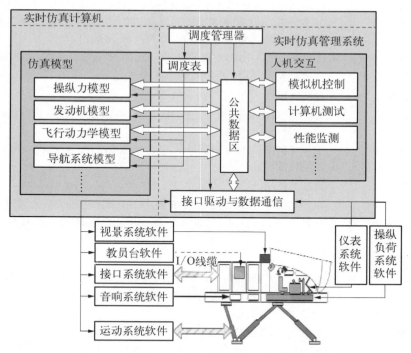

图 2-2　ARJ21-700 飞行模拟机软件系统组成图

ARJ21-700 飞行模拟机采用 Banding Scheme 和 Leg Composition 技术将仿真模型按照同步速率模块和实时速率模块组织成一种层次关系的调度表，采用 IBM 的 RISC 系列计算机，在 Linux 环境下运用 C 编程语言开发了一套实时仿真管理软件,实现了飞行模拟机的实时调度和管理。

(2) 飞机模拟系统。

飞行模拟机通过对除航电系统与飞行控制计算机以外的其他飞机系统工作逻辑进行软件模拟,通过输入输出接口控制实现系统交联,实现飞机系统软件仿真。同时,航电、飞行控制等关键系统,采用飞机真件集成,使用航电计算机、飞控计算机等真实飞机件,并加载与飞机上相同的系统软件,通过对输入输出信号的模拟和控制,使其在模拟机上实现与真实飞机上一致的逻辑和功能。ARJ21-700 飞行模拟机主要模拟的飞机系统如表 2-1 所示。

表 2-1   ARJ21-700 飞行模拟机模拟系统

系　统	实现功能与逻辑
空调系统	空调自动模式(冷/热),客舱空气循环,货舱通风,应急通风
APU 系统	APU 开关,APU 供电,APU 供气
自动飞行控制系统	偏航阻尼,自动驾驶仪,自动油门,飞行指引仪,水平模式,横向模式
刹车系统	停留刹车,应急刹车,刹车温度指示,自动刹车指示,RTO 自动刹车
通信系统	甚高频通信,甚高频应急通信,高频通信,机组内话,通信控制面板,旅客信息面板,驾驶舱语音记录,选择呼叫,客舱内话
电源系统	主电瓶,APU 电源,电瓶放电,交流汇流条,直流汇流条,发动机电机
防火系统	发动机灭火,APU 灭火,货舱烟雾探测
襟缝翼系统	襟缝翼操控
飞行控制系统	升降舵、俯仰配平,副翼、滚转配平,方向舵,偏航配平,扰流板,前轮转弯,脚蹬
燃油系统	油量平衡指示,燃油温度指示,油泵状态指示,发动机供油,APU 供油,发动机低油量告警
液压系统	液压泵控制
防冰除雨系统	风挡加温,皮托管加温,结冰探测,风挡雨刷,短舱防冰,大翼防冰
指示记录系统	PFD 显示,MFD 显示,EICAS 显示,显示控制面板,光标控制面板,语音与可视化告警,语音告警级别
起落架系统	起落架收放
照明系统	驾驶舱灯光,面板灯光,主灯光调节,应急灯光,客舱灯光,外部灯光
航电系统	大气数据计算机,自动航向基准系统,飞行管理计算机,交通告警与防撞系统,气象雷达
氧气系统	客舱氧气,驾驶舱氧气
引气系统	地面气源,APU 引气,发动机引气,引气压力
发动机系统	发动机起动与关闭,反推,慢车
增压系统	增压系统自动模式与手动模式,客舱与货舱舱门开关
主飞控系统	系统逻辑
预防失速	预防失速功能

ARJ21-700 飞行模拟机仿真系统通过建立 ARJ21-700 飞机的空气动力学、燃油、动力、辅助动力装置、电源、液压、起落架、刹车和空调、防火、防冰系统的数学模型来实现对飞机的飞行特性、动力特性以及相关系统逻辑的仿真,仿真系统中的数学模型模拟对象的工作过程,包括从发动机起动之前直到发动机停车之后的所有飞机特性,包括因环境条件变化所引起的正常延迟效应。飞行仿真系统在模拟器的实时仿真计算机主机上运行,由实时管理软件调度,对飞机的相应系统和设备进行数学仿真,并通过实时仿真计算机主机上的接口软件、网络通信程序、座舱设备以及交联系统进行数据交互,驱动座舱内的硬件设备工作。

(3)模拟机系统。

视景系统基于 Tropos 6000XR 平台,通过 4 个高清投影仪的投影,形成可视区域达 $240°×40°$,逼真地再现飞机驾驶舱窗外景象。视景系统模拟出 ARJ21 飞机在不同天气状况下的视景效果,包括闪电、下雨、下雪、大雾等。也会随着时间的流逝,模拟出黎明、白天、傍晚、黑夜四种视景效果。每个训练机场特别是鉴定机场十分逼真,机场内建筑与灯光、机场周围的地形地貌与地标性建筑都进行了独立建模。

运动系统是飞行模拟器的重要组成部分。通过模拟机计算机系统运行特定的飞行数据包,来驱动运动平台按照真飞机的各种姿态和速度动作,提供给训练机组逼真的训练环境。ARJ21 飞行模拟机运动系统平台由 MOOG 公司提供,采用全新的 6 个自由度的电动作动筒来驱动整个驾驶舱平台。模拟飞机的俯仰、滚转和偏转。并对飞行姿态、加速度以及飞行中的震动进行模拟。ARJ21 飞行模拟机电动运动系统原理如图 2-3 所示。

2)研制成果

研制成果包括 ARJ21-700 飞机型号研制、飞行员训练理论研究、ARJ21 型号试飞试验支持等重要工作。

通过对 ARJ21-700 飞行模拟机设计优化、软硬件构型升级、功能完善以及测试验证,最终应用于 ARJ21-700 飞机 MOC8 试验、FSB T5 测试、手册验证、第一阶段设计更改试验、高风险科目培训、发动机试车、操纵台及前轮转弯试验等各种型号试验和验证工作,以及各类型别等级训练、转机型训练、T5 训练、型别等级 AQP 训练、ME Ⅱ类及 AV Ⅱ类培训、复训、内部熟悉培训等,得到了试飞员、设计人员、手册编辑人员、试飞工程师、模拟器教员以及各类学员的认可,ARJ21-700 飞行模拟机的正常运行和稳定性能保障了各项试验以及训练科目的顺利进行,为 ARJ21-700 飞机的型号取证奠定了基础。同时,将 ARJ21-700 飞行模拟机应用于民用飞机适航符合性验证中,是国产民机进行的首次尝试。ARJ21-700 飞行模拟机在 MOC8 试验中的应用与研究,提升了模拟机状态和性能,并对大飞机项目研制提供了经验。

本项目的实施有利于提升我国国产飞机飞行员、维修和签派性能等技术人员

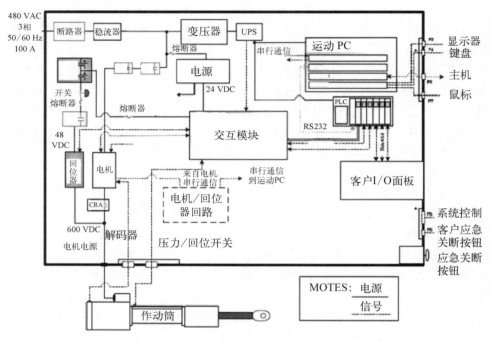

图 2-3　电动运动系统原理图

的培训能力,保障国产 ARJ21-700 飞机的顺利交付和正常运营。飞行模拟机项目的研制过程积累了民用喷气式飞机飞行模拟机的研制经验,同时,数据包开发、构型管理、仿真技术等为国内民机飞行模拟机技术、产品、市场和服务打下了基础。

3) 飞行模拟机维护

在飞行模拟机培训设备研制的同时,要考虑运维保障工作,有效地保障设备的正常运行。ARJ21-700 飞行模拟机研制按照完善的维护程序,按照日维护、周维护、月维护、季维护、半年维护、年维护开展维护工作。

诸如日维护工作中,每日需要检查模拟机空调状态和空压机排水。在周维护中,则需要检查运动机柜风扇是否正常工作,检查电线包有无连接损坏与缠绕,清洁机房内计算机显示屏及键盘,运行 DDAT 视景初始校准和检查模拟机冷水机组管路压力差,更换过滤网。在月维护中需要进行:检查空调与模拟机舱间的软管,检查并清洁 S1、SV1 机柜中各计算机的冷却风扇过滤网,检查空调进气口滤网,检查下水、软管及其连接,检查廊桥电源包运行状态,检查廊桥门状态,检查压力开关、回位开关,测试点适配器有无破损,检查所有的紧固件是否损坏或功能健全,删除不必要的计算机文件,检查氧气面罩空气过滤器,检查应急灯状态,检查并清洁运动系统作为动筒及基座,检查模拟机大厅清洁(联系物业进行清洁),运动机柜重启等。日、周、月、季、半年、年维护严格按照工作程序、厂家维护建议进行开展。同时,根据维护项目复杂程度安排人手开展工作。

在除了一整套人工运维程序外，ARJ21-700 飞行模拟机培训设备还设计了一套软件自检测故障诊断系统，全名为 Diagnostic 实时诊断系统。该系统提供模拟机总体故障的诊断信息，并在各系统有信息量更为全面的诊断软件对模拟机各系统是否正常运作进行监控。如运动系统的 MCLLOGIC，视景系统的 MAINVI 等。

2.5.2.2　计算机辅助训练系统研制

计算机辅助训练培训服务模式是一个运用"互联网＋"创新思维与技术来实现全方位计算机辅助训练培训服务的模式，其主要由在线计算机辅助训练学习管理系统、移动计算机辅助训练学习管理系统、计算机辅助训练考试生成管理系统等组成。运用计算机辅助训练培训技术对信息化系统中的学习状态数据、学习行为数据等进行跟踪、采集与分析，使得计算机辅助训练培训服务支持能力能够持续改进，同时，在对计算机辅助训练培训内容、计算机辅助训练课程的研发上力求符合 AICC 标准、SCORM 标准，并且，在符合适航管理部门对培训标准与质量要求的前提下，力求能够满足不同客户的个性化计算机辅助训练培训需求。

1) 研制要求

在 ARJ21-700 飞机的计算机辅助训练培训服务模式中切实以客户计算机辅助训练培训需求为导向，紧密结合 ARJ21-700 飞机的飞行初始培训、转机型培训与复训、维修的机械与航电培训、客舱乘务员培训、签派与运行支援类培训等计算机辅助训练培训业务，需涵盖整个计算机辅助训练培训管理服务体系，构建新型基于在线计算机辅助训练学习管理系统、移动计算机辅助训练学习管理系统、计算机辅助训练考试生成管理系统等计算机辅助训练培训的信息化系统。在计算机辅助训练开发过程中通过数字化、网络化全方位整合中国商飞各个单位可供计算机辅助训练培训使用的资源，促进支线飞机计算机辅助训练培训内容改革与创新，深度开发支线飞机计算机辅助训练培训资源，构建出良好、科学的计算机辅助训练培训环境。

2) 研制过程

（1）分析阶段。

分析阶段作为整个培训过程的首要环节，是整个培训工作的基础，它是确定培训目标、设计培训计划的前提，也是培训评估的基础。在培训的各个阶段都要有分析，通过问卷、约谈、电话等各种形式，了解对象、组织、课程的各方面需求。

在计算机辅助训练课件开发之前，需要开展飞行培训需求分析。飞行培训需求分析主要依据民航规章要求，以《飞行员实践考试标准》和《航空器型别等级和训练要求》为基础，根据飞机设计技术文件和飞机操作程序等手册类技术文件，梳理出飞行员操作任务清单，并根据相关标准对每一项具体任务进行难度等级评定。在飞行员操作清单确定的基础上，通过对每一项操作任务进行细化和分析，明确完成此项操作任务所需的知识、技能和态度。在培训需求分析的基础上，根据操作任务明确飞行训练的培训任务及培训目标。依据每一个培训知识点,确认其所需的培训设备、所适用的培训方式、持续的培训时间以及正确的评估手段。最终确定飞行训练的各个相关要素,完成飞行训练课程整体设计。与传统的教学模式相比,通过这样的方式建立的训练模式更能够突出训练重点,目标性更强,更具针对性,训练也更加有效。

根据培训需求分析的输出结果,确定计算机辅助训练课件的培训目标和培训知识点。飞行计算机辅助训练课件主要是用于飞行地面理论教学环节,同时用于学员自学。通过学习飞行计算机辅助训练,使受训驾驶员了解和掌握飞机各系统知识、工作原理、操作方法及注意事项;掌握训练课程内容,了解飞机性能特点和限制数据;熟悉飞机正常操作程序,熟悉正常检查单的使用方法;熟悉非正常和应急操作程序,熟悉非正常检查单的使用方法;掌握机组资源管理的基本知识、沟通方法和交流技巧,建立机组配合理念。

(2)设计阶段。

设计阶段以前期分析为基础,确定培训课程体系,确立培训实施策略,选择具体的媒体形式等。

计算机辅助训练课件开发中,通过课程设计,确定计算机辅助训练课件的总体授课思路,以及脚本编写的内容提纲。计算机辅助训练课件设计过程中充分考虑以下要素。

学习情景设计:基于飞行员进行飞行操纵的实际飞行场景进行设计,便于飞行员建立培训内容和工作内容之间的联系。

学习活动设计:按照飞机的实际飞行剖面和飞行阶段,对培训内容进行组合与设计,其过程、顺序和呈现形式符合飞行员的习惯和认知心理学。

教学策略设计:对计算机辅助训练课程的培训方法、形式和媒体等因素进行综合考虑。依据培训知识点,确定知识点的最佳教学方式、程度和呈现形式,选择适当的教学方法和传递教学信息的媒体;同时应考虑计算机的输出和现实能力。

内容—媒体设计:从色彩、构图、动画、视频、声音及图像等几个方面去考虑知识点的表现形式。计算机辅助训练课件单元结构根据ATA章节确定,每个课件单元包括:系统介绍(系统功能、组成、工作原理、显示控制、限制);正常操作(飞行剖面);非正常操作;总结;测试。

(3)开发阶段。

计算机辅助训练课件开发阶段主要包含脚本编写、素材制作、课件开发、测试、课程发布与交付五个环节。计算机辅助训练课件开发采用自主设计定制的学习内容管理系统(LCMS)作为设计、开发工具。学习内容管理系统是遵照行业标准,并应用最先进的HTML5互联网前端开发技术开发的支持分布式环境的基于网络的协同式开发平台。学习内容管理系统集成了AICC标准与SCORM标准,使用学习内容管理系统能够标准化、规范化地对计算机辅助训练课件进行有效开发。流程图如图2-4所示。

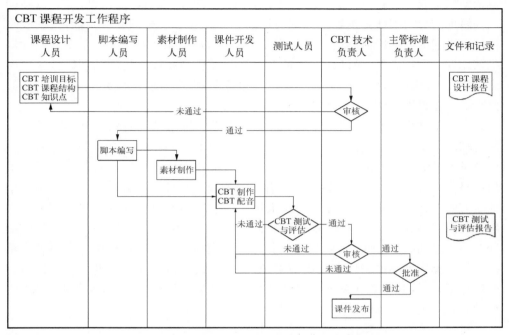

图2-4　计算机辅助训练课程开发流程图

3）研制成果

运用计算机辅助训练培训技术对信息化系统中的学习状态数据、学习行为数据等进行跟踪、采集与分析，使得计算机辅助训练培训服务支持能力能够持续改进，同时，在对计算机辅助训练培训内容计算机辅助训练课程的研发上力求符合AICC标准、SCORM标准，并且，在符合适航当局对培训标准与质量要求的前提下，力求能够满足不同客户的个性化的计算机辅助训练培训需求。运用互联网创新思维与技术来实现全方位的计算机辅助训练培训服务的模式的主要创新内容包括：

用"互联网＋"思维变革传统培训格局，创新ARJ21-700飞机计算机辅助训练培训服务模式。"互联网＋"思维是互联网时代的思考方式，强调用户思维，即无论是产品还是服务都强调以用户为中心，围绕着终端用户需求和用户体验进行设计，聆听用户反馈并且能够实时做出回应，并且，依托基于计算机辅助训练培训服务模式下的信息化系统的建设来开创面向互联网和移动互联网的支线飞机计算机辅助训练培训服务新模式。首先，借助互联网思维创新计算机辅助训练培训服务理念，构建现代支线飞机计算机辅助训练培训服务机制、监督和考核机制，将支线飞机计算机辅助训练培训服务工程系统化。其次，借助互联网平台、终端优势，多渠道提供计算机辅助训练培训接口,做到线上线下相结合,形成无缝衔接的计算机辅助训练学习通道。再次,建立丰富的计算机辅助训练知识库,整合资源,提供海量计算机辅助训练教学内容,建立目录,提供按计算机辅助训练培训的机型、计算机辅助训练培训的类型和计算机辅助训练培训的科目进行分类查询服务功能,使支线飞机计算机辅助训练培训信息形成资源共享。最后,以学员为中心,满足个性化计算机辅助训练学习需求,提供计算机辅助训练选择机制和计算机辅助训练教学内容个性化定制。此外,计算机辅助训练培训服务机制还能有效减轻 FAA、CAAC 等监管部门在组织考核、取证等方面的繁重工作。

全方位整合各单位资源,提高了计算机辅助训练培训的针对性和实效性。计算机辅助训练培训服务模式,可以全方位整合中国商飞各个单位的培训资源,促进计算机辅助训练培训内容的深度开发与利用,提高支线飞机计算机辅助训练培训的针对性和有效性。利用互联网建立各个机型与飞机各个系统计算机辅助训练培训所需的专家资源库,整合优质计算机辅助训练培训素材与计算机辅助训练培训内容资源,建立起一支计算机辅助训练专家型培训内容研发队伍,提高计算机辅助训练理论培训的有效性、针对性。通过数字化、网络化全方位整合中国商飞各个单位可供计算机辅助训练培训使用的资源,促进支线飞机计算机辅助训练培训内容改革与创新,能够深度开发支线飞机计算机辅助训练培训资源,有利于构建良好、科学的支线飞机计算机辅助训练培训环境。

建立了多终端一体化计算机辅助训练培训系统,实现实时跨平台计算机辅助训练学习。计算机辅助训练培训服务具有传统培训无法比拟的优势,因为它不但创造更多的教学内容,还创新了用户体验。"互联网＋"模式使得"白加黑"和"5＋2"的全天候实时、跨平台计算机辅助训练学习成为可能。一方面,开放的平台保障了随时随地的计算机辅助训练学习,无论在办公室还是出差途中,都可以使用设备连接网络,从而获取计算机辅助训练培训内容进行自主学习。另一方面,计算机辅助训练培训服务提供多种渠道和平台,用户可以选择最优计算机辅助训练学习路径:网页浏览、移动学习 APP 等。上网方式不断发展变化,上网速度不断提高,上网终端越来越便捷,只要学员想进行计算机辅助训练学习,每时每刻都可以获取有效的计算机辅助训练学习资源,不再局限于传统的计算机辅助训练课堂。移动学习技术将更好更快地帮助学员更新知识结构,及时地交流学习和探讨。

根据学员反馈不断完善计算机辅助训练系统,实现了计算机辅助训练系统升级迭代。计算机辅助训练培训服务的核心目标是寻求以用户为中心,即以人为本的计算机辅助训练培训理念。用户思维最重要的体现其实就是两个字:迭代。所谓迭代就是更新换代、快速创新。迭代是实现微小创新以适应用户需求的不断变化,实现这一目标的策略是如何让支线飞机计算机辅助训练培训跟上业务的需求和不断变化的飞机构型,即快速迭代计算机辅助训练培训内容。学员的需求是不断变化的,知识、技术的更新是迅速的。新知识、新技术、新的规章制度、新的社会热点、新生事物每天都可能呈现。通过互联网构建的计算机辅助训练学习系统需要不断完善、不断升级,不断按照"客户反馈"来更新计算机辅助训练系统知识和考核目标。所以,计算机辅助训练培训服务的培训项目以及计算机辅助训练课程是动态的、开放的,需要实时接收学员学习计算机辅助训练课程的反馈意见,从而做到实时维护更新。课程设计、应用数据和案例素材不是封闭不变的,而是根据计算机辅助训练培训对象的需求和业务活动需要随时做出调整改进。计算机辅助训练培训系统的微迭代微更新,打破了过去支线飞机培训"有什么就提供什么"、教员"会什么就讲什么"的传统做法,符合学员不断地掌握新技术、新理论的时代要求。

在 ARJ21 - 700 飞机的计算机辅助训练培训服务模式中切实以客户计算机辅助训练培训需求为导向,紧密结合 ARJ21 - 700 飞机的飞行初始培训、转机型培训与复训、维修的机械与航电培训、客舱乘务员培训、签派与运行支援类培训等计算机辅助训练培训业务,涵盖整个计算机辅助训练培训管理服务体系,构建新型基于在线计算机辅助训练学习管理系统、移动计算机辅助训练学习管理系统、计算机辅助训练考试生成管理系统等计算机辅助训练培训的信息化系统。

计算机辅助训练在 T5 测试期间及首批客户机长转机型培训中均广受好评,客户的满意度高,这是对基于 ADDIE 教学设计模型的飞行计算机辅助训练课件设计与开发的技术思路的最高评价。同时,计算机辅助训练开发团队利用每一次培训机会,对于飞行员提出的问题细心琢磨,评估后将之作为反馈修订计算机辅助训练的重要依据,实施闭环控制,在计算机辅助训练版本升级中体现。

2.5.2.3 三维虚拟培训设备研制

三维虚拟培训系统应用于维修培训中,可降低培训成本,同时提高培训质量、效率,保证飞机顺利运营,从而提高客户满意度,确保飞机的顺利交付。三维虚拟维修培训系统开发采用大屏幕显示方式来实现,根据系统的要求,开发相应的软硬件系统。完成后的三维虚拟维修培训视景系统可供 20 人左右同时进行维修培训,系统配备立体眼镜,并能够与外部控制设备进行交互。

1) 研制简介

针对 ARJ21 - 700 飞机完成了虚拟维修训练系统的开发与培训课件的制作工作。通过对维修培训方法的研究与探索,找出了一套切实可行的将虚拟维修技术应用于维修培训过程中的方案。该方案在实际开发过程中经受住了各种考验,实践证明采用此方案在开发速度、数据优化效果、维修仿真过程的真实性、版本灵活控制等方面较其他方案具有明显的优势。基于该方案开发的虚拟维修训练系统可用于以下方面:客舱布局虚拟展示与交互、日常维护与检修模拟、机身结构仿真与人机维修交互仿真、市场推广与展示。

2) 技术创新点

在 ARJ21 - 700 飞机维修培训的课程开发中,率先应用了三维虚拟培训设备。

该项技术的研究是国内首次实现飞机工程数模与培训课件的无缝对接,直接应用飞机设计图样,成功地突破了一系列的数模轻量化技术、实时渲染技术、三维虚拟交互、培训科目定义等技术;国内首次将三维虚拟培训方式引入航空培训中,替代了真机实习培训的部分科目,在不影响培训质量的前提下,降低维修实习培训成本。基于 ARJ21-700 飞机机型特点,对该机型维修培训训练大纲及培训内容等进行了深入分析研究,研究了维修培训的培训目标、培训要求、培训效果等,明确了ARJ21-700 飞机三维虚拟维修培训课程开发需求。将虚拟仿真技术、人体动作建模技术、实时渲染与虚拟交互技术等应用到 ARJ21-700 飞机三维虚拟培训课程开发中,进行了飞机源数据轻量化处理、飞机部件拆装动作建模仿真、飞机系统原理虚拟展示、虚拟场景演示交互等内容的开发。根据三维虚拟维修培训课程需求,研究了三维虚拟维修培训课程设计开发规范标准,对课程设计规范、飞机数模处理规范、课程制作开发规范、课程培训演示交互规范等进行了标准化,形成企业级规范。

3) 研制成果

三维虚拟维修培训开发技术已应用于 ARJ21-700 支线客机三维虚拟培训课程设计开发等工作;开发完成的三维课程已应用于 ARJ21-700 支线客机的维修培训;本项目的技术成果能够拓展应用于飞行训练等其他类型的培训及其他机型的各类培训,同时作为基础研究成果,当前技术积累为后期培训仿真技术、维修仿真技术等在民机培训中的应用奠定技术基础。本项目对于确保 ARJ21-700 支线客机的正常交付,降低培训成本同时提高培训质量与效率,保证飞机顺利运营,实现客机的商业成功具有重要的意义。

三维虚拟维修培训技术开发过程中,积累了大量三维虚拟培训设备的研发经验,充分地了解维修教员教学需求,以及相关经验的积累对今后 C919 大型客机虚拟维修训练系统开发课题实施,给予了有力的技术支持。

2.5.2.4　维修实习培训设备研制

航空器制造厂家需要按照规章要求建立相应的实习培训能力。为了满足局方规定的实习培训要求,培训工程开展了维修实习培训设备的研制,包括维修实操培训模型研制、标准线路施工项目研制、维修实习培训录像的摄制。

1) 维修实操培训模型研制

培训工程根据客户的实际培训需求,研制并采购了 ARJ21-700 飞机单侧主起落架培训模型及主起落架系统维护相关 GSE 设备、RAT 舱培训模型、E/E 舱培训模型、APU 培训模型以及驾驶舱窗培训模型。

所有培训模型均能够完成基本的拆卸/安装、部附件的位置识别、功能/操作测试、地面勤务/操作、MEL 项目、排故等基本的教学功能。通过在实习教学过程中采用实操培训模型可以降低使用真机进行教学的教学成本,在培训效果上能使学员更加直观地学习起落架系统部附件、APU 以及驾驶舱窗的拆装,提高培训效率。

2）标准线路施工项目研制

标准线路施工是飞机维修工作中的一项重要内容,按照标准程序和方法进行飞机线路检查和维修是保障飞机安全运行的基础。

标准线路施工项目的研制内容包括:标准线路施工课程开发;实作培训车间建设;标准线路施工课程实施;标准线路施工课程教员培养工作。标准线路施工课程教学内容包括:电气设备维修安全规则,静电防护处理,电气设备检查,导线的识别,标记与剥线,导线束的捆扎、敷设、支撑与保护,电插头的识别与安装。

3）维修实习培训录像摄制

维修实习培训录像的开发可以大大缩短在真机上的实习时间,降低培训成本,并且经过实践证明其培训效果较好。经调研与研究,开展了 ARJ21-700 飞机维修实习培训录像拍摄与制作工作。按照实习项目工作要求,主要参照飞机维修手册(AMM)、故障隔离手册(FIM)、维修工卡(MTC)等技术手册以及拍摄脚本,依据其具体步骤进行实习项目,拍摄并且制作符合维修培训教学要求的实习录像。

2.5.2.5　飞行模拟机数据包研制

1）研制要求

飞行模拟机数据包的研制工作需满足飞行模拟机数据包开发通用规范,ARJ21-700 飞机飞行模拟机飞行数据包技术的开发涉及工程和试飞数据包开发。ARJ21-700 飞行模拟机数据包按照 D 级模拟机的要求进行研制,其中包括完整的模拟机 C 级数据包及飞机声音振动试验数据。

2）研制内容

飞行模拟机数据包的研发涉及数据的工程仿真和拟合。通过采用工程仿真计算的方法对飞机的各种试验数据(风洞数据、台架试验数据等)和试飞数据进行工程仿真和拟合,建立一套完整的工程仿真数据包应用于飞行模拟机的研制,使得飞行模拟机具有高逼真度的飞行性能和操稳性能。

ARJ21-700 飞行模拟机数据包按照 D 级模拟机的要求进行研制,其中包括完整的模拟机 C 级数据包及飞机声音振动试验数据。试飞数据是模拟机 C 级数据包研制的必要条件,也是模拟机鉴定的重要依据。由于涉及参数辨识、数学建模以及大量的试验试飞,模拟机数据采集是一项高技术、高投入、难度大的长期工作。除波音公司、空客公司等先进主制造商有能力完全独立完成外,许多制造商都将其外包给模拟机制造商。

在飞行数据包的开发过程中要根据模拟机研制和鉴定需要,编制模拟机试飞数据清单,详细地提出模拟机建模、鉴定所需试飞项目,提出飞行模拟机数据包相关的试飞技术要求。

3）研制过程

根据模拟机研制和鉴定需要,编制了模拟机试飞数据清单,提出了模拟机建模、鉴定所需试飞项目,组织了多轮技术讨论并通过局方评审,发出了《飞行模拟机数据包试飞要求》,提出了飞行模拟机过渡 C 级研制及鉴定所需测试点的试飞要求。

结合型号试飞研制和审定试飞工作,开展飞行模拟机专门试飞。同时,从所有已完成的型号试飞数据中,分析提取可用的试飞数据,以节省大量试飞资源和时间。

在试飞工作中,模拟机试飞科目对飞行操作技术要求高,部分科目构型要求特别,风险大。很多试飞科目在型号试飞中没有先例。对特定高风险科目,如直接模式失速、地面效应等需要组织飞行安全和技术分析和评审,通过设定安全限制和详细的操作程序保证了试飞的安全和数据的质量。

4) 研制成果

ARJ21 - 700 飞行模拟机飞行数据包技术的研制是国内首次按照国际标准开发的能够支持飞行模拟机取证的完整的数据包,并通过了飞标司组织的评审,用于ARJ21 - 700 飞行模拟机研制。ARJ21 - 700 飞行模拟机数据包由工程数据包和试飞数据包两个部分组成,包括 18 个飞机系统的 13 类数据。它以国际通用标准与规范为顶层要求,将 ARJ21 - 700 飞机的原始数据作为底层研究基础,明确数据包的构成框架;开展工程数据采集方法与技术的研究,进行试飞数据采集需求的分析研究;在此基础上针对 ARJ21 - 700 飞行模拟机研制要求,开展数据分析处理技术研究,根据 ARJ21 - 700 飞行模拟机研制过程中飞机各系统不同的建模仿真方式,掌握飞机系统级数据的分析处理方式与规范化流程;通过研究 ARJ21 - 700 飞行模拟机气动模型建模过程,突破 ARJ21 - 700 飞行模拟机气动建模数据分析处理技术,细化并明确试飞数据采集需求;在进行上述技术攻关研究的基础上,同步开发出ARJ21 - 700 飞行模拟机数据包;并对其开发的规范进行提炼;同时参照数据构型管理技术研究 ARJ21 - 700 飞行模拟机数据包构型管理技术,开发数据包管理软件与数据包构型管理系统软件样例。

在 ARJ21 - 700 飞行模拟机数据包开发过程中,形成了 ARJ21 - 700 飞行模拟机数据包开发规范,并与飞行模拟机鉴定办公室联合,结合 IATA 标准提炼形成了《飞行模拟机数据包开发通用规范》,同时,在研究过程中还形成了《工程数据采集方法与技术研究》《试飞数据包要求》《试飞数据采集需求分析报告》《数据包数据分析与处理技术研究报告》等经验总结性的技术报告。依据 ARJ21 - 700 飞行模拟机数据包成功开发的 ARJ21 - 700 飞行模拟机被广泛应用于 ARJ21 - 700 飞机人员培训、培训产品开发、型号研制等方面。

2.5.2.6　飞行训练器/维护训练器研制

1) 研制目的

FTD/MTD采用先进的飞行控制软件、图形图像系统、机电集成系统等,结合专业航空训练知识,实现对 ARJ21 - 700 飞机的高精度飞行模拟与维护模拟。

2）研制内容

FTD/MTD 主要由模拟座舱、航空电子系统、视景系统、计算机系统、音响系统、教员台、飞行仿真软件包、维护仿真软件包和辅助系统九部分组成，营造出与飞机真实驾驶舱一样的训练环境，如图 2-5 所示。模拟座舱采用开放式构型，充分地模拟座舱内主仪表板、中央操纵台、顶部控制板、遮光罩、驾驶盘、油门、脚蹬以及显示控制设备等，安装的设备采用装机地面件或按安装机件全尺寸仿制，并与飞机上相应设备工作一致，以便为飞行人员和维护人员提供一个逼真的操作环境。学员通过该设备的操作来熟悉驾驶舱所有面板、控制、指示、显示以及标准程序训练。

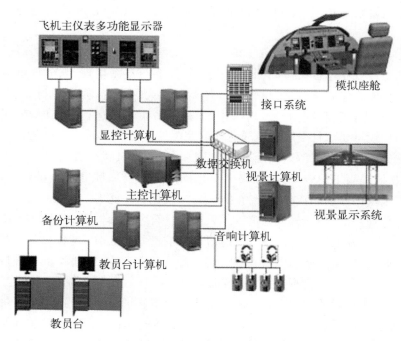

图 2-5　FTD/MTD 组成示意图

FTD/MTD 的研制主要包括仿真软件和仿真硬件两大部分。

（1）仿真软件。

仿真软件包括驾驶舱内所有飞机系统面板、控制、显示控制（如自动飞行系统、飞行控制系统、通信系统等），各系统之间可以实时交互。对飞机飞行管理引导系统（FMGS）、电子飞行仪表系统（EFIS）、飞机中央电子监控（ECAM）等进行了逼真的仿真。可以加载客户端的数据库（如客户所使用的航路等）。

（2）仿真硬件。

仿真硬件包括：多功能控制显示组件（MCDU）、遮光板、油门杆、中央操纵台、顶部控制板、驾驶盘、真实模拟座舱等。

3）技术应用

（1）飞行机组培训：学员可以通过 FTD 完成在飞行前准备、离场、爬升、巡航、下降、进场、进近、复飞和自动着陆等飞行阶段的正常程序、非正常程序和应急程序。

（2）驾驶舱资源培训：FTD 仿真了飞机的所有系统，并能实时地显示飞机参数。所有面板、控制和显示组件布局位置与真实飞机一致，学员可以在教员的指导下更好地熟悉驾驶舱，并能通过触摸屏和仿真硬件掌握各部件的操作。

（3）驾驶舱资源管理：机长和副驾驶可以完成有效的机组配合和完整的机组操作程序训练。

（4）维护培训：飞机驾驶舱和各系统原理图的仿真使得学员能逼真、形象地学习和熟悉飞机系统知识。FTD/MTD 可以完成 LRU、BITE 和系统失效等维护培训科目。

2.5.2.7　训练管理系统（TMS）

培训工程专业承担飞行训练、维修培训、性能与签派培训、乘务训练等培训相关工作。主要工作涉及教学计划编纂，各类教学大纲制定，教学教材和教案开发，学员、教员管理，培训设备研发，培训档案归档，日常培训运行等，其构成了一个基于适航当局规章要求且受适航当局监控的完整航空培训体系。训练管理系统对航空培训业务所需各个资源进行有效的管理和利用，将其优化并合理分派至各个培训环节，从而提高培训效率，保证培训工作满足适航当局标准及质量要求，从而构建生产厂家培训体系的核心生产力和竞争力，强化服务能力。

训练管理系统建立安全、稳定、可靠、高效且符合国际标准（SCRM、AICC）的训练/培训质量及标准运行管理系统，保障日常训练/培训工作、设备日常维护和使用等工作，满足局方关于质量及标准的要求，满足日常训练/培训和设备维护的工作的需求，并通过系统固化现有训练/培训和设备维护等工作的流程，使员工工作内容明确，处理工作便捷，使领导和计划人员清晰了解训练/培训相关业务进行的情况、历史业务情况，以及对未来业务情况的预测，使训练/培训工作及工作记录可跟踪、可监督、可追溯，并通过统一的信息平台实现充分的信息共享、工作协调和资源的统一调配，从而提高工作效率和培训服务质量。

训练管理系统投入使用以来，相继使用了客户管理模块、任务管理模块、训练计划模块、资源排布模块、班级管理模块、训练标准模块和考试管理模块，开展了飞行训练、维修培训、乘务训练和航务训练计划排布和发布，规范了训练流程，提高了工作效率。

2.5.3　教员培养

1）飞行训练专业教员培养

（1）地面理论教员培养。

对于没有基础知识、其他机型知识和教学经历的新教员以及具备基础课程理论知识、其他机型知识和教学经历的新教员，都需要按照一定的培养流程获得地面理论教员的资质。地面教员分为四类：基础理论教员、系统理论教员、飞行训练器教员和专项课程教员。基础理论教员可执教与机型无关的已取得授权的基础理论课程；系统理论教员可执教相关机型的系统理论课程；飞行训练器教员可执教相关机型的系统理论课程和在综合程序训练器或飞行训练器上完成训练器训练课程；专项课程教员可执教相关机型已取得授权的专项课程。

以拟成为"系统理论教员"的新教员为例，须完成以下训练：基础理论培训，完成 100 小时的基础理论培训；理论授课技巧，由专业的教学法培训讲师或成熟地面教员负责实施；结合相关机型的飞行类手册或计算机辅助训练课件自学飞机系统组成、原理、控制和指示等知识，并参加完整的飞机系统知识培训，完成机型各个系统的理论知识学习；参加完整的转机型训练（不含模拟机训练），包括机型系统理论课程、IPT/FTD 训练课程、客舱安全、飞行性能课程、机组资源管理等内容；维修培训，按需参加维修培训；FFS 训练，至少完成 3 场 FFS 训练；机型系统理论课程试讲，包括转机型训练过程中涉及的所有飞机系统课程；转系统理论教员资格答辩，由答辩组负责实施评审系统理论教员资格，以问答形式为主；监控下教学，即在成熟教员的监控下完成实际教学任务，在独立授课前须进行二次监控下教学。

（2）飞行教员培养。

依据 CCAR - 61.221 条的规定，运输航空飞行教员分为 3 类：航线飞行教员（A 类）、模拟机飞行教员（B 类）、本场飞行教员（C 类）。其中，航线飞行教员（A 类）是指能帮助驾驶员在航线运行中建立运行经历的飞行教员。模拟机飞行教员（B 类）是指能在模拟机训练课程中担任飞行教员的人员，此类教员同时具有航线飞行教员的权利。本场飞行教员（C 类）是指能在使用航空器进行本场飞行训练中担任飞行教员的人员，此类教员同时具有航线、模拟机飞行教员的权利。进入飞行教员培养的人员分为三种：已持有其他机型教员等级签注的人员；初次申请教员等级签注的人员；不持有模拟机飞行教员执照，仅担任模拟机教员的人员。

参照 CCAR - 61 部，在此以初次申请运输飞行教员等级签注的人员为例，若转 A 类教员，其进入的条件为：在本机型担任机长飞行经历时间至少 100 小时，在航空运输中担任机长总飞行经历时间至少 500 小时。训练内容包括地面理论和飞行训练两个课程。地面理论包括 40 小时基础理论和 8 小时机型理论。飞行训练课程包括 6 小时 PF 在座训练（包含模拟机本场训练）。若 A 类教员转 B 类教员，首先 A 类教员资质应已获得，其次包括 4 小时模拟机面板课程，12 小时模拟机操作面板的训练和 12 小时在教员监视下的模拟机教学。若 B 类教员转 C 类教员，首先 B 类教员资质应已获得，且在本机型担任机长飞行经历时间至少 500 小时，其次需进行 1 小时本场训练。

2）维修培训专业教员培养

ARJ21 - 700 飞机维修培训教员规划及培养方案是 ARJ21 - 700 飞机维修培训

教员培养的指导性文件。维修培训专业教员培养依据民航相关规章的要求,即CCAR-147部民用航空器维修培训机构合格审定规定,CCAR-66-R1民用航空器维修人员执照管理规则,DG-Ⅰ-MI V1.1维修培训教员训练提纲。

根据实际培训需求编制ARJ21-700飞机维修培训教员规划及培养方案,确定ARJ21-700维修培训教员的培养目标、培训内容、培训方式及培养计划,为后续的ARJ21-700飞机维修培训教员的培养工作提供指导,保证客户培训中心维修培训工作的顺利进行。

飞机维修培训教员按照所授课程,可以分为以下四类:飞机机型培训理论教员、飞机机型培训实习教员、飞机发动机试车教员、飞机结构教员。

培养内容分为基础能力、机型知识、教学能力和拓展能力四方面内容。基础能力包括基础执照课程学习、维修基本技能培训、适航培训。机型知识包括机型系统知识学习、机型结构知识学习、供应商培训、跟产跟飞。教学能力包括教学法培训、试讲。拓展能力包括相似机型培训、相似发动机试车培训、相似机型结构培训、维修专项培训、英语培训。

3)乘务训练专业教员培养

ARJ21-700飞机乘务教员规划及培养方案是ARJ21-700飞机乘务教员培养的指导性文件。依据民航相关规章的要求,根据实际培训需求编制ARJ21-700飞机乘务教员培养方案,确定ARJ21-700飞机乘务教员的培养目标、培训内容、培训方式及培养计划,为后续的ARJ21-700飞机乘务教员的培养工作提供指导,保证客户培训中心乘务训练工作的顺利进行。依据的相关文件为《大型飞机公共航空运输承运人运行合格审定规则》(CCAR-121)、《客舱乘务员、乘务长、客舱乘务教员、客舱乘务检查员资格管理》(AC-121-FS-2016-27R1)、《乘务教员训练提纲》(DG-Ⅰ-CI V1.1)。

乘务训练专业教员培养内容包括基础理论训练、转机型训练、教学能力训练、定期复训。基础理论训练包括教学法培训、民航规章学习、各种教学设施、训练设备和模拟器的使用及练习教学设备操作培训、乘务训练流程和体系学习、监控下教学。转机型训练包括机型理论培训、机组资源管理培训、实践操作训练、飞行运行规章培训、跟产跟飞、航空英语培训、飞机系统供应商培训或设计相关专业培训、飞机系统课程设计与开发、飞机转机型系统培训、飞机维修培训。教学能力训练包括讲评技能和教学设备操作培训、机型理论课程试讲、实践操作课程试讲、监控下教学。定期复训为专项课程培训。

4)签派性能专业教员培养

签派性能教员不仅需要熟练掌握机型相关知识,还需要掌握航空公司运行知识,同时需要具备扎实的教学功底,方能胜任签派性能教学工作。为了使教员具备上述素养,通常会对教员开展有针对性的训练。根据培训方式的不同,签派性能教员的训练可以分为内部训练和外部训练两种形式。

（1）内部训练。

对于培训中心开展的内部训练，其目的是对签派性能教员实施获取资格的训练，最终使其具备签派性能教学资格。因此签派性能教员培养分为两个阶段。

签派性能教员初始训练阶段：每位新教员需完成一轮完整的签派性能教员初始训练，包括签派性能教员基本技能训练和机型训练。经考核合格后，方可进入授权课程申请阶段。

签派性能教员授权课程申请阶段：在此阶段教员需要通过课程试讲考核、授权课程资格答辩，方可获得课程授权。每位新教员在获得相应的课程模块授权后，方可执教授权课程。

签派性能教员训练大纲是实施训练的依据。在制订签派性能训练大纲时，需要根据签派性能教员的工作经验和知识背景，实施不同侧重点的训练。例如，对于无任何工作经验的教员需要完成的训练不仅包括基本的教学法训练和机型知识训练，还要包括签派性能基本技能的训练（如基础理论知识和航空公司运行知识等）；对于已具备机型知识背景的签派性能教员，其训练更侧重于教学技能方面的考察。

（2）外部培训。

针对签派性能方面的外部培训通常由各大民航院校、航空培训机构举办，培训内容一般与航空运行、民航新技术、民航规章政策、飞机性能研讨相关。通过此类外部培训，不仅可以从一定程度上弥补生产厂家的签派性能教员缺少运行经验的不足，而且可以使签派性能教员更新知识结构，提升客户服务质量。

2.5.4 综合测试

T5 测试是指为初始训练或转机型训练/检查大纲的验证测试，即当申请人研制了一个新的航空器，申请新驾驶员型别等级，并且没有申请与任何相关航空器的共同性认同时，使用 T5 这种方法。

作为航空器评审的最后一项，T5 测试是 T1～T6 中最为苛刻也是最为全面的一项评审项目。ARJ21-700 飞机针对 T5 测试所需要的评审项目，制订了一套完整的训练标准。

1）ARJ21-700 飞机 T5 测试

T5 测试分地面理论训练测试、飞行模拟机训练测试、本场训练测试三个阶段。主要是通过对飞行员的训练，确定新飞机的型别等级和训练规范，产生首批获得型别等级的驾驶员和局方监察员。它涉及飞机驾驶舱设计、运行手册和飞行操作程序设计、型别等级训练大纲和教材、飞行模拟机，以及飞行教员能力等方面的评估与审查。

ARJ21-700 飞机作为一款由中国自主研发的高性能涡扇飞机，要实现安全、高效的商业运营，必须有相关运营支持系统来保障，其中驾驶员的培训尤为重要。具体做法是，中国商飞依照实践考试标准并针对 ARJ21-700 飞机特性制订训练大纲,用于在候选航空器上训练和检查驾驶员。被测试对象经过训练,接受飞行检查,通过后获得由民航局颁发的航空器驾驶员执照签注。

地面理论系统课程由地面理论教员讲授;飞行训练由获得教员资格授权的飞行教员担任。其中飞行教员需要具备同组类飞机的飞行教员资质,并具有 ARJ21-700 飞机 50 小时以上飞行经历后方能担任。为培养合格的飞行教员,一方面,飞行经历不足的飞行员需参加航线演示飞行,积累飞行经历;另一方面,为确保飞行训练的教学水平,在 FSB 进行飞行教员评估前,需要对飞行教员进行教学标准化培训。飞行标准化委员会通过审阅以上飞行和训练档案,对资格进行审查,对教员资格表示认可后,颁发教员资格授权。

2) ARJ21-700 飞机 T5 测试结果

通过 FSB T5 测试,确定了 ARJ21-700 飞机型别等级和训练大纲,包括《驾驶员资格计划(PQP)》和《ARJ21-700 飞机型别等级训练大纲》;开发了计算机辅助训练课程课件;完成了 ARJ21-700 飞机飞行机组操作手册以及快速检查单等运行文件的验证;产生了首批 ARJ21-700 飞机型别等级的飞行员以及 CAAC 和 FAA 的监察员;成长了一批成熟的飞行教员。顺利通过 T5 测试为国产新支线飞机 ARJ21-700 后续成功交付成都航空公司奠定了基础。

2.5.5　客户培训

航空安全是民航永恒的主题,航空培训质量的高低是影响航空安全的重要因素。建立民用航空的培训机构,首先要满足民航法规对航空运营人员(飞行人员、维修人员、客舱乘务员、飞行签派员)的资格和培训的要求,主要适航法规有:

《民用航空器驾驶员、飞行教员和地面教员合格审定规则》(CCAR-61-R3)

《民用航空飞行签派员执照管理规则》(CCAR-65-FS-R1)

《民用航空器维修人员执照管理规则》(CCAR-66-R1)

《大型飞机公共航空运输承运人运行合格审定规则》(CCAR-121-R4)

在对航空运营人员进行要求的同时,中国民航法规同时对上述人员进行培训的机构进行了相关规定,从管理体系、教员资质、设备设施条件、质量保障体系等各方面进行了要求,只有按照法规要求建立客户培训中心,取得相应培训资质,才能向客户提供高质量的、合法的、规范的培训服务。为航空公司提供飞行人员、维修人员和签派员服务的同时要满足的主要规章有:

《飞行训练中心合格审定规则》(CCAR-142 部)

《民用航空器维修培训机构合格审定规定》(CCAR-147 部)

《飞行签派员训练机构合格审定程序》(AC-121-FS-2011-39)

民用航空培训主要分飞行员、维修人员、客舱乘务员和签派性能人员培训,飞机交付前应为客户提供初始资格获取类培训:飞行初始/转机型培训、升级训练、转教员训练、维修 ME/AV(Ⅱ)培训、发动机试车培训、乘务机型训练和签派性能工程师机型训练;飞机交付后应为客户提供资格保持类培训:飞行复训、维修复训、乘务复训和签派性能复训。

2.5.6　培训机构取证

1) CCAR-147 取证

根据《航空器制造厂家运行支持体系建设规范》(MD-FS-AEG006)附录 1.7《维修培训机构建立流程》,中国商飞严格按照 CCAR-147 部等相关规章和资讯通告建设维修培训体系,经历了取证方案确定、组织机构建立、申请书递交、局方五阶段审查、147 部颁证等攻关阶段,获得由民航华东地区管理局颁发的维修培训机构合格证(CCAR-147 部)以及 ARJ21-700(CF34-10A)机型培训项目证书,标志着中国商飞维修培训体系通过了适航审查,正式具备了 ARJ21-700 飞机机型维修培训能力。

2) CCAR-142 取证

根据《航空器制造厂家运行支持体系建设规范》(MD-FS-AEG006)附录 1.4《飞行训练机构建立流程》,为公共航空运输承运人的民用航空器驾驶员提供飞行训练的机构需获得 CCAR-142 部合格证。中国商飞按民航规章要求,规划飞行训练体系、建立组织机构、培养飞行教员和地面教员、研发训练设备,开展合格审定的准备工作。

CCAR-142 取证分为五个阶段。

(1) 预先申请阶段:在预先申请阶段,需向局方提交预先申请,并与局方沟通和协调 CCAR-142 取证计划、需提交的取证文件等工作。

(2) 正式申请阶段:在正式申请阶段,需向局方提交正式申请,并将训练管理手册、运行规范、训练大纲等取证文件一并提交局方审查。

(3) 文件审查阶段:在文件审查阶段,局方主要审查训练管理手册、教员资质证明、训练大纲等文件。对于原型机厂商,课程开发方法是审查的重点,局方比较关注飞行训练课程的开发依据和过程。

(4) 现场检查阶段:在现场检查阶段,局方人员主要现场检查飞行模拟机的状态,以及教员的实际教学能力。其中,教员教学能力的展示是审查的重点,因为教员是整个训练体系中非常重要的一个环节。

(5) 颁发证书:文件审查和现场审查过程中,局方会提出若干整改项,生产厂家完成整改并与局方达成一致意见后,即进入颁发证书阶段,证书包括两个方面:CCAR-142 机构合格证和运行规范。

经过这几年的准备,中国商飞建立了完整的训练机构,建设了必要的基础设施和运行能力,培养了 ARJ21-700 飞机的飞行教员和地面理论教员,开发完成了 ARJ21-700 飞机飞行训练大纲、教材和课件,飞行模拟机(FFS)、计算机辅助训练等设备基本到位。在此期间,中国商飞还组织了 ARJ21-700 飞机 T5 测试、客户机长转机型训练等工作,验证了中国商飞的飞行训练体系初步达到了 CCAR-142 取证的要求。

2.5.7 客户培训持续改进

培训工程专业目前已经走上日常运营轨道,取得了一定的培训工作成绩,总结现有的培训经验,可预见的需要持续改进的技术问题包括:

(1) 如何将 TNA 分析方法与一系列教学产品有机联结。

以 TNA 为培训的起始点,以 TNA 输出和实施教学后产生的教学评估项一并汇入,作为教学产品设计的输入,打造客户真正需要的精品课程。这种打通的 ADDIE 运作渠道,将使得教学设计与开发变得顺畅、客观、有序,并有章可循。而形成具有中国商飞特色的教学系统是最终目的。

(2) 如何实施具有特色的培训管理。

未来随着交付量的猛增,客户培训中心面临的培训量亦将成倍数增加。新增的国内航空公司用户及海外用户同时提出培训需求,如何实施具有中国商飞特色的培训管理,如何让管理体系形成一道约束的围栏来规范培训过程有条不紊地开展。未来势必需要先进培训管理理念的引入,也需要培训经验滚雪球似的不断积累。

2.5.8 主要工作成果

(1) 研制了 ARJ21-700 飞机全动飞行模拟机。
(2) 开发了 ARJ21-700 飞机计算机辅助训练培训课程。
(3) 开发了 ARJ21-700 飞机三维虚拟培训设备。
(4) 开发了 ARJ21-700 飞机维修实习培训设备。
(5) 开发了 ARJ21-700 飞机飞行模拟机数据包技术。
(6) 开发了 ARJ21-700 飞机飞行训练器/维护训练器(FTD/MTD)。
(7) 用培训需求分析技术开发培训课程。
(8) 为客户航空公司提供 ARJ21-700 飞机飞行、维修、乘务与签派培训。

2.6 本章小结

本章介绍了培训工程各培训专业的研发技术,包括飞行模拟机、三维虚拟和计算机辅助训练等设备的技术;阐述了飞行训练、维修培训、乘务训练、签派训练等专业培训大纲的开发技术;总结了中国商飞 CCAR-147 部取证及 CCAR-142 部取证的历程;探讨了客户服务培训的持续改进和发展方向。

在培训设备的研制过程中,按照 CCAR-60 部规章及相关咨询通告研制了 ARJ21-700 飞行模拟机,模拟了 ARJ21-700 飞机在 TC 构型和航电更新条件下的飞机性能和操作品质,满足了 CCAR-60 部 D 级模拟机鉴定性能标准要求。ARJ21-700 飞机飞行模拟机应用于 ARJ21-700 飞机 MOC8 试验、手册验证、设计更改试验、高风险科目等试验试飞项目,并且应用于发动机试车、操纵台及前轮转弯试验等各种型号试验和验证工作,还应用于型别等级训练、转机型训练、T5 测试、型别等级 AQP 训练、ME/AV Ⅱ类培训、复训、内部熟悉培训等培训项目。目前,ARJ21－700 飞机飞行模拟机已经取得 CCAR－60 部 D 级证书,可以满足航空公司对真机培训更高匹配度的要求。

在飞行训练方面,开发了 ARJ21－700 飞机的基础、转机型、复训、型别等级等相关的课件和教材,规划了完整的飞行训练课程,顺利通过了 T5 测试并完成了机长转机型训练等相关工作;在维修培训方面,开发了 ARJ21－700(CF34－10A)ME Ⅱ类机型培训、ARJ21－700（CF34－10A）ME Ⅰ类机型培训、ARJ21－700 (CF34－10A)AV Ⅱ类机型培训以及 ARJ21－700(CF34－10A)AV Ⅰ类机型培训课程。此外,还开发了发动机试车培训、结构培训以及一般熟悉培训等非 CCAR－147 培训及专项培训课程;在签派性能训练方面,开发了 ARJ21－700 飞机的飞机特性、机型系统、实际操作、机型性能、机型配载等训练课程,满足了航空公司运行控制人员、飞行员的性能训练需求;在乘务训练方面,开发了 ARJ21－700 飞机的转机型、复训以及客舱安全等课程,在课程实施的过程中不断调整和优化课程模块,使航空公司客舱乘务员能够胜任客舱安全与服务的工作。

自 ARJ21－700 飞机研制项目启动,培训工程各研制项目就已同步展开,从最初调研国内外的各航空培训机构,学以致用打造制造商自己的培训体系,集中力量攻破多项关键技术并引进先进培训理念,再到如今频出培训创新点,初步形成具有中国商飞特色的培训架构。一路走来,伴随 ARJ21－700 飞机交付运营,客户培训中心也逐步建成具有完善的组织结构、培养流程、质量管控的有机整体。当然,未来还有更多的难题需要面对,但这条具有中国商飞特色的客户培训之路势必越走越广。

3 技术出版物

3.1 专业简介

3.1.1 技术出版物

飞机技术出版物包括满足飞机、发动机及部件使用、操作、安装、维护、保养、修理要求的操作使用数据、维修维护数据及其他数据,是飞机产品的重要组成部分,是保障飞机安全、经济、高效运行的重要依据。飞机制造商必须建立技术出版物编制和全寿命周期更改的管理能力,根据型号研制要求,开展技术出版物编制管理工作并获得适航当局批准认可,及时向客户提供满足飞机适航标准和客户要求的技术出版物。技术出版物型号编制管理任务包括:

(1)制订运行和持续适航文件编制方案并获得局方认可。

(2)制订运行和持续适航文件编制管理规范(编写、验证、修订及分发)并获得局方认可。

(3)编制运行和持续适航文件验证方案并获得局方认可。

(4)编制运行和持续适航文件,结合试飞完成使用验证并获得局方批准或认可。

(5)编制其他手册并按需完成验证。

(6)编制客户定制化手册并交付客户使用。

(7)实施技术出版物修订服务。

3.1.2 技术出版物技术

技术出版物技术包括技术出版物管理技术、技术出版物编写技术、技术出版物验证技术、技术出版物分发技术、技术出版物修订技术、技术出版物翻译技术、供应商技术出版物管理技术、技术出版物数字化平台开发技术等。

1)技术出版物管理技术

技术出版物规划和设计围绕飞机取证和在全寿命运营期间正常运营、持续适航及安全飞行等需求,规划技术出版物需提供的服务,设计技术出版物编制的方案,确定技术出版物的标准、语言,制订技术出版物的编制计划和方案,建立技术出版物的文件体系,编制技术出版物顶层管理文件、一级作业文件及二级作业文件,指导技术出版物编制工作的开展。

2）技术出版物编写技术

围绕型号技术出版物编制任务，收集并分析源数据，编写满足相关适航规章、符合国际技术出版物规范和语言规范的技术出版物，包括飞行运行类、维修计划类、维修程序类、构型控制类、其他类手册的编制，同时根据客户需求对手册进行翻译，提供中英文手册服务。

3）技术出版物数字化平台开发技术

根据型号技术出版物编写的总目标和总要求，结合目前航空技术出版物标准的发展趋势，建设基于国际标准的技术出版物编制系统，在公共源数据库中以单一数据源统一存储管理数据模块、技术插图及公共信息库，并对交付手册进行跟踪管理，满足技术出版物的内容重复使用、数据交换、动态管理、多渠道、客户化发布、全寿命周期改版的需求，实现技术出版物在创建、管理、发布和交付各个环节的信息化、自动化。

4）技术出版物验证技术

组织开展技术出版物的书面验证和操作验证，邀请设计专家、航空公司专家、局方等开展技术出版物的审查，验证其描述内容、功能及技术数据等与实际设计、数模的符合性，同时开展操作验证，通过地面人员实际操作、实验室测试、设备测试、目视检查、地面机上测试、模拟器测试、飞行测试等方式验证各项程序的可操作性。

5）技术出版物分发技术

按照型号交付计划，开展飞机维修手册、飞机飞行手册等中英文手册的交付工作，按照客户服务协议中要求的形式和数量，合理安排手册获取、印刷和光盘刻录时间，提供多形式多介质的交付，确保手册按时交付客户，并对交付手册进行客户化管理。

6）技术出版物修订技术

在飞机交付前以及交付后，为方便客户熟悉技术出版物内容、工具及其他服务，开展技术出版物的培训工作，通过现场、远程或者门户网站等方式解决客户在技术出版物使用过程中遇到的问题。

在交付后及时跟踪客户的意见，对客户意见形成处理方案并及时反馈。

提供手册的定期修订以及临时修订，实现手册与飞机技术状态一致。

7）供应商技术出版物管理技术

包括供应商手册的管理、供应商源数据以及供应商数据模块的管理，满足技术出版物编制的需要以及局方对供应商手册的要求。

3.2　技术出版物管理技术

3.2.1　规划管理

1）管理要求

（1）符合《航空器制造厂家运行支持体系建设规范》（MD‑FS‑AEG006）要求

运行和持续适航文件应制订相关管理规范要求。

（2）符合局方咨询通告《航空器的持续适航文件》（AC-91-11R1）要求，为保证持续适航文件编制、分发和修订责任的落实，航空器制造厂家应当通过管理体系文件的方式建立持续适航文件管理规范。

（3）符合局方咨询通告《航空器的运行文件》（AC-91-24）要求，为保证运行文件编制、分发和修订责任的落实，航空器制造厂家应当通过管理体系文件的方式建立运行文件管理规范。

（4）符合行业标准的要求、竞争机型的发展趋势、客户的要求、技术出版物修订及支援服务要求等。

2）管理要点

技术出版物开始编写前，需要构建技术出版物编制体系，制订统一的要求，以保证在该体系下运行的技术出版物在飞机全寿命周期内满足各方的需求且持续适航。技术出版物编制由顶层规划、业务规范编制和系统实施三部分构成。这三部分是层层递进的关系，逐级将技术出版物编制目标细化至操作层级。

（1）顶层规划主要是从型号出发，根据技术出版物编制适航的、客户的各种要求，制订型号的顶层要求、技术方案、管理程序等，如定义技术出版物清单、技术出版物内容、采用标准、编制语言、编制过程等。

（2）业务规范编制是将顶层要求细化并固化为文件的过程，也是建立文件体系的过程，主要是形成可操作的技术要求，保证技术出版物的编写是符合顶层要求的。技术出版物的文件体系分为三级，一级文件按为管理文件，用于描述要求和流程；二级文件为一级作业文件，用于描述通用的技术要求；三级文件为二级作业文件，用于描述各手册特定的技术要求。

（3）系统实施是指技术出版物实现电子化的过程，顶层规划、业务规范编制的结果通过系统实施而最终落实，保证最终的技术出版物是在整个技术出版物编制体系管控下生产的，满足各方的需求且持续适航。

3.2.2　过程管理

3.2.2.1　技术出版物编制管理

1）管理要求

（1）局方要求。

a. 符合《民用航空产品和零部件合格审定规定》（CCAR-21-R4）要求，型号合格证持有人向用户提交取得适航证的第一架航空器时，应当同时提供一套适航规章要求制订的完整的持续适航文件，并陆续向用户提供这些持续适航文件的修改部分的要求。

b. 符合《运输类飞机适航标准》（CCAR-25-R4）要求，申请人必须根据本部附录 H 编制适航当局可接受的持续适航文件。如果有计划保证在交付第一架飞机之前或者在颁发标准适航证之前完成这些文件,则这些文件在型号合格审定时可以是不完备的。

c. 符合《航空器的持续适航文件》(AC‑91‑11R1)要求,技术出版物的编制应当基于合适的源头文件,编写完成后应经过工程设计部门的审核。对于经过审核的持续适航文件内容,应当以草稿的形式予以内部出版编辑,并提供预期使用人员进行必要的验证。对于因研制过程中设计修订和验证问题造成的运行文件内容修订,应当重复上述审核和验证过程,直至航空器设计冻结后形成持续适航文件的初稿,并提供局方审核。持续适航文件的初稿经过进一步试飞验证和局方审核后,形成定稿。

(2)源数据要求。

技术出版物编制应基于经批准且现行有效的、受控的、可用于技术出版物编写的源头文件。

(3)技术审核要求。

技术出版物编写完成后应按需向工程设计单位提交编写模块,工程设计单位则按要求进行必要的设计审核。

2)管理要点

编写过程主要分为源头文件收集和分析—技术出版物编写模块的创建与分配—技术出版物模块编写—技术出版物模块检查—技术出版物模块设计审核—技术出版物发布—技术出版物草稿—技术出版物修订—技术出版物初稿—技术出版物适航报批—技术出版物分发 11 个步骤。具体如图 3‑1 所示。

具体实施途径如下:

(1)在源头文件收集和分析阶段,技术出版物编制单位提出源头文件需求,提交给源头文件编制单位;源头文件编制单位将与技术出版物编写相关的数据发放至技术出版物编制单位;技术出版物编制单位对源头文件进行分析,识别可用于手册编写的源头文件,完成编写前数据准备。

(2)在技术出版物编写模块的创建与分配阶段,技术出版物编制单位依据飞机设计定义的系统划分和编写规范规定的各技术出版物要求等结构划分要求,按照型号编制计划和要求进行任务分解,将这些技术出版物编写模块分配给相关编写人员进行编写。

(3)在技术出版物模块编写阶段,主要是遵循国际标准规范、适航规章、型号飞机技术出版物的规范文件、编制系统使用要求以及供应商提供的编写模块等编制技术出版物模块,以保证文实相符。

(4)在技术出版物模块检查阶段,是内部质量控制(QA)的过程。模块检查主要包括校对和审核环节,确保模块内容符合编写规范要求、符合飞机构型状态、符合相关的源头文件、插图正确等。

(5)在技术出版物模块设计审核阶段,主要是按需向工程设计单位提交编写模

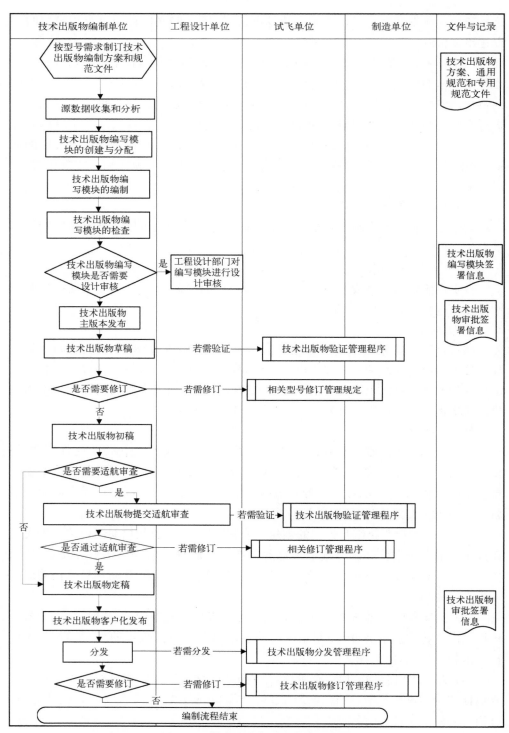

图 3-1 技术出版物编制管理流程图

块,工程设计单位进行必要的设计审核,确保技术出版物编写模块内容的表达逻辑与设计状态的符合性。

(6) 在技术出版物发布阶段,是内部发布的过程,主要是将技术编写模块发布成整本技术出版物,经过技术体系认可后形成技术出版物的草稿、初稿和定稿。

(7) 技术出版物的草稿主要是供内部各验证实施单位使用的。在草稿和初稿中间还要经过技术出版物交付前的修订,修订的主要原因是航空器设计在持续更新以及验证问题的不断暴露。经过修订和验证的草稿,在航空器设计冻结后形成技术出版物的初稿。初稿提交局方进行功能可靠性试飞验证,验证通过后由局方审核形成定稿。

(8) 在技术出版物定稿批准后,可以对内外部客户进行正式的交付。

3.2.2.2 技术出版物验证管理

1) 管理要求

(1) 局方要求。

符合《航空器的持续适航文件》(AC-91-11R1)要求,对于经过审核的持续适航文件内容,应当以草稿的形式予以内部编辑出版,并提供预期使用人员(如试飞维修人员、教员、工程支援人员等)进行必要的验证,确认持续适航文件的内容可正确理解和具备可操作性。对于因研制过程中设计修订和验证问题造成的运行文件内容修订,应当重复上述审核和验证过程,直至航空器设计冻结后形成持续适航文件的初稿,并提供局方审核。局方的咨询通告明确地表明了验证通过后的技术出版物才能够得到局方的批准/认可和交付客户。

(2) 验证方案要求。

技术出版物验证方案应明确不同技术出版物适用的验证方法及实施记录等要求。运行文件及持续适航文件的验证方案或要求需得到适航当局的认可。

(3) 验证方法有效性要求。

技术出版物验证必须通过书面验证和操作验证两种方式保证技术出版物内容的有效性。

书面验证是指将手册内容与编制标准规范、设计数据、总装工艺以及试飞报告等进行书面比对,确保手册内容与之符合。书面验证由手册编写人员完成,分为以下三种方式:

a. 确认验证手册内容符合 ATA2200 和手册编制规定等文件的要求,同时验证手册内各个程序之间相互引用的准确性、各手册之间关联关系的准确性。验证范围为所有的 MPP 程序,以及每一个程序涉及的支持手册(如 AIPC、CPM 等)中的相关内容。

b. 比对设计图纸、安装技术条件、机上功能试验等工程文件,验证手册内容与工程设计文件符合性。验证范围为所有的 MPP 程序。

c. 比对总装制造大纲、工艺规范以及试飞报告等文件,验证手册内容准确性。

验证范围为 MPP 程序中无法操作验证的部分内容。

操作验证是指对维修手册中的 MPP 程序，由手册编写人员根据验证程序的需要选择操作验证方法，确保维修程序经过验证后达到"接近方式正确，工具航材/耗材信息完整，按照程序步骤实施操作达到航线可用状态"的目标，操作验证主要分为以下四种方式：

a. 专项验证。

b. 使用验证。

c. 供应商验证。

d. 等效验证。

专项验证是由手册验证人员根据程序验证计划，在航材、耗材、工具/设备和工卡等到位的情况下，在规定的验证飞机上严格按照维修程序步骤完成程序的验证。

专项验证必须满足以下条件：

a. 维修程序无法使用其他验证方式进行验证或其他方式验证效果不符合要求。

b. 必须在实际飞机上进行程序操作验证，且飞机构型状态满足要求。

c. 无须特殊的飞机条件，如高寒状态、鸟撞、雷击、重着陆等。

d. 验证后不会降低飞机的可维修性，不会使飞机无法回到操作前的状态。

使用验证是由飞机主制造商、航空公司及 MRO 在飞机的航线运行、定检和飞机排故中严格使用根据飞机维修程序编制的工卡完成维修工作，即视为在实际使用中对维修程序已进行了验证。

使用验证必须满足以下条件：

a. 飞机主制造商、航空公司以及 MRO 在航线运行、定检及飞机排故中实际使用过的程序。

b. 有飞行记录本，例行或非例行工卡等作为使用验证的凭证。

c. 维修中所有问题程序均已关闭。

供应商验证是指飞机维修程序、拆装程序是依据部件维修手册（CMM）或发动机手册（EM）编制，且已由供应商完成了部件/发动机维修程序并完成了验证，经评估无须对接近方式、机上操作步骤进行补充操作验证的要求，则飞机维修程序可视为已完成的供应商验证。

供应商验证必须满足以下条件：

a. 程序的实施在飞机原位和离位情况下无差异。

b. 无附加其他的维修步骤。

c. 部附件与飞机没有直接的接口。

d. 维修程序实施与飞机状态无关。

等效验证是指两项或多项飞机维修程序的零部件的拆装相同或相似，其接近方式及装配关系基本相同、相似或对称，经评估其中任意一项维修程序通过验证后，可等效证明其他维修程序也通过验证。即其他程序视为进行了等效验证。

等效验证必须满足以下条件：

a. 零部件为安装在飞机不同位置的相同件或相似件。

b. 零部件在机上的安装构型状态相同或相近。

c. 维修程序的内容基本一致。

d. 其中一项维修程序通过验证。

（4）验证结果有效性要求。

验证实施人员对验证结果的有效性负责。手册编写人员需签字确认并按验证结果实施手册修订。

书面验证完成后，需填写书面验证记录表。

操作验证完成后，须保存验证记录表和已签字的工卡等相关验证记录，具体要求如下：

a. 验证记录表应完整、如实反映验证时的状态与结果。手册修订建议应清楚明确，能指导手册编写人员进行手册修订。若验证记录表无法完整、准确反映手册问题，可在验证时使用的手册草稿（纸质或电子版）上加以标注或批注，作为验证记录表的附件并保存，必要时也可以用照片、录音、摄像等方式。

b. 验证记录表中的结论反映 MPP 程序的验证最终结果。若维修程序验证记录表中结论为通过或修改后通过，则维修程序无须再次操作验证，手册人员根据修订建议落实，落实情况通过技术出版物修订管理系统进行跟踪；若维修程序验证记录表中结论为修改后重新执行操作验证，则需修改维修程序后，再次进行操作验证。

c. 验证报告应采用书面的形式，列出所有进行验证的维修程序的验证结果，并根据结果进行分析，明确程序内容是否通过验证。

d. 验证记录和报告应保证任何人不能修改数据，并确保数据的完整性和可追溯性。

2）管理要点

验证的过程主要分为制订验证方案/要求—确定验证方法和计划—验证团队和资源保障—实施验证工作—验证结果评估—实施手册修订—适航批准/认可七个步骤。具体如图 3-2 所示。

具体实施途径如下：

（1）在制订验证方案/要求中，需根据适航规章要求，制订技术出版物验证方案、技术要求等，明确不同技术出版物适用的验证方法及实施记录等要求，验证方案/要求需得到适航当局的认可。

（2）在确定验证方法和计划中，需根据型号验证技术方案或要求明确验证计划，并制订和下达验证计划。

（3）在验证团队和资源保障中，验证责任单位负责验证团队的组建。验证资源包括飞行模拟机、验证飞机、工具设备等。

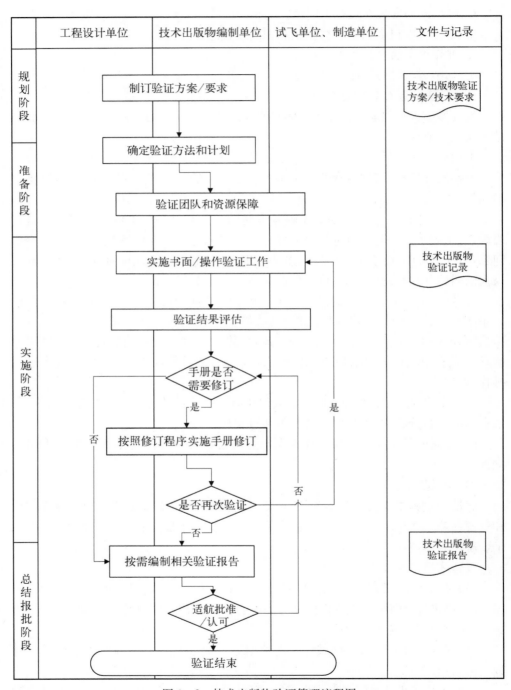

	工程设计单位	技术出版物编制单位	试飞单位、制造单位	文件与记录
规划阶段		制订验证方案/要求		技术出版物验证方案/技术要求
准备阶段		确定验证方法和计划		
		验证团队和资源保障		
实施阶段		实施书面/操作验证工作		技术出版物验证记录
		验证结果评估		
		手册是否需要修订		
		按照修订程序实施手册修订		
		是否再次验证		
总结报批阶段		按需编制相关验证报告		技术出版物验证报告
		适航批准/认可		
		验证结束		

图 3-2 技术出版物验证管理流程图

（4）验证实施分为书面验证和操作验证。根据验证方案或要求实施书面验证并记录验证结果，对于需要操作验证的程序，在验证飞机和飞行模拟器上实施操作验证，验证实施人员/编制责任单位记录验证结果。对于涉及局方适航审查的目击工作，应由适航管理部门协调局方人员参与相关验证工作。

（5）在验证结果评估中，验证实施人员确认验证实施过程中发现的程序问题，对结果进行评估，并提出程序修改要求。

（6）技术出版物编制单位根据验证发现的问题按需修改手册内容，并根据需要重新实施验证。

（7）技术出版物编制单位根据验证记录文件，对于有适航条款要求运行文件和持续适航文件编制技术出版物相关验证报告并提交局方批准/认可，如通过，本次验证工作结束；如未通过，则重新验证或修订手册直至局方批准/认可。

3.2.2.3 技术出版物分发管理

1）管理要求

（1）局方要求。

符合《航空器的持续适航文件》（AC‐91‐11R1）要求，持续适航文件在编制完成后应当分发给主制造商内部相关单位，也应当在航空器交付时将适用的持续适航文件一同提供给航空器的所有人（或运营人），并出版客户化手册。持续适航文件的分发介质可以以纸质、电子文档（光盘、网络）或者其组合的方式分发，并以合适的方式提供查询现行有效版本的渠道，包括定期提供持续适航文件的有效版次清单或通过网络更新通知等方式。

（2）分发介质的要求。

技术出版物交付形式分为电子文档、纸质文档两种，电子形式的技术出版物除了以光盘形式交付客户外，还在数字化客户服务平台上持续更新，供用户查看和下载最新版技术出版物。

（3）检验要求。

纸质技术出版物主要检验要求为：

a. 文字清晰，无重影、缺笔、断画、未明字、缺字等。

b. 印刷墨色均匀，颜色符合印制样品。

c. 图内文字清晰；线条、表格清楚，无明显模糊不清。

d. 版面干净，图像完整，页面无明显皱褶、划痕、脏迹。

e. 索引舌无明显色差。

f. 装订整齐，不易松脱。

光盘形式的技术出版物，由技术出版物部门自行制作及验收，交付内外部单位。主要检验要求为：

a. 能否正常读取。

b. 光盘标签与内容是否一致。

（4）交付要求。

（5）分发时间要求。

技术出版物的正常修订应于技术出版物发布后 10 个工作日内交付用户,临时修订则应于技术出版物发布后 5 个工作日内交付用户。

（6）不能被修订的要求。

纸质形式技术出版物上注有版权信息且明确声明技术出版物内容不能被修订;光盘形式技术出版物首先应保证对写入光盘的技术出版物进行加密处理,其次需使用不可重复写入的 CD-R/DVD-R 进行制作,以保证光盘内的技术出版物不被编辑修改;网络形式技术出版物,上传 CIS 平台的手册文件同样应经过加密处理,以防后续操作和使用过程产生数据误修改。

2）管理要点

分发的过程主要分为分发需求收集—分发任务下发—分发准备—分发实施—分发通知—分发接收—版本控制—随机手册交付客户—分发记录归档—客户反馈10 个步骤。具体如图 3-3 所示。

具体实施途径如下:

（1）在分发需求收集中,由公司内部与飞机所有人/运营人、维修机构、适航当局和各供应商管理部门收集分发需求并提供项目管理部门汇总。

（2）在分发任务下发中,项目管理部门将分发需求信息下发至纸质、光盘、网络形式分发的责任部门,分发需求包括分发对象、需求手册名称、版本、语言、交付形式及数量,是否需要后续更新等其他分发过程中所需信息。

（3）在分发准备中,当项目管理部门下发新飞机试飞工作、飞机交付任务、适航当局审查项目任务指令、技术出版物正常修订发布、技术出版物临时修订发布及有其他需要时,启动分发准备工作。用于分发的技术出版物内容上需经过加密处理,并注有版权信息且明确声明技术出版物内容不能被修订。

（4）在分发实施中,纸质和光盘形式技术出版物完成印制或刻录后,分发责任部门相关人员启动相应分发实施工作。交付前的分发,分为试飞用技术出版物分发、随机交付技术出版物分发和非随机交付技术出版物分发;分发人员将准备好的纸质和光盘技术出版物采取物流等形式分发至中国商飞公司内部试飞单位、交付单位,并用表单记录具体交接情况。飞机交付后的分发,分为正常修订分发和临时修订分发。正常修订的技术出版物于手册发布后 10 个工作日内发出,分发人员按照分发需求信息,采用物流等形式将纸质和光盘技术出版物正常修订分发至分发对象,并用表单记录正常修订的分发信息。临时修订的技术出版物于手册发布后10 个工作日内发出,当完成临时修订分发准备后,分发人员按照分发需求信息采用加急物流等形式将技术出版物临时修订分发至分发对象。网络形式的技术出版物由网络平台的操作员进行数据的发布、更新及删除等实操工作。

（5）在分发通知中,对于纸质和光盘形式的技术出版物的首次分发和正常修订

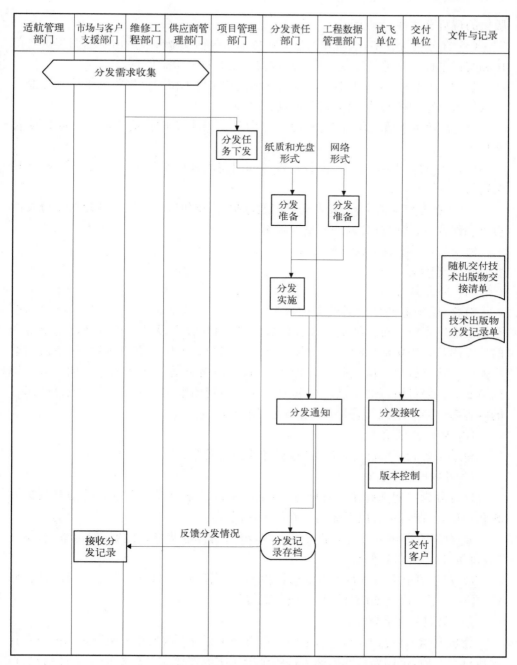

图 3-3　技术出版物分发管理流程图

分发都会附有《适用性技术出版物清单》，用以表明分发的有效版次。临时修订会通过邮件或电话等通信形式向分发对象说明技术出版物的现行有效版次。分发对象也可以通过网络平台查询下载《适用性技术出版物清单》以核实所持所有技术出版物的现行有效性。

（6）在分发接收中，纸质和光盘形式技术出版物实施分发后由中国商飞试飞单位和交付单位对其进行接收并确认接收技术出版物的版本信息。

（7）在版本控制中，由中国商飞试飞单位和交付单位对已接收的纸质和光盘形式的技术出版物按照其内部流程进行版本控制。

（8）在随机手册交付客户中，由中国商飞交付单位将已接收的手册随机交付客户。

（9）在分发记录归档中，由分发责任部门完成客户服务交付记录工作，归档相关资料。

（10）在客户反馈中，分发责任部门通过邮件、调研等形式收集客户对于分发的意见和建议，持续改进分发的质量和效率。

3.2.2.4　技术出版物修订管理

1）管理要求

（1）局方要求。

符合《航空器的持续适航文件》（AC‐91‐11R1）要求，航空器投入使用后，航空器制造厂家应当对持续适航文件的准确性、可用性和设计的符合性进行全寿命的持续跟踪。为保证持续适航文件持续跟踪和修订工作的有效进行，航空器制造厂家应当建立有效的信息收集方式和渠道，并对持续适航文件进行定期修订。持续适航文件修订内容的编制流程和分发控制与初始编制的要求相同，但每次修订的内容都应当清晰记录摘要并突出显示或标记。

（2）修订验证要求。

对于需要验证的修订，验证通过后才能正式发布。

（3）修订方式要求。

修订分为定期修订和临时修订，航空器制造厂家应当建立有效的信息收集方式和渠道，并制订符合以下原则的修订工作规范：

a. 对于不影响飞行安全的修订内容，可以结合定期修订计划（如每季度、每半年、每年等）一并进行修订。

b. 对于可能影响飞行安全的修订内容，应当以临时修订页的方式及时进行修订，并结合下一次定期修订计划完成正式修订。

（4）修订发布要求

新机型投入运营的前 3 年，定期修订为每年至少 5 次或按照主制造商的发布计划执行。之后，定期修订的周期为每年至少 4 次或按照主制造商的发布计划执行；临时修订在所需相关工程输入到位且通过验证后的 3 个工作日内发出。

2）管理要点

修订过程主要分为修订信息收集—修订影响评估—制订修订请求单—手册修订落实—修订验证—修订发布—修订认可—修订分发 8 个步骤。具体如图 3‐4 所示。

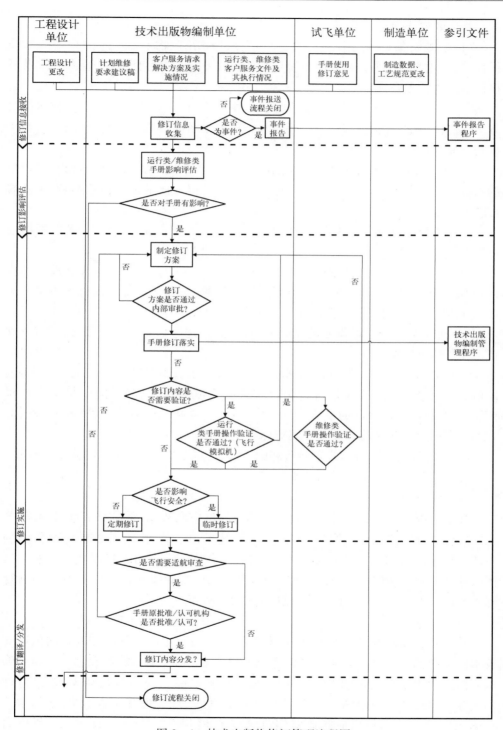

图 3-4 技术出版物修订管理流程图

具体的实施途径如下：

（1）在修订信息收集中，ARJ21‑700 飞机技术出版物主要通过 CPC、快速响应平台、数字化客户服务系统上收集源头文件、内/外部客户意见、服务通告（SB）及其执行情况这几类修订信息。

（2）在修订影响评估中，由手册编制人员、飞行工程师等对修订信息、技术解决方案等进行评估，评估其对运行类手册和维修类手册的影响，并根据其是否影响飞行安全而选用合适的修订方式。

（3）修订请求单（PCR）是将评估结果细化到手册修改方案的过程，修订请求单的制订需综合考虑修订信息及对应的修订内容对相关技术出版物的影响，保证修订的完整性。

（4）手册修订落实与初始编制的流程一样，管理同"3.2.2.1 技术出版物编制管理"。

（5）符合《航空器的持续适航文件》（AC‑91‑11R1）要求，对于需要验证的修订，验证通过后才能正式发布，经过验证的且评估后影响手册修订的技术解决方案也可作为手册修订验证通过的依据。

（6）修订发布与初始编制的流程相同，需要经过内部的 QA 流程、设计审核和技术体系认可后发布。

（7）在修订认可中，局方与中国商飞公司签订了《ARJ21‑700 飞机 AEG 持续评审合作计划》，对 AEG 认可的运行和持续适航文件下放修订权，每次修订报 AEG 备案；对 AEG 批准的手册，每次修订后须经维修审查委员会（MRB）批准；对 TC 批准的手册，每次修订后须经飞行标准化委员会（FSB）批准。

（8）修订分发与初始编制的流程相同，管理同"3.2.2.3 技术出版物分发管理"。

3.2.2.5　供应商技术出版物管理

1）管理要求

技术出版物编制部门对供应商负责编写的供应商数据/手册章节草稿/编写单元的内容进行管控；而发动机相关的供应商技术出版物，由发动机供应商负责编写；CCAR‑25 部相关的供应商技术出版物（不含 TSO 件），由供应商内部编制管理体系进行控制其修订过程，技术出版物编制部门定期对供应商技术出版物编制管理体系进行审核，审核通过后认可供应商技术出版物。

2）管理要点

供应商管理分为供应商数据/手册章节草稿/编写单元的管理和其他的供应商技术出版物管理两种。供应商数据/手册章节草稿/编写单元的管理过程分为明确供应商技术出版物清单及编制责任—制订技术出版物编写源数据需求/交付计划—编写/修订供应商数据/手册章节草稿/编写单元—接收供应商数据/手册章节草稿/编写单元—审核供应商数据/手册章节草稿/编写单元—统编手册—供应商数据/手册章节草稿/编写单元定稿 7 个步骤。具体如图 3‑5 所示。

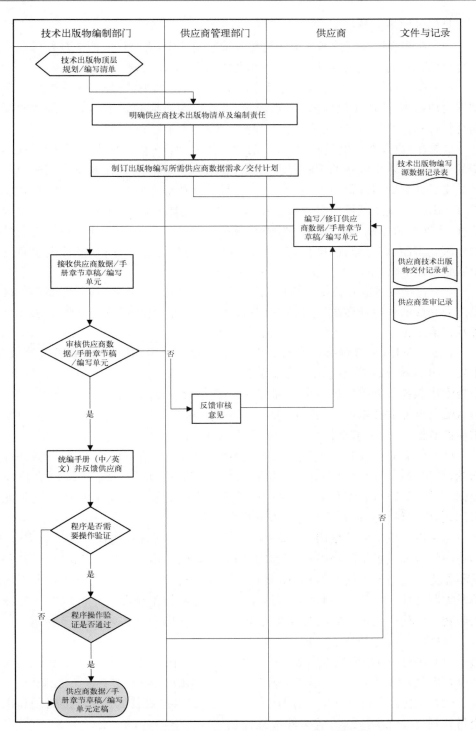

图 3-5　供应商数据/手册章节草稿/编写单元管理流程图

具体的实施途径如下：

（1）在明确供应商技术出版物清单及编制责任中，需与供应商谈判并以客户服务协议（CSA）的形式明确供应商技术出版物清单、编制责任、编制要求。

（2）在制订技术出版物编写源数据需求/交付计划中，需编制并维护技术出版物编写源数据（来源于供应商）需求记录，并按照与供应商讨论达成一致后的源数据交付计划，由供应商纳入其产品工程修订影响评估流程中。

（3）在编写/修订供应商数据/手册章节草稿/编写单元中，供应商按照双方约定的飞机级技术出版物的编制要求、适航报批计划、CSA 协议以及供应商客户服务产品支援计划编写或修订供应商数据/手册章节草稿/编写单元，并评估产品设计修订、AD/SB 或意见反馈对章节草稿/编写单元的影响，修订并提供相应的供应商数据/手册章节草稿/编写单元。中国商飞按协议要求及相关文件检查供应商的技术出版物编制/修订流程，确保其工作符合要求，同时按需向局方报备供应商技术出版物编制/修订的相关信息。

（4）在接收供应商数据/手册章节草稿/编写单元中，技术出版物编制单位接收供应商完成的供应商数据/手册章节草稿/编写单元，做好相应的接收记录并更新源数据需求记录。

（5）在审核供应商数据/手册章节草稿/编写单元中，对于接收到供应商数据，由技术出版物编制单位确认并统编手册；对于接收到的手册章节草稿/编写单元，由技术出版物编制单位进行审核，检查其是否符合中国商飞技术出版物编写规范，确认编写单元的技术内容、样式、颗粒度、信息码使用等满足要求。若审核中发现供应商数据/手册章节草稿/编写单元存在问题，应在 30 日内反馈给供应商。

（6）在统编手册中，供应商按需参与维修程序验证，提供验证支持，若验证存在问题，择优选择供应商重新评估并修订相应的手册章节草稿/编写单元；在供应商数据/手册章节草稿/编写单元定稿中，若供应商提交的内容不需验证或经验证没有问题，则对供应商内容部分定稿并随手册发布。

除了以上供应商数据用于手册编写的管理，供应商管理还存在另一种方式，即其他的供应商技术出版物管理，这部分供应商技术出版物是由供应商独立编写的，是不作为主制造商手册编写的，因此它的管理过程分为明确供应商技术出版物清单及编制责任—制订交付计划—编制/修订供应商技术出版物—审核供应商技术出版物—供应商技术出版物分发及持续改进 5 个步骤。具体如图 3-6 所示。

具体的实施途径如下：

（1）在明确供应商技术出版物清单及编制责任中，与上文相同，需与供应商谈判并以客户服务协议（CSA）的形式明确供应商技术出版物清单、编制责任、编制要求。

（2）在制订交付计划中，生产厂家应与供应商共同制订满足飞机的研制和生产交付计划以及飞机持续适航文件报批计划，包含交付物清单、交付节点、交付形式及编制所需双方提供的输入等，并每年根据项目进度更新计划。

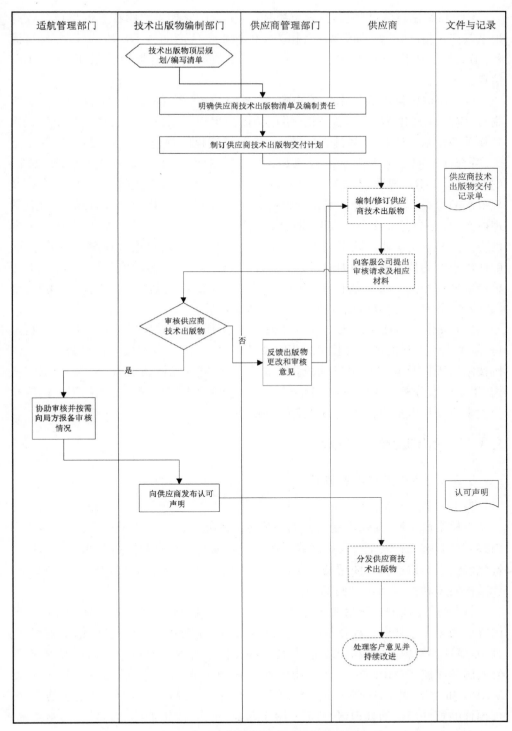

图 3-6　其他的供应商技术出版物管理流程图

（3）在编制/修订供应商技术出版物中,生产厂家技术出版物编制单位接收并记录其交付情况,并按协议要求及相关文件检查供应商的技术出版物编制/修订流程,确保其工作符合要求,按需向局方报备供应商技术出版物编制/修订的相关信息。

（4）在审核供应商技术出版物中,对于 CCAR - 25 部随机取证件的技术出版物,供应商技术出版物首次提交时,供应商需向生产厂家技术出版物编制单位提供其相关的技术出版物编制、修订、验证、分发等流程的规范或文件、相关证据或记录、符合性声明。生产厂家符合 ATA2200［5］/100 及《航空器的持续适航文件》（AC - 91 - 11R1)要求,在 10 个工作日内完成供应商技术出版物有效性、符合性及规范性的检查。若供应商技术出版物的有效性、符合性及规范性检查通过,且其管理体系规范或文件、符合性声明等材料完整、有效并被生产厂家认可,生产厂家向供应商发布认可声明。除了采用上述文件检查的方式,还将通过现场检查的方式,确认供应商的技术出版物编制、修订、验证、分发等流程满足生产厂家的要求;对于单独取证件相关的供应商技术出版物,则由供应商负责其技术出版物的编制、修订、验证、分发,并向其所属的适航机构报适航审批。

（5）在供应商技术出版物分发及持续改进中,对于需提供给客户用于飞机运行、维护支援工作的供应商技术出版物及其修订,由供应商直接向客户交付。发动机技术出版物及其修订由发动机供应商负责直接对飞机所有人/运营人/维修机构/生产厂家分发。如果遇到不能分发的情况,再由生产厂家以光盘的形式向客户分发供应商技术出版物或发动机技术出版物。

3.3　技术出版物编写技术

3.3.1　飞机维修手册编写

3.3.1.1　技术要求

飞机维修手册（AMM)是客户对飞机进行维修工作的主要依据文件之一,手册内容直接影响飞行安全。飞机维修手册编写主要将工程资料（数模、图纸、文件等）转化成便于客户理解和使用的手册内容。飞机维修手册分为系统描述部分（SDS)和维修实施和程序（MPP)两部分。

符合《航空器的持续适航文件》（AC - 91 - 11R1)要求,航空器维修程序的主要内容应当至少包括概述性资料、系统和安装说明、使用和操作说明、维修实施程序。其中,概述性资料、系统和安装说明、使用和操作说明属于 SDS 应该描述的内容,维修实施程序属于 MPP 的内容。MPP 按照来源细分,包括但不局限于以下方面：MRBR 和 MPD 中的计划维修任务、主最低设备清单（MMEL)中涉及的维修程序、可预计的意外损伤的处理（包括但不限于鸟撞、雷击、水银泄漏、海鲜泄漏、重着陆、飞越火山灰、航空器空中机动过载等）、部件拆卸安装后必要的维修任务、数据统计分析产生的维修任务。

飞机维修手册在局方文件的要求下,结合自身编制特点及机型特点,MPP 应包含的范围如下:

(1) MRBR 和 MPD 中的计划维修任务。

(2) 主最低设备清单(MMEL)中涉及的维修程序。

(3) 航线可更换件(LRU)的拆装及必要的测试、检查程序。

(4) 可预计的意外损伤的处理程序。

(5) 系统、结构的标准施工内容和程序。

(6) LRU 损伤后的在位小型修理程序。

若满足以上任一条件,MPP 程序还应该包含那些 AIPC 手册中的可维护件零件(LMP);若不满足以下任一条件且该零件的维护工作简单,则无须给出 MPP 程序:

(1) 该零件的维护工作需要特殊的技术指导、专用工具、消耗品、消耗性材料、特殊扭矩值。

(2) 该零件的维护工作与安全相关。

(3) 由于服务通告或故障隔离程序,该零件可更换。

(4) 该零件与工作要求(MPD 和/或 MMEL/CDL)相关。

(5) 所有分系统或分—分系统的测试程序(除以上几类之外)。

3.3.1.2 技术要点

飞机维修手册的技术要点如下:

(1) 源数据收集。

(2) SDS 编写。

(3) MPP 编写。

其实施途径如下:

1) 飞机维修手册编写所用的源数据

基于 ARJ21 - 700 的设计体系,飞机维修手册编写所用的源数据分为以下几类:三维数模、二维图样、工程指令、技术规定、技术条件、程序文件、机上功能试验、技术协调单等项目文件和设计图样;适用于航线或机库维护的总装工艺文件;供应商手册,如 CMM、EM、APU EM 等。

2) SDS 编写要求

正文部分分成几类,分别为概述、部件位置、详细描述、供电、接口、操作、控制与指示、测试、培训信息点。

3) MPP 编写要求

MPP 程序分为九大类。

(1) 部件位置(页号组 101～199)。

该页号组用于说明部件所在位置,用图示的方法显示部件相对于已知结构或系统特征的物理位置。

(2) 维修实施(页号组 201～299)。

维修实施是保养、拆卸/安装、调整/试验、检验/检查、清理/涂漆、批准的修理和适当的专用程序的结合。当所需的维修程序不长且相对简单，可将上述的程序组合在一个标题下，统称为维修实施。当程序不能分配到指定的其他页号组(如电源、气源、液压动力的应用、打开/关闭发动机整流罩以及为维修而安装安全装置等)时，也可将此程序列于维修实施页号组下。

(3) 保养(页号组 301～399)。

保养程序应包括完成其他维修工作所要求的程序。这些保养程序应独立，既可能是日常的，也可能是恢复性的。包括像缓冲支柱的充气和加油、操纵钢索的润滑、饮用水系统的消毒、油量和压力检查、轮胎充气、起落架机轮的维护等项目。

(4) 拆卸/安装(页号组 401～499)。

拆卸/安装程序可分为三种：

a. 在相应的章—节—题目下，仅进行一个部件的拆卸/安装。

b. 在相应的章—节—题目下，在不同节中论述的两个相同部件(左、右件)或几个相同部件的拆卸/安装。这种情况下的拆卸/安装，在首次碰到的第一个部件的章—节—题目参考号下加以论述，其他部件的不同之处在维修程序中予以指出。

c. 几个部件的典型的拆卸/安装，可在章、节级上加以论述，或者在要拆卸的第一个部件的页号组中加以论述。其他类似部件在相关页号组中给出参考(AMTOSS 任务号和标题)即可。

编写拆卸页号和安装页号组时，应该遵循以下原则：

a. 拆卸程序应说明部件、组件、分组件、部件、零件组合等以及机上相关零件的拆卸。拆卸程序应按照从获得接近所需拆卸设备的通道到最终拆下该设备的合理的工作流程顺序，逐步对操作步骤进行明确的描述。

b. 叙述拆卸程序时，应细化到每一基本步骤。

c. 如果为了接近的目的，需要拆卸某部件的话，需提供拆卸/安装要求的指导或者给出别的拆卸/安装的 AMTOSS 号和任务名称参考。

d. 由于拆卸程序完成后要进行安装工作，故拆卸程序完成后不需写"收尾工作"这部分内容。

e. 安装程序应说明部件、组件、分组件、部件或零件组合等及相关零件在飞机上的安装，按照安装基本设备和通道设备(如适用)的合理的工作流程，逐步对操作步骤进行明确的描述。

f. 安装程序中应包含所需的消耗件(如垫圈、O 形圈等零件)、消耗材料、工具、设备清单需以表格形式列在安装程序的开头。

g. 对于飞控、起落架、液压、燃油、环控、发动机等系统的部件安装程序，在完成安装步骤后，还应考虑必要的液体/气体渗漏测试步骤。

h. 对于安装在增压区与非增压区之间的部件,如各舱门、环控系统部分部件、风挡等,在完成安装步骤后,还应考虑必要的气密测试步骤。

(5)调整/试验(页号组 501～599)。

试验方法可分为操作试验、功能试验、系统试验三类。

操作试验:仅为查明某系统或单元是可操作的而必须采取的程序。这些试验除了使用安装在飞机上的设备或设施外,不需要特殊的设备或设施,并应与机组人员完成的试验相当。部件的操作试验不要求满足大修或重要定期维修规定的技术规范和容差。

功能试验:用来确定某一系统或单元的功能在各个方面是否符合系统或单元的最低可接受的设计规范要求所必需的程序。这些测试可能需要辅助的地面支援设备,并且比操作试验的要求更加具体和详细。这些试验应包含使系统或单元保持可接受的可靠性水平而执行熟练试验所必需的全部信息,而不需引用其他文件。

系统试验:包括使系统和/或单元性能维持在最高效率和最高设计规范所必需的所有调整规范和容差。它应是独立的,并且可以重复其他试验。它通常在重要维修周期中使用。

(6)检验/检查(页号组 601～699)。

应提供确保零件、组件、系统、执行某种功能操作的各零件间特定的相互关系等的可用性所必需的详细的程序。页号组中应含有结构损伤容限,此损伤容限指不需修理、可持续适航的损伤。管道的检验/检查程序以及检验标准在此页号组中论述。

同时,还应包括没有包括在结构修理手册中的、容易探测到缺陷和裂纹的临界应力区域,缺陷的种类和最大允许限度。如适用,还应为每个区域引用推荐的无损检测程序。

根据已知的可能的检验/检查结果,每个可能的结论应考虑以下内容:

a. 可以继续使用(符合推荐的极限值)。

b. 可以按照专门的修理程序进行修理的,应在此引用该程序。

c. 在所有的检查区域中,不可继续使用或者不可修理。

(7)清理/涂漆(页号组 701～799)。

清理/涂漆页号组应论述清理和/或涂覆特定零件或飞机特定区域应采取的方法和步骤。有专门防护要求的清理程序(易受液体污染的零件、电瓶匣等)应在相应的页号组中论述,管道的清理方法和步骤在此页号组中论述。适用于特定区域的涂漆程序必须在与部件/区域对应的页号组中论述。适用于特定分系统的特殊程序(电瓶匣、氧气舱、液压舱等)应在相应的标准编码的章一级上加以论述。

(8)修理(页号组 801～899)。

修理页号组应按照合理的工作顺序逐步给出详细的修理程序和技术要求将磨损或损坏的零件修复到可使用状态。修理程序应说明维修级别所规定的修复级别,但不应包括铆接任务及结构修理手册中的修理任务。

修理页号组主要包括以下方面。

a. 不对从飞机上拆卸的、可维修性部件（包括机载设备和管道）的修理。

b. 可在维护中进行的小型修理。任何其他的修理应包括在 SRM 中或 CMM 中。所有超出结构损伤容限而且必须在下次飞行前加以修理的内容应在 SRM 中加以叙述。

c. 压力密封：包括小型修理（如门密封的修补、密封条的局部修理），大型修理应在 SRM 或 CMM 中叙述。

d. 燃油渗漏：包括小型修理，大型修理应在 SRM 中叙述。

e. 导管渗漏：有裂纹的导管的修理在标准实施（20 章）中叙述。

f. 管道渗漏：包括小型修理，大型修理在相关 CMM 手册中叙述。

g. 天花板、地面盖板：包括小型修理，大型修理应在 SRM 中叙述。

注：维修手册中不应叙述任何临时性修理的内容。

（9）DDG 维修实施（页号组 901～999）。

对 MMEL 中标有（M）的"失效项目"，飞机维修手册中应提供针对该项目的准备和恢复程序。

4）MPP 程序编写方法

由于 MPP 程序一半以上为 LRU 的拆装程序，以拆装程序（页号组 401～499）为例，程序应包含以下内容。

（1）概述：说明该维修程序的适用范围及该系统中部件的位置。

（2）参考资料：本维修程序需参考其他维修程序中的内容，包括参考的任务号及标题。

（3）工具/设备：应列出该工作所需的、通常不包括在维修人员常用工具范围内的工具、设备，但不应给出总装线上使用的工具工装。包括 C 类、P 类和 S 类工具/设备。

（4）消耗品/零件：一次性使用并且需要更换的材料/零件，对于程序中要求视情更换的零件，也应在表格中列出。该材料/零件需给出飞机维修手册插图中的项目号、名称和参考 AIPC 的"章—节—题—图号—项目号"。

（5）消耗性材料：为用户提供维护工作所需要消耗材料的信息，其参考号、名称应与 CPM 手册中的内容一致。

（6）位置区域：为了便于维护工作准备，给出主程序（不包括准备工作和收尾工作）中所有工作步骤所在位置的区域信息（不包括进入工作区域所途经的区域），该信息应与 MPP 06‐30 中的信息一致。

（7）检修口盖：为了便于飞机维修工作，提供接近维修工作对应的零部件的检修口盖的编号和名称/位置信息，该信息应与 MPP 06‐41～06‐45 中的信息一致。

（8）准备工作：准备工作应包含飞机构型状态确认（如通/断电、空中/地面模式、按钮/开关位置、断路器等）、安全措施（释放液压、氮气、空气压力等）和接近方式（口盖、参引其他的任务等）。

（9）主程序：提供程序的具体步骤，包括 GSE 与飞机的连接、警告警戒注意事项、合理且可操作的拆装顺序等。

（10）收尾工作：收尾工作应与准备工作相对应，将飞机恢复至初始的维修状态。

3.3.2 线路/原理类手册编写

3.3.2.1 技术要求

线路图册用于提供航空器电子/电气线路的图解，并对相应的电路进行充分的阐明，以便在维修过程中用于对相关系统的排故和维修。

符合《航空器的持续适航文件》（AC‐91‐11R1）要求，线路图手册源于型号审定过程中制造符合性检查确立的布线图。其主要内容应包括航空器所有电子/电气线路构成的线路图、系统原理图、清单（包括电子/电气设备和导线）和位置图（包括必要的发动机、部件内部线路）。

结合自身编制特点及机型特点，线路手册中应包含飞机各系统所有的电气线路图信息。其所包含的内容范围应以满足维修人员的使用为标准。为了满足维修人员进行线路维护及排故的需求，线路图应至少包含如下信息：

（1）线路终端点。

（2）线束、导线标识码。

（3）电子电气设备号。

（4）接线盒。

（5）屏蔽线。

（6）内部跳线。

（7）接地连接等。

同时线路手册中也应包含飞机上使用的所有电气标准件信息。有电气连接的电气或电子设备均须用必要的信息加以定义。设备信息包括插头和插座、接线排、永久性接头、接地点、开关、继电器、灯光、电阻器、二极管和有设备号的其他电气或电子设备。

电气标准件数据须包含以下部分：

（1）包括开关在内的连接器。

（2）尾附件。

（3）导线、电缆。

（4）用于导线安装的支撑件。

（5）永久接头及端子等标准件。

飞机原理图手册是由飞机生产厂家提供的，用以联系一所有飞机系统的原理图示，以便理解系统原理和排除系统故障。系统原理图展示了飞机机载系统的配置、系统功能、电路的操作，以及组件的辨识和位置，并且体现了机载电气、电子、液压系统与给定系统之间的逻辑关系。

3.3.2.2 技术要点

线路手册的编制工作可以分为三部分：① 线路图的编制；② 91 图表的编制；

③ 清单类数据的编制。由于三个部分的数据特点不一样,编制过程中的源数据及编制思路也不同。

对于线路图部分,采用详细设计阶段功能定义的线路图为依据进行编写。

91 图表部分以设计阶段的设备安装图为依据进行编制。

在清单类数据中,以导线清单和设备清单最为重要。导线清单以指导线束制造和安装的线束组件图为依据进行编制。而设备清单则以设备安装图为依据进行编制。其余清单则是在导线清单和设备清单的基础上进行自动化提取而得。

由于 ARJ21 - 700 采用了先进的"Fly by Wire"的设计理念,EWIS 线束已经是遍布全机的"神经线"。这些"神经线"可以算是飞机的生命线。为了有效保证这些"神经线"信息的准确,AWM 手册需要尽量减少人工干预,最大化的采用计算机辅助工具进行管理。为此,基于 TIMS 系统开发了 AWM 编制模块,以帮助 AWM 的构型控制。

飞机原理图手册的编制主要以飞机线路图数据,各系统的系统描述文件及接口控制文件为依据。

3.3.3　排故手册编写

3.3.3.1　技术要求

排故手册给出了识别和分析故障必要的技术数据和相关资料,为飞机运行人员提供一种报告和纠正飞机系统故障的构成方法,并提供了相应的故障隔离程序,帮助地面维护人员排除故障。它主要用于支持航线和机库中心级的故障分析。排故手册应该包含飞机监控系统所能探测到的故障,同时包括机组和维修人员发现的故障。除了包含这些故障信息外,还应该针对每条故障信息列出其故障可能原因以及基于故障可能原因进行的排故程序(故障可能原因一般可从接近、拆卸/安装、故障发生概率和排故成本的角度,按照先易后难的原则确定排故顺序)。

符合《航空器的持续适航文件》(AC - 91 - 11R1)要求,航空器可能发生的故障应当源于型号审定过程中的系统安全分析,是航空器监控系统所能检测到的故障,同时包括机组和维修人员发现的故障,这些故障包括但不局限于以下方面:

(1) 驾驶舱内所有警告、警戒和告诫信息以及部分的状态信息。

(2) 驾驶舱内所有的简图页告警信息和故障旗信息。

(3) 驾驶舱内所有的音响和灯光信息。

(4) 机载维护系统中所有的故障信息。

(5) 航空器产品部件上指示的故障信息,如加放油控制面板上显示的信息。

(6) 飞行员飞行中记录的故障信息。

(7) 其他机组人员飞行中发现的故障。

(8) 维修人员例行检查时发现的故障。

3.3.3.2　技术要点

为了排故手册编制规范化,保证排故手册的质量,制订了排故程序编制流程(见

图 3-7)并对流程的每个环节进行了详细的定义。主要的流程包括数据准备、MRU 确定、故障树分析、排故流程图绘制、录入系统、编校审、发布等。为了保证排故程序的可用性,编制流程的各环节主要从完整性和准确性方面去约束每个程序的编制。

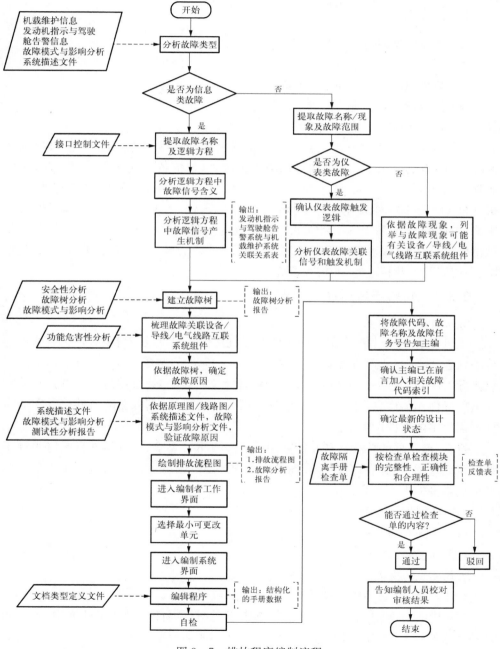

图 3-7　排故程序编制流程

1）完整性

（1）CAS 及 CMS 故障项要完整。

（2）观察到的故障和客舱故障项要完整。

（3）程序内部结构要完整。

2）准确性

（1）手册构型要与飞机实际构型一致。

（2）要保证 CAS 与 CMS 关联关系正确。

（3）故障原因要分析完整并准确。

（4）排故逻辑要合理。

（5）程序参引要正确。

编制故障隔离程序的输入数据主要包括系统描述性文件（SDD）、接口控制文件（FICD、EICD、MICD）、各系统的故障指示信息（包括各系统 EICAS、OMS 信息、故障语音和指示灯）及故障逻辑（reporting logic）、飞机/系统功能危害性分析（FHA）、飞机/系统安全性评估报告（PSSA、SSA）、飞机和各系统的故障模式及影响分析（FMEA/FMES/FMECA）、各系统的故障树分析报告（FTA）、各系统测试报告、各系统维修可靠性分析报告、各系统 LRU 清单、各系统原理图、系统线路图、系统安装图及相应的 3D 数学模型等。

3.3.4　AIPC 手册编写

3.3.4.1　技术要求

飞机图解零件目录（AIPC）用于说明飞机交付客户时及交付后客户引起修订的构型状态，为航空公司机务人员了解有关组件、部件的装配关系，实施维修工作提供指导。AIPC 手册作为飞机维修手册的伴用文件，应包含准确地告知客户和采购人员零部件相关信息，随着客户对信息数据要求的提高，飞机图解零件目录手册需要增加更多的部件设备信息。

符合《航空器的持续适航文件》（AC-91-11R1）要求，图解零件目录应当源于型号审定过程中制造符合性检查确立的装配图解。图解零件目录应当至少包括航线可更换件的下述内容：

（1）详细零件图解。

（2）详细零件目录。

（3）其他必要说明。

3.3.4.2　技术要点

综上所述，开展 AIPC 编写的主要技术点包括：

（1）理清 S1000D 和 ATA2200 标准中飞机图解零件目录使用的元素清单，明确各元素使用方法和限制要求，开发满足手册编制的规范和系统。

（2）要保证 AIPC 手册与设计构型、制造构型和服务构型的一致性，手册中涵盖飞机维修所需的航线可更换件及其配套零组件。

（3）手册中写入的零部件构型状态有效管控，与飞机设计构型状态/实际装机构型状态保持一致。

（4）手册中零部件的安装位置、装配关系、件号、数量、名称、替换件、互换件、主次供应商件号、供应商信息等内容准确且完整。

（5）手册内容规范统一，便于理解和使用。

针对 AIPC 手册的主要技术点，其实施途径如下：

（1）国际通用规范 S1000D 标准中共有上百个元素可供手册编写选择，但目前开发使用率仅达到 45％左右；ATA2200 规范适用于对图解零件目录（IPC）的生成提供了数据基础。为了使制造商编制的 AIPC 手册更能满足客户的要求，还需要不断研究 ATA2200＋S1000D 元素的使用范围和规则，对已使用过的实例进行举例，对未使用过的元素进行研究确定使用范围和条件，最终明确每类数据的表述方式，为民机 AIPC 手册的编写奠定基础。将产生满足 AIPC 手册编制的使用指南和编制系统，一方面从源头规范手册编写，促进手册编制的完整性和规范性；另一方面从长远考虑节约人工手动录入的成本，进一步完善和提高制造商编制手册的技术研究编制体系。

（2）综合适航规章、行业规范和成熟机型的经验，同时结合目前 ARJ21 - 700 AIPC 手册编写要求，可写入 AIPC 手册的对象是航线可更换件（包括在飞机航线维修、定检工作中需要拆换的零部件）及其配套的零组件和项目。其中应包括：

a. 各系统中可拆换的机载设备、部件和零组件。

b. 发动机上可拆换的零部件。

c. 机体上可拆换的结构件。

d. 易损耗的零部件，包括衬套、销钉、密封件、滤芯等。

e. 零部件安装和连接的配套零件，包括紧固件、管路标准件、接头、安装支架及部分电器标准件。

f. 与航线可更换件关联的工程图纸。

g. 航线可加载软件。

h. 舱内和舱外说明、提示、警告、注意等标牌标记。

i. 需要更换的铆接件、焊接件和胶结件。

j. 航线可加载软件。

（3）根据以上工程文件确定航线可更换件，其装配所需的连接件、紧固件、支架等配套零组件依据中国商飞工程图纸或供应商工程图纸、设计文件、制造文件和服务文件，必要时应以版本受控且现行有效的部件维修手册（CMM）等作为确定依据，开始编制具体图解零件分解图和明细目录表，确保 AIPC 手册编制内容零部件的安装位置、装配关系、件号、数量、名称、替换件、互换件、主次供应商件号、供应商信息等内容准确和完整。

3.3.5　无损检测手册编写

3.3.5.1　技术要求

无损检测(NDT)手册编制工作是一项跨专业、跨部门的综合性的系统工程,其规定了飞机特定结构部位进行无损检测的方法和要求,给出所使用的设备、材料、特定的操作程序以及有关的资料,旨在为有资格的无损检测人员提供开展飞机无损检测工作的技术指导,以保证对飞机结构进行无损检测程序的可行性和检测结果的可靠性。无损检测手册中的每一个独立模块是对于特定受检工件的无损检测操作和判伤的具体要求。

无损检测技术的应用是保障飞机结构完整性、可靠性的重要手段,无损检测程序的可靠性直接影响民航飞机的维护及修理质量。符合《航空器的持续适航文件》(AC-91-11R1)要求,无损探伤文件应当源于维修任务中要求实施无损探伤的项目,维修任务要求的每个项目 NDT 检查的具体程序包括:所使用的设备和材料说明;检查的标准程序;标准试块的校验;判断检查结果的程序;必要的防止人员、航空器和设备伤害的措施。为保障安全试飞及安全运营,满足适航标准和客户需求,应在无损检测手册中提供具体的专用无损检测程序,明确受检对象和检测部位,给出使用的检测设备、工具和试块,说明具体的检测方法和操作步骤,明确判定受检对象是否损伤的标准,以及说明可替代的检测方法。

飞机维修实践表明,在飞机不同部位、不同结构、不同检测方法所对应的检测质量/能力是不同的,应根据不同部位、不同结构件及损伤形式选定合适的无损检测方法,明确检测技术条件,制订检测实施方案。通过开展对试验件模拟损伤的检测试验,确定可达到的检测能力,并进一步确定允许损伤的标准。

3.3.5.2　技术要点

无损检测手册的技术要点如下:

(1)制订飞机维修用无损检测程序编制要求、试验大纲及方案。

(2)研制特定检测部位的对比试块使用。

(3)编制无损检测专用程序。

无损检测程序的试验验证和原位验证,根据来源于 MRBR 和 ALI 的无损检测项目及具体要求,明确检测对象在飞机所处的部位、材料和外形尺寸,明确预计的损伤类型和位置,确定所使用的检测设备、耗材等技术条件,确定需使用的对比试块形式和要求,制订无损检测程序试验大纲及技术方案,给出试验对象应达到的状态(试验件、大部段或整机裸机等),同时应给出检测方法的简要图示说明(照片或技术插图)。

根据无损检测技术方案的要求,按照受检部位的材料、结构形式及制造工艺,设计同结构、同材料、同工艺的对比试块,设置满足检测要求的不同尺寸、不同类型的人工模拟损伤,完成对比试块设计图纸,并按要求制造对比试块,对比试块应通过相应的计量手段保障其可靠性。

根据无损检测方案,使用选定的检测设备、工具及对比试块,分别在对比试块上和特定的大部段/裸机上使用检测设备进行离位的操作试验,确定程序的准备工作、设备调试、检测步骤及损伤评估标准。并由不同的检测人员重复进行检测,分别记录检测结果,以确定无损检测程序,保证程序的可检率和可信度。对无损检测方案中缺漏的操作要求进行补充说明,拍摄无损伤及带不同尺寸损伤的损伤显示图形,必要时应拍摄试验过程视频。离位的试验结果应形成试验记录,编制试验报告,说明试验结论。

在进行离位的操作试验,并确定无损检测程序后,按照所确定的程序制订原位验证实施方案,在飞机上进行原位的操作验证,保证离位试验所得程序具备在原位操作的可接近性,保证程序在飞机原位准确、可用。原位验证的验证结果应形成验证记录单,说明验证情况。

无损检测手册需结合无损检测方案和试验报告,编制无损检测专用程序,无损检测程序内容应满足编制规范和适航规章要求,应包含如下内容。

(1) 检测对象信息:特定检测项目的操作规程中应包括受检工件的名称、站位、材料、加工工艺及表面处理工艺,同时应说明受检工件可能产生的损伤类型和形式、最小可检裂纹尺寸,以及在本操作规程中采用的检测方法;通用检测程序中则应说明该程序所适用的受检对象的结构形式、材料、加工工艺及可检测到的损伤形式和尺寸。

(2) 参考材料:该部分应说明本项目来源的 MRBR 或 ALI 的任务项目,编制本操作规程所参考的行业标准和通用操作规程以及必要的检测设备使用说明书。

(3) 材料设备:该部分应列出在本操作规程中所使用的所有检测仪器型号、试块、探头、探测元件、辅助材料及消耗品信息;对于有使用对比试块要求的操作规程,则应给出制作对比试块的具体要求。

(4) 必要的安全注意事项:该部分应说明如不按照要求执行,可能导致人员事故或飞机损伤的警告注意事项。

(5) 准备工作:该部分应说明受检部件及检测区域的接近方式以及检测区域的清洗等要求;该部分不需要说明具体的操作程序步骤,仅提供准备工作的要求。

(6) 设备调试:该部分应说明对本操作规程中所使用的检测设备的参数设置要求以及使用标准试块调试设备的操作步骤。

(7) 检测步骤:该部分应说明检测程序的具体操作步骤,包括受检工件的处置、检测设备的使用、检测结果的记录和保存等要求。

(8) 损伤测量评估标准:该部分应说明评定缺陷显示的特征量以及允许显示的非缺陷特征量。

(9) 结束工作:该部分应说明检测工作结束后,检测区域的处置工作以及对受检工件的处理工作。

（10）可替代的其他检测方法：部分应说明检测项目的其他可替代的检测方法。

3.3.6 通用手册编写

3.3.6.1 技术要求

消耗性产品（消耗品）是指未纳入《飞机图解零件目录（AIPC）》和《部件维修手册（CMM）》图解零件表中的、损耗后需要补充的材料，但不包括损坏后需更换的材料以及工具和试验设备。消耗品手册应提供每个材料的标准项目号、材料名称、材料牌号、材料规范、供应商信息、包装与适用日期、运输、附注、手册名称及有效性共计 11 个方面信息。消耗品信息作为维修类手册公共信息的重要组成部分之一，是消耗品手册（CPM）的数据体现，也是飞机维修手册、结构修理手册（SRM）耗材引用的基础，并且在飞机的制造、维修、维护等方面被频繁引用。

3.3.6.2 技术要点

CPM 手册编制的技术要点如下：

（1）明确手册编制要求及手册发布样式。

（2）明确手册输入，并保证手册数据与上游输入的一致性。

（3）保证手册间一致性。

（4）保证手册信息航线适用性。

其具体的实施途径如下：

（1）梳理 ATA2200 标准及 S1000D 标准中关于消耗品手册、消耗品库与消耗品需求库相关章节内容，明确标准中对消耗品信息的元素规定，明确各元素定义、对应内容及元素必要性。根据标准要求确定消耗品手册应包含正文前资料、飞机机体、机载设备、供应商名称与地址总检索表及消耗性产品总检索对照 4 部分。其中，正文部分以表格形式列出，包含材料标准项目号、材料名称、材料牌号、材料规范、供应商信息、包装、适用日期、运输、附注、手册名称及有效性。根据以上内容形成消耗品手册编制规定，消耗品手册的新发与换版应遵循已形成的编制规定要求。

（2）根据顶层文件要求，CPM 的上游源数据为《飞机工程材料的 ZPM 目录》《符合 ZMS 规范的非金属材料的牌号和供应商》《工艺材料（CPM）选用目录》。CPM 中材料信息应与以上文件保持一致。对于以上工程文件的修订，应及时评估 DEO 对手册影响并落实。此外，对于供应商材料，CMM、CCM 及供应商图纸等供应商文件可作为手册输入，材料信息应与供应商文件保持一致。

（3）根据手册间相互参引关系，飞机维修手册中的消耗性材料表（包括标准项目号、材料名称）应与 CPM 保持信息一致，并持续同步更新；CPM 中"手册名称及有效性"一栏应与飞机维修手册实际使用程序保持一致，并持续同步更新。

（4）综合考虑飞机交付后的航线适用性，CPM 在实现与上游数据一致及手册间信息一致的前提下,需兼顾收录材料的航线适用性、经济性以及具体客户的采购资质限制。应对评估后可用的维修维护阶段使用材料予以收录,并及时接收客户反馈意见,对必要的采购困难材料进行替代性评估。

3.3.7　飞行类手册编写

3.3.7.1　技术要求

航空器的运行文件是保证航空器在经批准的运行范围内得到正确使用的关键信息。一般各民航当局都在型号合格审定的过程中以批准《飞行手册》的形式来具体表明航空器的运行限制和信息,并在运行审定时要求航空器运营人根据《飞行手册》制订本公司的具体运行文件,以实现标准化飞行操作。另外,航空器在运行过程中还不可避免地遇到偏差放行、客舱安全和装载安全等实际问题,也需要航空器制造厂家作为研制者提供基本的使用程序和信息,并作为航空运营人制订其他方面标准化操作程序的依据和参考。

符合《航空器的运行文件》(AC - 91 - 24)要求,航空器运行文件的范围包括与航空器飞行和载运旅客或货物所用设备有关的使用和操作说明,但不包括与航空作业(如摄影、探矿等)和所涉及特殊任务设备有关的使用和操作说明。按照实际的用途,除《飞行手册》外,航空器的运行文件一般包括如下文件:

(1)飞行机组操作手册。

(2)快速参考手册。

(3)载重平衡手册。

(4)偏差放行指南。

(5)客舱机组操作手册等。

3.3.7.2　技术要点

飞行类手册的编制工作可以分为以下5部分:

(1)飞行类手册源数据规范定义。

(2)飞行类手册修订评估要求规范定义。

(3)通用术语规范定义。

(4)基于功能需求的手册内容编制。

(5)手册内容书面验证与操作验证。

具体实施途径如下:

1)飞行类手册源数据规范定义

飞行类手册内容涉及飞机的各个系统,因此,源数据来源众多。为保证手册内容依据文件规范,在飞行类手册编写过程中,需要与设计明确定义源数据的范围及要求,确保相关文件内容准确,构型可控。相关源文件类型可以分为如下几类。

(1)技术方案。

(2)技术要求。

（3）系统描述文档。

（4）接口控制文件（功能、电气、航电）。

（5）飞机功能（飞机级、系统级）定义文件。

（6）系统人机界面设计描述。

（7）简图页技术要求。

（8）系统 ELC 负载表。

（9）全机工程图样等。

同时在手册编制过程中需要明确定义源文件记录方式，以便确保手册内容可追溯。

2）飞行类手册修订评估要求规范定义

修订评估途径分为两种：第一，制订 EO/DEO 评估方案，明确 EO/DEO 评估范围。通过将可能影响飞行类手册的 EO/DEO 文件逐份评估，确认对手册的影响内容。第二，与设计人员逐项沟通、确认修订。书面沟通无法代表所有可能情况，由于制造生产的滞后性，设计发布的 EO/DEO 文件往往不能直接在手册中落实，例如已发布的 EO 最终没有在飞机交付前贯彻或推迟贯彻，导致手册内容不能直接采用 EO/DEO 文件落实，需要与设计沟通获取实时状态，从而保证手册的时效性。

3）通用术语规范定义

手册中驾驶舱控制面板及所配备安装的按钮、开关术语的规范性与人性化是飞行员操作程序准确、快速的决定因素之一、开关的名称合适与否是飞行员能否快速理解、找到开关的重要因素之一。术语规范，能够简化飞行操作的复杂程度，同时也能规范机型的所有技术出版物。

4）基于功能需求的手册内容编制

在源文件、编制规范等外部输入完善的条件下，需要一套科学合理的手册编制方法，确保手册内容准确，没有缺失与冗余。手册编制团队采用系统工程的方法，提出如下分析步骤，如图 3-8 所示，将设计状态细分为手册中的各项知识点，从而指导手册具体编制工作：

步骤 1，按照飞机级功能设计、对标机型类比、技术发展方向等形成手册顶层规划定位；步骤 2，根据步骤 1 的分析结果，确定手册的详细要求，形成 FCOM 编制规定；步骤 3，根据型号飞机级功能的定义，按照 ATA 章节进行分解，从而形成详细的系统功能定义；步骤 4，确定每个系统的功能在手册中是否需要描述以及详细程度；步骤 5，对各个需要描述的系统功能，细化具体知识点；步骤 6，根据分析得到的知识点编写手册；步

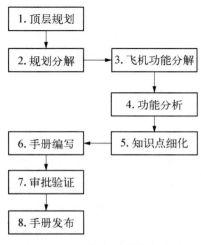

图 3-8　飞行类手册分析步骤

骤 7,对完成编写的手册进行验证与审批流程;步骤 8,完成手册发布。

5) 手册内容书面验证与操作验证

手册内容根据不同类型,需要通过书面验证或操作验证,从而确保内容的准确性。书面验证按照不同方式可以分为书面验证方法一、书面验证方法二、书面验证方法三,操作验证按照不同方式可以分为飞行试验验证、飞行模拟器验证。

书面验证一般由飞行类手册编制团队人员完成编写、校对、审核,相关团队完成设计审核,即可认为通过书面验证。操作验证由技术飞行员、试飞员、乘务教员、手册编制人员在真机、全动飞行模拟机、乘务训练设备等设备上完成验证工作,并提交附录《程序验证记录单》。程序验证记录单经验证人员签字确认验证通过后,认可该程序通过验证。

3.4 技术出版物验证技术

3.4.1 技术要求

符合《航空器的持续适航文件》(AC‑91‑11R1)要求,手册编制完成后,对于经过审核的内容,应当以草稿的形式予以内部编辑出版,并提供预期使用人员(如试飞维修人员、教员、工程支援人员等)进行必要的验证,确认持续适航文件的内容可正确理解和具备可操作性。对于因研制过程中设计修订和验证问题造成的运行文件内容修订,应当重复上述审核和验证过程,直至航空器设计冻结后形成持续适航文件的初稿,并提供局方审核。

技术出版物验证主要是针对飞机维修类手册及飞行类手册的验证。针对不同验证内容,开发了 3 类不同的书面验证方法,并针对每类书面验证方法制订了相关的验证要求;针对需要操作验证的手册内容,开发了 4 类操作验证方法,包括机上操作验证、使用验证、供应商验证和等效操作验证;制订了验证方法的选取原则和验证实施要求,规定了验证结果的记录内容和形式。

3.4.2 技术要点

飞机维修手册中的 MPP 程序验证方式分为两种:书面验证和操作验证。

操作验证方法的选择应遵循以下基本原则。

(1) 以下 MPP 部分的章节无须进行操作验证:

a. 06 章　区域和口盖。

b. 11 章　标记和标牌。

c. 20 章　标准施工——系统。

d. 51 章　标准施工——结构。

(2) 满足全部以下条件的拆装程序无须进行操作验证:

a. 仅通过开关舱门及口盖即可接近,无须拆卸其他零部件。

b. 拆装步骤仅包含需要拆装紧固件的简单步骤。

　　c. 无须复杂的准备工作、检查和测试工作。

　　(3) 非操作类的维修程序无须进行操作验证,如安全注意事项。

　　(4) 维修程序的所有操作步骤均参照其他维修程序,无须进行操作验证。

　　(5) 已验证过的维修程序进行了修订,若涉及程序准备工作、主程序和收尾工作中的主要步骤,需重新操作验证。若 MPP 程序的修订仅涉及参考资料、断路器信息、消耗品信息和工具设备信息等内容或者修订仅涉及文字表述和格式等内容勘误,则无须进行操作验证。

　　(6) 需进行操作验证的维修程序通过下图顺序评估可用的验证方法。

　　书面验证由手册编写人员负责,实施书面验证应遵循以下要求。

　　(1) 正确性:程序内容与对应的设计图纸、数模等工程文件的构型内容一致。

　　(2) 规范性:程序格式与手册编制规定的符合性,如程序结构的完整性、"参考资料""消耗性材料""消耗品/零件""工具/设备"表格内容与程序步骤的一致性、插图与程序内容的一致性、程序语句的规范性等要求。

　　(3) 各手册协调一致性:程序中参引任务的一致性、程序中的消耗品信息与CPM 手册一致、程序中的工具设备信息与地面支援设备清单一致、程序中的消耗品/零件信息与 AIPC 手册一致。

　　(4) 书面验证完成后,需填写书面验证记录表。

　　操作验证由实施单位依据飞机维修手册以及相关支持手册编写工卡,操作验证的过程需严格按照工卡内容执行,实施操作验证应遵循以下要求:

　　(1) 确认按照程序步骤的要求,打开相应口盖或拆除相应设备后,可以充分接近部件并执行任务。

　　(2) 确认手册中可能伤害维修人员或损伤飞机的步骤均有明确的警告、警戒信息,应标明保证人员和飞机安全的所有要求。

　　(3) 确认工具/设备能满足程序步骤的需求。

　　(4) 确认插图清晰易懂、插图表达的构型与飞机实际构型一致。

　　(5) 确认程序步骤中的错误或不合理之处是否会影响程序的完成。若不影响,可在验证记录表中记录验证问题,修改程序内容后验证通过;若影响,应对程序进行修改后重新执行操作验证。

　　(6) 若参引程序完全执行,也需要对其进行记录。

　　(7) 按操作方法一进行验证时,应按照附件 2 的表格统计每个程序所用的工时。

　　(8) 操作验证实施每一步骤的同时,需在对应的工卡步骤上由操作人员签字;若在验证过程中发现问题,由手册编写人员填写验证记录表,并给出验证结论:通过/修改后通过/需重新验证。

　　验证完成后,须保存验证记录表和已签字的工卡等相关验证记录,具体要求如下:

（1）验证记录表应完整、如实地反映验证时的状态与结果。手册修订建议应清楚明确，能指导手册编写人员进行手册修订。若验证记录表无法完整、准确反映手册问题，可在验证时使用的手册草稿（纸质或电子版）上加以标注或批注，作为验证记录表的附件并保存，必要时也可以用照片、录音、摄像等方式记录。

（2）验证记录表中的结论反映 MPP 程序的验证最终结果。若维修程序验证记录表中结论为通过或修改后通过，则维修程序无须再次操作验证，手册人员根据修订建议落实，落实情况通过技术出版物修订管理系统进行跟踪；若维修程序验证记录表中结论为修改后重新执行操作验证，则需修改维修程序后，再次进行操作验证。

（3）验证报告应采用书面的形式，列出所有进行验证的维修程序的验证结果，并根据结果进行分析，明确程序内容是否通过验证。

（4）验证记录和报告应保证任何人不能修改数据，并确保数据的完整性和可追溯性。

3.5 技术出版物分发技术

3.5.1 技术要求

作为编制完成的技术出版物到客户的最后一个环节，技术出版物交付过程需要以保质、保量、及时、准确为目标进行技术出版物的印制、验收和分发。

技术出版物交付形式分为电子文档、纸质文档两种，其中纸质文档以飞行类技术出版物为主。按照质量文件规定，技术出版物的正常修订应于技术出版物发布后 10 个工作日内交付用户，临时修订则应于技术出版物发布后 5 个工作日内交付用户。

技术出版物在数字化客户服务平台上持续更新，供用户查看和下载最新版技术出版物。

3.5.2 技术要点

技术出版物的交付工作可分为两个环节，技术出版物印制与技术出版物分发。

为了在保证技术出版物质量的同时节约资源，纸质技术出版物印制工作由专业外协单位负责，生产厂家提供对于印制与检验的标准要求。经技术出版物部内部审批后，由接口人员将文件提供给外协单位进行印刷，并组织由分发管理人员、技术出版物主编等相关人员组成的验收小组，对产品进行验收。

纸质技术出版物主要检验要求为：

（1）文字清晰，无重影、缺笔、断画、未明字、缺字等。

（2）印刷墨色均匀，颜色符合印制样品。

（3）图内文字清晰，线条、表格清楚，无明显模糊不清。

（4）版面干净，图像完整，页面无明显皱褶、划痕、脏迹。

（5）索引舌无明显色差。

（6）装订整齐，不易松脱。

光盘形式的技术出版物，由技术出版物部门自行制作及验收，交付内外部单位。主要检验要求为：

（1）能正常读取。

（2）光盘标签与内容一致。

技术出版物的分发工作包括分发需求管理和分发过程控制。分发需求包括技术出版物名称、版本、语言、交付形式，是否需要后续更新等信息，以项目办公室根据各接口部门收集、提供的技术出版物分发需求下达的项目任务作为输入依据。分发需求确定后，由技术出版物部进行技术出版物及后续正常修订/临时修订的印制与分发。

交付的技术出版物应满足以下要求：

（1）纸质形式技术出版物上注有版权信息且明确声明技术出版物内容不可被修订。

（2）光盘/网络形式技术出版物首先应保证对写入光盘的技术出版物进行过加密处理，其次需使用不可重复写入的 CD－R/DVD－R 进行制作，以保证光盘内的技术出版物不可被编辑修改。

（3）在分发完成后，双方签署《技术出版物分发记录单》作为分发任务关闭依据。

3.6　技术出版物修订技术

3.6.1　技术要求

手册修订管理是对手册修订的各个环节，包括修订源接受分配、启动手册修订流程以及手册落实三个阶段的全面管理，目的是保证手册修订有效、可控、及时、统一，进而促进手册不断完善，保证手册在型号全寿命期间可靠使用。

为满足适航当局对技术出版物修订工作的要求，符合《航空器的持续适航文件》（AC－91－11R1）和《航空器的运行文件》（AC－91－24）要求，航空器投入使用后，航空器制造厂家应当对持续适航文件的准确性、可用性和设计的符合性进行全寿命的持续跟踪，并在发现或者反馈下述情况下及时修订涉及的持续适航文件内容：

（1）存在错误或不准确的情况。

（2）存在缺乏内容的情况。

（3）存在不可操作的情况。

（4）制造厂家对航空器设计修订后。

为保证持续适航文件持续跟踪和修订工作的有效进行，航空器制造厂家应当

建立有效的信息收集方式和渠道,并制订符合以下原则的修订工作规范:

(1) 对于不影响飞行安全的修订内容,可以结合定期修订计划(如每季度、每半年、每年等)一并进行修订。

(2) 对于可能影响飞行安全的修订内容,应当以临时修订页的方式及时进行修订,并结合下一次定期修订计划完成正式修订。

3.6.2 技术要点

全寿命修订跟踪技术主要通过进行全寿命管控实现,具体途径如下:

(1) 使用系统化管理。由于修订管理工作任务繁重、流程长而烦琐的特点,人工管理不但效率低而且无法保证质量和正确性,对此技术出版物部 2016 年联合信息化中心设计开发了修订管理系统(CRS),在该平台上可以实现手册修订源接手、分发、手册修订请求的审批等全部工作的无纸化办公,且系统能实现上下游自动关联、各类报表导出等功能,不但解放了修订管理工作沉重的人力负担,而且极大地提高了效率和质量。

(2) 设置专职修订管理人员。负责分发管理修订源,按照节点审查修订源的落实情况,抓牢手册修订的入口与出口,既保证了手册修订的及时可靠,又保证了手册问题不遗漏。

(3) 修订源统一管理。手册修订来源多且杂一直是手册修订管理面对的疑难问题,针对这一困难,结合工作经验,技术出版物部逐条梳理接收到的每一条修订来源的类型、特点,进而逐类整合每类修订源的工作流程,借助系统管理实现了三个入口、一条通道、一个出口的工作模式,极大地简化了工作流程,提高了效率,并对不同修订源间的协调一致起到了重要作用。

3.7 技术出版物翻译技术

3.7.1 技术要求

1) 局方要求

(1) 符合《关于民用航空产品和零部件翻译版适航性文件的管理要求》(MD-AA-2014-002)要求,民用航空产品和零部件设计批准申请人或持有人必须建立程序,确保所生成、提交或交付的民用航空产品和零部件的翻译版适航性文件,在内容和表明批准或接受的形式方面,与相应审定版适航性文件一致;民用航空产品和零部件设计批准申请人或持有人必须按照上述经批准或接受的程序生成、提交或交付有关民用航空产品和零部件的翻译版适航性文件。

(2) 符合《航空器的持续适航文件》(AC-91-11R1)要求,持续适航文件包括的手册可以使用中文或者英文编写,但应当明确呈交局方评估的每本手册所使用的语言(不同手册可以使用不同语言)。使用其他种语言编制同一手册的准确性的审核责任由航空器制造厂家承担。

2）一致性要求

对于 ARJ21 - 700 飞机手册翻译版而言,相应的要求如下:

（1）译文内容的完整性应与原文一致,不得漏译、多译。

（2）翻译版技术出版物的版本号（包含正常修订和临时修订）应与原技术出版物一致。

（3）翻译版技术出版物的批准职责和流程应与其对应的技术出版物原文的批准职责和流程一致。

3）译文要求

由于 ARJ21 - 700 飞机技术出版物的主版本语言为中文,目前手册翻译工作主要为中译英工作。翻译工作应满足:

（1）译文内容的完整性应与原文一致,不得漏译、多译。

（2）译文应准确表达原文所含意义,语法正确,单词、短语拼写正确。

（3）标点符号应该符合目标语言相关标准或行业惯例。

（4）译文格式可按照原文编排或按照该翻译版技术出版物编制规定编排。

（5）维修类英文手册应符合 ASD - STE100 简化技术英语规范。

（6）如果原文存在错误,也应按原文字面含义直接翻译,并向原文编制人员反映原文错误信息。

（7）对于技术出版物的修订翻译,不得修订技术出版物原文中未修订部分所对应的上一版译文。

（8）若技术出版物原文附有签字页,则在其翻译版技术出版物的相应位置保留此签字页的复印件,并在其后一页增加此签字页的翻译。

（9）翻译版技术出版物的版本号（包含正常修订和临时修订）应与原技术出版物一致。

（10）翻译版技术出版物应在原技术出版物发布后 1 个月之内完成发布。翻译版的临时修订单应在原临时修订单 5 个工作日内完成发布。

（11）若由于翻译版技术出版物有错误,需要发出翻译版技术出版物的特殊临时修订单,编号尾加上 FY 与其他临时修订单编号区分。

3.7.2 技术要点

为确保 ARJ21 - 700 飞机技术出版物的翻译质量符合适航标准和交付要求,保证翻译工作顺利进行,需重点关注翻译计划的制订与实施、翻译知识库的创建与应用、翻译质量合格标准的制订与落实、翻译过程中问题的反馈与关闭以及翻译结束后知识库的更新等方面,具体如下:

1）翻译计划的制订与实施

为满足对国外客户的交付需求,所有英文手册换版均应按照《ARJ21 - 700 飞机技术出版物翻译管理程序》的要求,在原技术出版物发布后 1 个月之内完成发布。翻译计划的制订应以此为依据,确保英文手册的时效性。计划制订后,通过翻译项目管理平台,对计划实施动态管理,包括译校审的状态、人员的分配与调整、翻译文件日志的查看、数据/状态统计与报表输出等,以确保按计划实施手册翻译工作。

2) 翻译知识库的创建与应用

利用现有翻译系统,建立 ARJ21-700 飞机技术出版物翻译知识库,包括建立术语库以规范英文手册术语的使用,建立语料库以规范英文手册用语和句式。

3) 翻译质量合格标准的制订与落实

参考国家标准《翻译服务译文质量要求》(GB/T 19682—2005)(以下简称"国标")制订译文综合差错率计算方式如下:

$$综合差错率 = KC_A \frac{c_I D_I + c_{II} D_{II} + c_{III} D_{III}}{W} \times 100\%$$

式中:K 为综合难度系数,取值为 1(国标建议范围为 0.5~1);C_A 为译文使用目的系数,取值为 1(国标规定正式文件、出版类文件取值为 1);D_I、D_{II}、D_{III} 为 I、II、III 类差错出现的次数,重复性错误按实际出现次数计算;c_I、c_{II}、c_{III} 为 I、II、III 类差错的系数,分别为 3、2、1;W 为手册译文总字数。

民用飞机技术出版物的内容正确性关乎生命与财产安全,因此对于质量标准,中国商飞的要求比国标参考标准严格许多。上式中,I、II、III 指译文中的第 I、II、III 三类差错,其中第 I 类指对原文理解和译文表述存在核心语义差错,或关键字词(数字)错译、句段漏译;第 II 类指专业术语、缩略语、符号或计量单位等不准确、不统一、不符合标准或惯例;第 III 类指一般语义差错(非关键字词、数字、句段错译或漏译),译文语法错误或表述不清(不影响技术准确性)。

ARJ21-700 手册译文的质量合格标准为:I 类差错为零且综合差错率低于万分之一。在手册正式提交客户之前,必须确保译文检查结果满足此要求。

4) 翻译过程中问题的反馈与关闭

为了保证 ARJ21-700 飞机技术出版物译文的准确性以及与原文的一致性,对于翻译过程中遇到的原文疑似错误、对原文技术含义不理解等问题,翻译人员需向编写人员确认,并通过有效途径进行沟通,沟通记录可追溯。在特定翻译任务结束前,应确保所有问题已关闭。

5) 翻译结束后知识库的更新

在特定翻译任务完成后,应更新相应手册语料库,必要时对术语库进行补充或更新,为后续版本的翻译工作提供保障。

3.8　供应商技术出版物管理技术

3.8.1　管理要求

供应商技术出版物管理主要可以分为供应商技术出版物管理和供应商编写章

节管理两部分。

1）供应商技术出版物管理

首先确认 CMM 的数量，需要通过统一的规范或方法来和供应商共同确定有多少数量的 CMM 需要编制。

其次需要建立起通畅的 CMM 交付及修订通知渠道，需要保证能顺利地获取 CMM，并有顺畅的途径来保持对 CMM 的更新跟踪。

最后需要规范供应商手册的认可方式，需要通过颁发认可函或符合性声明的方式来对于 CMM 进行认可度的区分。

CMMI 为部件维修手册索引，内容应包括部件件号、所属章节号、供应商名称、供应商代码等信息。这些信息通常可以从 CMM 手册或供应商网站上直接获取，但有时需要与供应商开展沟通后获取相应信息。

2）供应商编写章节管理

对于飞机技术出版物的某些章节或内容，由于设计图纸或设计数据的获取度不够，需要供应商提供相应的章节或内容。同样的，需要建立起通畅的程序交付渠道以及配套的修订数据传递渠道，才能够保持技术出版物内的内容可以与飞机的构型一致。

3.8.2　管理要点

1）供应商手册管理

对于 CMM 的数量确认，目前是通过部件的 SPC 属性值来进行确认此部件是否需要编制相应的 CMM。如果 SPC＝2，则表明此部件为高价周转件，需要编制相应的 CMM。

对于 CMM 的交付及更新渠道建立，必须确保每一个供应商都应有其交付和更新途径。供应商的首选途径为网站下载，并通过邮件进行更新信息推送。对于没有建立网站的供应商来说，需要使用 CCM 来进行 CMM 的发送，使得 CMM 的发送有记录依据。禁止使用邮件发送 CMM。

通常来说，生产厂家只对接一级供应商，对于次级供应商所编写的 CMM，生产厂家也是通过建立与一级供应商的交付渠道来获取。同样，对于 CMM 的更新及提交，生产厂家也是通过一级供应商的渠道来获取 CMM 的更新推送。

而对于 CMM 的认可，编制了符合性声明以及认可声明模板来对供应商的技术出版物进行认可。符合性声明是供应商向生产厂家提交的，表明其手册经过了内部的质量审核及符合 ATA 或 S1000D 的编制规范。认可声明是生产厂家认可了供应商提交的符合性声明后，向供应商颁发的认可声明函。

2）供应商编写章节管理

对于供应商编写的手册章节，同样需要建立通畅的交付渠道和交付计划，来保证初始章节的交付和审核。最终确定的交付章节，以供应商在生产厂家平台上上传为最终依据。交付计划需要综合考虑到项目计划和审核频率这两项指标。

供应商编写的章节内容,以双方最初认可的任务清单为依据。供应商与生产厂家应共同管控任务清单中的任务名称、版本及其他相关信息。

对于在编写程序中所用到的消耗品、工具或者警告警戒语句等公共信息,供应商与生产厂家应使用同一个公共信息库来进行内容编写。

供应商参与主制造商的技术出版物编写,通常可以分为两种方法实施:一是单独编写,将编制完成的成稿发送至主制造商进行审核和接收。二是使用远程登录的方式,供应商登录到主制造商的编制系统,使用主制造商的公共信息库和编、校、审核系统进行程序的编制。远程登录编制的方式,使得供应商与主制造商在同一层面进行程序的编制,融合度更好,但是受制于网络的安全性等原因,供应商目前还是采用单独编写,数据发送的方式参与到生产厂家的技术出版物编写中。

对于供应商编写章节的全寿命维护,以供应商编写内容为基准,以修订触发为跟踪方向,以修订频率为周期选择,供应商与生产厂家应达成一致,并组建对应团队进行共同维护。当双方对于修订方案达成一致,生产厂家将修订内容更新进手册之后,需要将修订完成的程序发送至供应商进行保存。同时,双方需要将程序清单中的程序版本也进行同步更新。

供应商编写章节的全寿命维护,以供应商为修订触发的源头,生产厂家为修订审核和接收的主体,最终结果以生产厂家将修订结论修订到手册内为最终结点。

3.9 技术出版物编制平台技术

随着航空产品自身的复杂性越来越高,其使用和维修所需的技术出版物也在持续膨胀,采用 Word 等传统文字处理工具编制技术出版物的最大弊端是技术出版物排版问题,每次手册换版都会带来巨大的排版工作量,采用 SGML/XML 等结构化文档编制工具编制技术出版物则可以实现将技术出版物内容与显示样式分离,技术出版物编写人员在使用这类工具编制手册时仅关注手册技术内容本身即可,技术出版物版面样式可以通过发布引擎统一定制,实现对手册内容的动态出版,大大减少手册排版工作量。

飞机技术出版物信息量大带来的另外一个问题是在飞机全寿命周期内对技术出版物内容的持续更新问题,依靠人工和传统的文件系统管理技术出版物的版本信息,工作效率低且易出错,因此,需要构建一种先进的数据管理机制和信息化平台,对飞机全寿命周期内技术出版物各版本数据进行有效管理。

3.9.1 技术要求

为了满足客户更高效地使用技术出版物的需求,需要向客户交付客户化手册,即只适用于该客户所采购飞机架次的技术出版物。为此,需在技术出版物编制阶段建立技术出版物内容有效性管理和使用机制,在技术出版物发布阶段建立客户化发布机制,实现对飞机各种构型技术出版物的有效管理和客户化交付。

3.9.2　技术要点

根据技术出版物内容内在的结构关系,采用 SGML/XML 技术,参照 ATA iSpec 2200 规范,将技术出版物分解成可独立管理的内容单元。以飞机维修手册为例,分解后形成一个树状层次结构,如图 3-9 左上侧树型结构所示。顶层为飞机维修手册,第二层次为飞机维修手册正文前资料和章,第三层次为正文前资料中的发送函、概述、服务通告列表等以及章正文前资料及其下属的节,第四层次为节下属的题目,第五层次为题目下属的页码组。树状结构的末端叶节点即为飞机维修手册分解后形成的可管理的内容单元,如发送函、概述等。

上述分解后形成的内容单元是构成飞机维修手册的基石,其内容依然存在着类似的树状层次结构关系,如图 3-9 左下侧页码组的树型结构所示,只是出于管理便利和计算性能的考虑,不再将其继续分解为可独立管理的内容单元,但这种结构关系也将受到 SGML DTD 的严格控制。这些可独立管理的内容单元将作为手册内容修订的最小单元,以提高修订的效率,故称为最小可修订单元(MRU)。此外,手册中某些可以共用的信息内容,如警告和警戒图形等,可以提取出来单独存储与管理,以方便重用。如图 3-9 右侧所示。通过上述方法,建立技术出版物的结构化信息基础。在此基础上,采用结构化信息内容管理系统,对组成技术出版物的内容单元进行全面的管理和控制,如结构关系、版本、生命周期状态、重用、关联关系、有效性、访问存取、查询检索等。同时,与内容创作工具和自动化发布工具集成,组成技术出版物内容创作/编辑环境和交付物的生产环境,由此构成支持 ARJ21 系列飞机技术出版物创作、编辑、修订、管理和发布的 TIMS 系统,为高效地定义、创建、制作、跟踪、修改、维护和控制符合 ATA 规范的 ARJ21 系列飞机技术出版物提供信息化支持。

TIMS 系统的逻辑架构如图 3-10 所示,包括内容创作、内容管理和内容发布三个功能子系统。

1) 内容管理子系统

内容管理子系统是 TIMS 系统的核心,用于管理结构化技术出版物的信息内容以及相关的辅助信息,并为技术出版物的编制、发布等应用活动的开展提供支持。该系统能够对技术出版物的业务规则、信息规则、用户/角色/权限等进行定义和管理,创建、编辑和管理各手册的内容结构,为技术出版物文档的分解以及后续的处理奠定基础。

针对航空技术出版物的特点和特定的业务需求,内容管理功能子系统提供了一系列专门的管理机制,包括公用信息池、关联关系管理、AMTOSS 管理、有效性

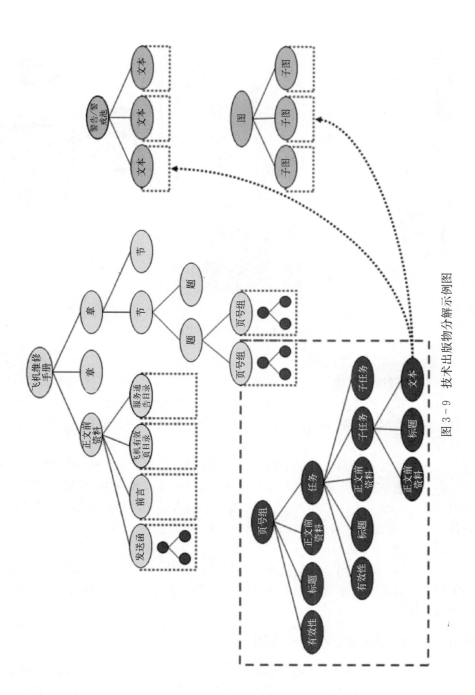

图 3 - 9 技术出版物分解示例图

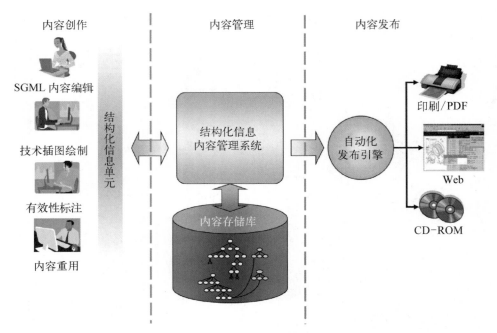

图 3 - 10　TIMS 系统逻辑架构

管理、临时修订（TR）管理等。

2）内容创作子系统

内容创作子系统用于创作、修订结构化技术出版物的信息内容。根据技术出版物内容的数据类型的不同，内容创作工作可分为文本内容创作和图形内容创作两部分。

通过内容管理子系统提供的编辑功能集成模块，可以使用户在编辑过程中调用专门针对航空技术出版物的特定功能，插入预先定义的警告和警戒图形等可重用内容单元以及有效性标签，生成 AMTOSS 编码，建立内容单元之间的引用/链接关系。

3）内容发布子系统

内容发布子系统用于汇编技术出版物的内容单元，并发布生成可交付的技术出版物。内容发布子系统与内容管理子系统紧密集成，实现了技术出版物发布过程的自动化。

3.10　技术出版物工程技术应用

ARJ21 - 700 飞机技术出版物研制工作主要包括负责 ARJ21 - 700 飞机项目技术出版物体系规划，制订技术出版物清单，制订技术出版物通用编制规范和各手册编制规定；负责 ARJ21 - 700 飞机技术出版物信息管理系统（TIMS）的开发、维护和管理;开展 ARJ21-700 飞机技术出版物编制、翻译、验证、出版和交付,负责 ARJ21-700 飞机技术出版物交付时的培训及全寿命周期的修订、维护、咨询等工作;负责技术出版物适航报批,并直至获得局方批准和认可;负责供应商提供的技术出版物归口管理并审核其规范符合性;负责技术出版物适航报批材料的准备;负责处理客户关于技术出版物的客户意见,并对手册进行持续修订和完善。

为满足飞机型号取证、持续适航及全寿命运营期间的正常运营等方面的需求,ARJ21-700 飞机技术出版物研制以国际通用技术出版物 ATA2200 规范为基础,编制覆盖维修要求类、维修程序类、构型控制类、运行类等 47 本手册,并能够按照客户要求提供客户化的中英文技术出版物。并获得了局方的认可/批准,基本达到了研制目标。

3.10.1 技术出版物规划

ARJ21-700 飞机技术出版物结合局方要求以及型号总体要求,建立了顶层方案、程序文件、编制规定的文件体系,规定了由顶层要求到具体技术要求以及过程管理的详细要求,以规范 ARJ21-700 飞机技术出版物的编制过程。

首先从顶层上制订了《ARJ21-700 飞机技术出版物管理规定》《ARJ21-700 飞机技术出版物编制方案》等顶层方案,规定了 ARJ21-700 技术出版物编制的语言、手册清单、编制流程、编制要求以及各方的职责等要求,作为手册编制的顶层输入。另外制订了《技术出版物编制管理程序》《技术出版物验证管理程序》《技术出版物修订管理程序》《供应商技术出版物管理程序》《技术出版物分发管理程序》《ARJ21-700 飞机技术出版物翻译管理规定》等程序文件,规定了技术出版物编制各环节详细的作业流程和要求,以规范技术出版物的编制过程,使各项工作依据程序开展。同时还制订了《通用编制规定》、各手册编制规定等作业指导书,制订了详细的技术要求,用于指导手册内容的编制。

另外,ARJ21-700 飞机技术出版物基于 ATA2200 规范以及制订的各类顶层要求,开发了 TIMS 系统和 CRS 系统,具备了手册 MRU 编写、MRU 质量控制、主版本和客户化手册发布、修订源管理、修订源落实情况跟踪等功能,实现了基于 ATA2200 标准的数字化编制。

3.10.2 技术出版物编写

1) 成果内容

ARJ21-700 飞机技术出版物分为飞行操作类、维修要求类、维修程序类、构型控制类及其他类技术出版物,共计 48 本。每一本技术出版物均按照适航法规、ATA2200 规范、技术出版物文件体系进行编写,编制过程分为草稿、初稿和定稿三个阶段,具体手册清单如表 3-1 所示。其中,经局方批准认可的手册清单如表 3-2 所示。

表 3-1　ARJ21-700 飞机技术出版物清单

序号	编号	中文名称	英文名称	英文缩写
1	TP700001	飞机飞行手册	Airplane Flight Manual	AFM
2	TP700002	主最低设备清单	Master Minimum Equipment List	MMEL
3	TP700009	重量平衡手册	Weight and Balance Manual	WBM
4	TP700010	飞行机组操作手册	Flight Crew Operations Manual	FCOM
5	TP700021	快速检查单	Quick Reference Handbook	QRH
6	TP700022	机组检查单	Pilots Check List	PCL
7	TP700023	客舱机组操作手册	Cabin Crew Operations Manual	CCOM
8	TP700024	放飞偏离指南	Dispatch Deviations Guide	DDG
9	——	飞行管理系统-飞行员指南	Flight Management System-Operator's Guide	FMG
10	TP700003	维修审查委员会报告	Maintenance Review Board Report	MRBR
11	TP700011	维修计划文件	Maintenance Planning Document	MPD
12	TP700045	适航限制部分（适航限制项目和审定维修要求）	Airworthiness Limitation Sections (Airworthiness Limitation Instruction & Certification Maintenance Requirement)	ALS（ALI & CMR）
13	TP700004	飞机维修手册	Aircraft Maintenance Manual	AMM
14	——	部件维修手册	Component Maintenance Manual	CMM
15	——	发动机手册	Engine Manual	EM
16	TP700008	结构修理手册	Structural Repair Manual	SRM
17	TP700014	无损检测手册	Non-Destructive Testing Manual	NDTM
18	——	动力装置总成手册	Power Plant Build-up Manual	PPBM
19	TP700018	故障隔离手册	Fault Isolation Manual	FIM
20	TP700032	消耗品手册	Consumable Products Manual	CPM
21	TP700052	飞机抢救手册	Aircraft Recovery Manual	ARM
22	TP700056	故障报告手册	Fault Reporting Manual	FRM
23	TP700015	飞机线路手册	Aircraft Wiring Manual	AWM
24	TP700016	飞机图解零件目录	Aircraft Illustrated Parts Catalog	AIPC

（续表）

序号	编　号	中文名称	英文名称	英文缩写
25	TP700029	系统原理图册	System Schematic Manual	SSM
26	TP700031	图解工具和设备手册	Illustrated Tool and Equipment Manual	ITEM
27	——	发动机图解零件目录	Engine Illustrated Parts Catalog	EIPC
28	TP700012	工艺和材料规范	Process and Material Specification	PMS
29	TP700013	标准件手册	Standards Manual	SM
30	TP700025	飞机性能程序手册	Performance Programs Manual	PPM
31	TP700027	座舱应急设备位置图	Cabin Equipment Location Chart	CELC
32	TP700028	乘客安全须知	Passenger Safety Guide	PSG
33	TP700036	供应商信息手册	Vendor Information Manual	VIM
34	TP700037	区域和口盖手册	Zoning and Access Manual	ZAM
35	TP700038	机载设备位置指南	Component Location Guide	CLG
36	TP700039	辐射性及有害元件清单	List of Radioactive and Hazardous Elements	LRHE
37	TP700040	维修工作卡	Maintenance Task Card	MTC
38	TP700041	维修设施计划	Maintenance Facility Planning	MFP
39	TP700044	支援设备摘要	Support Equipment Summary	SES
40	TP700047	地面设备手册	Ground Equipment Manual	GEM
41	TP700048	飞机系统/部件编号手册	A. T. A Breakdown	ATB
42	TP700050	应急处置图	Crash Crew Chart	CCC
43	TP700051	用于机场计划的飞机特性手册	Aircraft Characteristics for Airport Planning	ACAP
44	TP700054	适用性技术出版物清单	List of Applicable Publications	LAP
45	TP700055	飞行机组训练手册	Flight Crew Training Manual	FCTM

（续表）

序号	编　号	中 文 名 称	英 文 名 称	英文缩写
46	TP700057	标准线路实施手册	Standard Wire Pratices Manual	SWPM
47	TP700058	飞机总体介绍手册	Aircraft Familiarization Handbook	AFH
48	TP700059	部件维修手册索引	Component Manual Index	CMI

表 3-2　运行和持续适航文件清单

序　号	手 册 名 称	缩　写	批准/认可
1	维修审查委员会报告	MRBR	AEG 批准
2	主最低设备清单	MMEL	AEG 批准
3	适航限制部分	ALS	TCT 批准
4	结构修理手册	SRM	TCT 批准
5	重量平衡手册	WBM	TCT 批准
6	飞机飞行手册	AFM	TCT 批准
7	维修计划文件	MPD	AEG 认可
8	飞机维修手册	AMM	AEG 认可
9	故障隔离手册	FIM	AEG 认可
10	无损检测手册	NDT	AEG 认可 TCT 支持
11	图解工具和设备手册	ITEM	AEG 认可
12	飞机线路手册	AWM	AEG 认可
13	系统原理图册	SSM	AEG 认可
14	飞机图解零件目录	AIPC	AEG 认可
15	部件维修手册索引	CMI	AEG 认可
16	飞行机组操作手册	FCOM	AEG 认可
17	放飞偏离指南	DDG	AEG 认可
18	快速检查单	QRH	AEG 认可
19	客舱机组操作手册	CCOM	AEG 认可
20	动力装置总成手册	PPBM	AEG 确认
21	发动机手册	EM	VTC 确认
22	发动机图解零件目录	EIPC	AEG 确认
23	部件维修手册	CMM	AEG 确认

2）成果应用情况

运行和持续适航文件获得局方认可。与此同时，技术出版物规划的文件体系获得局方认可。手册交付首家客户。

3.10.3 技术出版物验证

1）成果内容

ARJ21-700 飞机技术出版物的验证分为操作验证和书面验证。在技术出版物编制单位的内部质量控制流程、公司的技术体系认可、工程设计单位的技术审核共同管控下完成了 47 本手册的书面验证；对于维修类手册，根据内容的难易、验证资源的匹配程度，开发了四类操作验证方法，包括机上操作验证、使用验证、供应商验证和等效操作验证；制订了验证方法的选取原则和验证实施要求，规定了验证结果的记录内容和形式。利用试飞机、航线飞机等机会开展维修手册的验证。

2）成果应用情况

通过这些验证，大大提高了手册的准确性和可用性，手册成熟度达到 90%。

3.10.4 技术出版物修订

1）成果内容

随着飞机交付首家客户，ARJ21-700 进入技术出版物修订阶段。技术出版物编制单位对来自客户意见、服务通告、工程设计修订、CMM 等修订源进行评估和答复，并按照修订源对飞机安全的影响程度分为定期修订和临时修订两种方式实现修订源落实的闭环管理。

随着运营时间的增加，技术出版物编制单位对客户意见逐步总结、采用手册优化的方式举一反三，逐步提高手册准确性。

2）成果获奖情况

2017 年，获中国商飞公司科技进步奖二等奖。

3.10.5 技术出版物翻译

1）成果内容

ARJ21-700 技术出版物采用 ASD-STE100 简化英语规范进行翻译，按照中文手册换版时间节点安排英文手册翻译工作计划，力争与中文手册换版保持同步。随着翻译数量的增加及英文翻译资料的搜集，积累了大量的术语、语料，这些资料以电子化的形式进行存储、迭代，为未来多型号、大批量的手册翻译提供有效的技术支撑。

2）成果应用情况

建立了计算机辅助翻译系统，在系统中存储了语料库和术语库，这些翻译资料作为翻译系统运行的基础，大大提升了翻译的质量与标准化，同时，翻译工作电子化也改进了翻译工作方式，同时，通过翻译过程中系统问题的解决，完善了翻译工作的流程、翻译职责的界定，提高了翻译的工作效率。

3.10.6 供应商技术出版物管理

中国商飞探索了供应商源头管理和供应商文件获取渠道的合作模式。对于供应商提供的 CMM，中国商飞对 CMM 的编制过程实施管控，对 CMM 手册进行体系认可，对其交付物进行规范性审查，并编制 CMI 手册对 CMM 手册状态进行管控，另外结合手册编制需求协调供应商提供源数据。这些在供应商 CMM 手册交付前的源头管控，提高了供应商 CMM 的认可速度；ARJ21 - 700 通过获取各个供应商的 CMM 获取渠道以及相应的修订推送渠道，编制完成 CMMI，包括供应商手册471 本。并按月对 CMMI 进行 CMM 修订信息的修订。对于供应商提供的编写章节，供应商参与主制造商的技术出版物编写，供应商单独编写，将编制完成的成稿发送主制造商进行审核和接收。供应商编写章节的全寿命维护，以供应商为修订触发的源头，中国商飞为修订审核和接收的主体，最终结果以中国商飞将修订结论修订到手册内为最终结点。这些以约定的文件载体作为供应商章节传递内容的方式，提高了供应商文件获取的可追溯性。

3.10.7 基于 ATA2200 的数字化编制系统

ARJ21 - 700 飞机技术出版物是采用国际通用规范 ATA2200，并建立了基于ATA2200 国际规范的技术出版物信息管理系统（以下简称"TIMS"系统），采用结构化文档编写和组织技术出版物。

目前 TIMS 系统已应用于 ARJ21 - 700 飞机技术出版物的编制、修订、翻译、存储、管理和发布等各个环节，实现中、英文手册在同一平台下不同项目中使用，并共享中、英文插图及有效性等数据。

1）成果内容

TIMS 是一个面向民用航空飞机技术出版物的编辑、修订、存储、管理和发布等各个环节而建立的系统，能够高效率、低成本地定义、创建、制作、跟踪、修改、维护和控制符合 ATA2200 规范的飞机技术出版物。

2）成果推广应用情况

TIMS 系统是国内第一个采用结构化信息处理概念和技术进行航空技术出版物编制、管理和发布的信息化系统。目前，TIMS 系统已应用于 ARJ21 - 700 飞机技术出版物的编制、修订、存储、管理和发布等各个环节，向 ARJ21 - 700 飞机的首家客户交付了 14 批次、39 本手册，有效地保障了 ARJ21 - 700 飞机正常运营和航线维护工作，得到中国适航局方、航空公司、飞机维修基地的一致认可。

3）成果获奖情况

（1）2011 年，中国商飞科技进步奖二等奖。

（2）2012 年，全国优秀质量管理小组。

（3）2012 年，上海市优秀质量管理小组。

（4）2012 年，上海市 QC 小组成果擂台赛。

3.10.8 技术出版物构型全寿命管理

通过研究飞机全寿命周期技术出版物的构型控制方法,特别是结合飞机交付运营中暴露的技术出版物构型问题,不断建立和完善技术出版物的修订控制机制,将技术出版物相关的构型数据纳入跟踪管理中,实现技术出版物与构型数据的同步修订,确保技术出版物内容的现行有效。分析影响技术出版物的源数据,确定构型管控的对象,包括工程数据(EO、DEO)、SB、CMM;规划构型控制的流程,实现从构型数据修订发起、评估对技术出版物的影响、建立技术出版物修订请求、落实到手册中的全过程管控;重点研究构型数据对各手册的影响,细化影响评估方法和规则;建立全寿命的构型控制平台,实现工程数据、CMM 手册的跟踪落实,实现有效性的统一管理;优化构型类手册(AWM、AIPC)的编写方式,实现上游工程数据到手册数据的直接转换,避免人为差错,提高构型数据的准确率和管理效率;通过客户意见反馈验证构型管控的效果,分析客户意见中技术出版物的构型管控问题,举一反三,优化技术出版物构型控制方法。

3.10.9 主要工作成果

(1) ARJ21 - 700 飞机运行和持续适航文件(编写、验证、修订及分发)管理规范(含计划维修要求 PPH)获得局方认可。

(2) ARJ21 - 700 飞机运行和持续适航文件编制方案获得局方认可。

(3) ARJ21 - 700 飞机运行和持续适航文件验证方案获得局方认可。

(4) ARJ21 - 700 飞机运行和持续适航文件符合性报告获得局方认可。

(5) ARJ21 - 700 飞机计划维修要求获得 CAAC 及 EASA 批准,ARJ21 - 700 飞机 MMEL 获得 CAAC 批准,其余运行和持续适航文件获得局方认可。

(6) ARJ21 - 700 飞机技术出版物编制平台通过专家鉴定。

(7) ARJ21 - 700 飞机技术出版物分发客户使用。

(8) 按照使用信息及设计更改信息,实施技术出版物修订。

(9) 完成技术出版物修订验证及分发。

(10) 实施供应商技术出版物分发管理。

(11) 实施技术出版物持续改进。

3.11 本章小结

经过近 10 年的努力,中国商飞按照 ATA2200 国际规范完成了 47 本手册的编制,并获得了局方的认可/批准,基本达到了研制目标。中国商飞通过 ARJ21 - 700 飞机技术出版物的编制工作,基本建立了民机技术出版物编制体系,打造了一支涵盖民机技术出版物顶层规划、编制、修订、验证、分发等全寿命周期管理的队伍,开发了基于 ATA2200 标准的数字化技术出版物编制平台。

在技术出版物管理规范方面,ARJ21 - 700 飞机结合局方要求及 ARJ21 - 700

飞机工作的需要,建立了以管理文件、一级作业文件和二级作业为框架的文件体系,将 ARJ21 - 700 飞机全寿命周期管理工作细化为各子过程,每个子过程配以相应的三级文件体系,以管理文件定要求,以一级作业文件定通用技术要求,以二级作业文件细化进一步的工作要求,秉承"以文件规范工作,以文件指导工作"的原则,持续优化技术出版物编制体系。

在技术出版物编制和修订方面,自飞机交付以来,持续跟踪客户意见、SB 和 EO/DEO、CMM 等修订源,执行从修订源分发、评估、答复、手册落实的流程。除了贯彻各项修订源,开拓了手册优化的工作方式,查漏补缺,持续完善手册质量,其中,飞机维修手册的修订管理获"2017 年中国商飞科技进步奖二等奖"。

在技术出版物验证方面,注重与上游约定好编写所需源数据,上游对源数据进行持续维护,建立有效的传递渠道,将构型数据及时传递到手册编写者中,建立日常化的手册验证机制,对于新增程序和修订程序能够及时安排在飞机专项、日常维护等工作中,满足手册使用需求;同时,由于验证的复杂性,涉及验证时机、验证资源、构型差异等复杂问题,很多操作内容无法及时验证,因此,开发了机上操作验证、使用验证、供应商验证和等效操作验证 4 种验证方法,减少了验证的限制条件,减少了真机操作验证的工作量,从而减少了操作验证对飞机本身带来的影响,节约了验证的成本,提高了验证的效率。

在技术出版物翻译方面,ARJ21 - 700 飞机手册在 ARJ21 - 700 飞机 TC 取证后启动英文手册翻译工作。随着翻译数量的增加,英文手册的翻译标准的不断细化,翻译、校对、审核人员的要求及定义的明确,中文手册的语言规范性的提高及 ARJ21 - 700 飞机供应商文件和其他英文设计源文件的获取,最终,在翻译内容、翻译版本和翻译批准流程上与局方批准版本保持一致。

在供应商提供的技术出版物管理方面,首先确定了供应商手册的数量。其次确定了供应商手册的获取途径以及修订推送流程,与供应商共同进行流程的规范;在供应商提供编写章节管理方面,则从设计源头上找出部件或系统的责任方,从而确定手册的章节编写方,再与章节编写供应商共同协商章节的修订周期以及修订流程。

在技术出版物平台建设方面,建立了基于 ATA2200 国际规范的技术出版物信息管理系统,采用结构化文档编写和组织技术出版物。这是国内第一个符合 ATA2200 国际规范的信息交换标准的航空技术出版物数字化编制与管理系统。该系统集成了技术出版物编制、修订、翻译和发布各个环节,改变了传统"所见即所得"的编辑方式。该系统于 2011 年获"中国商飞科学技术进步奖二等奖"。

此外,ARJ21 - 700 飞机技术出版物还实现了从构型数据修订发起、评估对技术出版物的影响、建立技术出版物修订请求、落实到手册中的全过程管控的技术出版物构型的全寿命管理;建立了以现场服务为组织模式,前后场联动解决客户维修程序问题为工作方式,搭建客户意见处理及数据追踪平台为控制的运营初期维修程序支持机制。

4 维 修 工 程

4.1 专业简介

4.1.1 维修工程简介

维修工程专业贯穿飞机的全寿命阶段,包含 MSG – 3 分析、可靠性管理、地面支援设备研制、维修网络构建、维修性及维修成本分析、工程技术支援保障等,从维修层面全面保障飞机顺畅运营和型号研制成功。

4.1.2 维修工程技术简介

维修工程技术是一项参与了飞机的全寿命阶段,从维修层面保障飞机初始和持续适航并兼顾经济性的方法论。维修工程技术以 MSG – 3 分析、可靠性管理、维修网络构建、维修性及维修成本分析、工程技术支援保障为技术载体,从飞机概念设计阶段开始一直到飞机退役,历经关键设计、详细设计和生产制造、交付运营各阶段,有力地保障了飞机的初始适航和持续适航。

4.2 MSG – 3 分析技术

为满足飞机型号取证、持续适航及全寿命运营期间的正常运营等方面的需求,维修工程专业以 MSG – 3REV2007.1 以及 AC121/135 – 67 为基础开展 ARJ21 – 700 飞机的 MSG – 3 分析工作,并依据 MSG – 3 分析结果编制维修大纲(MRBR)和维修计划文件(MPD)两本维修要求类手册。

4.2.1 技术要求

(1) 符合《航空器计划维修要求的编制》(AC – 91 – 26)要求。

(2) 符合《航空器的持续适航文件》(AC – 91 – 11)要求。

(3) 符 合" Operator/Manufacturer Scheduled Maintenance Development" (ATA MSG – 3)要求。

(4) 评审过程局方其他要求。

4.2.2　技术要点

1）系统 MSG-3 分析

（1）概述。

本节根据 MSG-3 的逻辑分析给出了 ARJ21-700 飞机系统/动力装置的基本分析方法和分析程序，主要包括与程序步骤相关的分析方法、分析步骤和分析表格。

（2）MSI 的确定过程。

在对项目进行具体的 MSG-3 逻辑分析之前，必须先确定飞机的重要系统和部件。

重要维修项目（MSI）是那些完全符合定义的选择标准的项目，这些重要维修项目的分析是建立在最高可管理层的基础上。

应用工程判断法确定 MSI，是以预期的故障后果为基础的保守评定过程。这种自上而下的分析方法是对飞机重要维修项目在最高可管理层上的评判过程。

MSI 选择的流程如图 4-1 所示。

（3）分析程序。

在将 MSG-3 逻辑运用于一个项目之前，需要完成一些表格的填写，这些表格详细地说明 MSI 的功能/功能故障/故障影响/故障原因和其他一些相关的数据（如系统功能和设计特征描述、部件装机数量、制造商部件号、相关可靠性数据等）。

下面将对功能、功能故障、故障影响和故障原因的分析进行说明。

a. 功能。

一个系统的功能定义为其运行的正常特征：包括系统达到其功能目标所完成的必要动作。MSG-3 分析中，后备功能要分开单独考虑，如一个附加的功能。功能列表应该很完善并且不局限于主要功能，辅助或次要功能也应该包括在内。

关于燃油箱点火防护，以下功能应该加以考虑：

a）燃油箱系统中线束系统的点火防护功能是用来传导闪电过程中产生的电流。

b）如果油箱外部的电线和电源线摩擦，燃油箱系统中线束的点火防护功能将防止燃油箱内部或周围电流短路和电火花的产生。线束具有与燃油系统中其他部件保持相互隔离的特征，这些部件可能与电线发生接触和摩擦。

功能应该按下面的语言描述："用于监控……""用于指示……""用于警告……""用于探测……""用于控制……"等。

b. 功能故障。

功能故障是系统不能完成其功能。一般有 3 种可能性的故障：功能完全丧失、功能部分丧失或功能在不期望时产生动作。

对于余度系统或设备，余度的丧失也应该作为功能故障考虑。尽管余度的丧

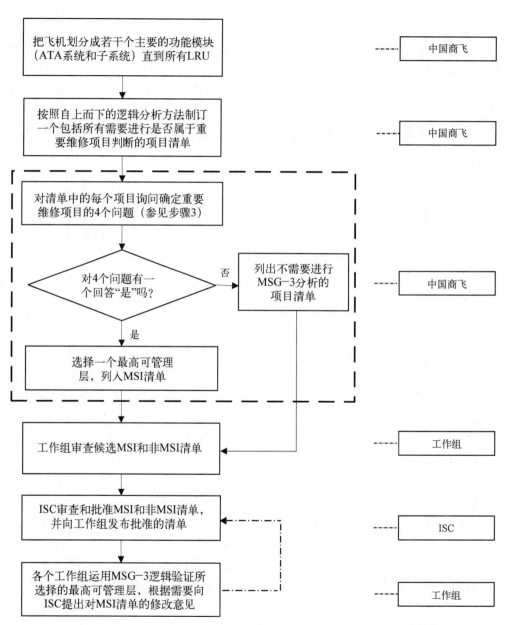

图 4-1　MSI 的选择流程图

失并不影响飞机的正常运行。

记录功能故障时应该避免用"不正确的指示"来描述,因为不能对故障原因进行正确的解释。可以运用以下描述替代,如"压力"或"温度"、"太高"或"太低"、"没有指示"或"指示器满刻度显示"。

当功能故障与其他系统相关联时(如系统功能 A 为系统 B 提供输入),应清楚表明功能故障与其他 MSI 或 ATA 章节的相关性。

如果其他的系统也是在同一个工作组进行分析,则工作组将进行协调并且在工作组内部进行跟踪。

如果其他系统在不同工作组,则其他工作组提供的任何支持都应在转移单注明,或者通知其他工作组关于上层分析的结果。

功能故障都与功能相关联,一般通过功能条目(数字)和字母(从字母"A"开始)相结合来识别。例如,FF –标识符"2C"表示相关条目功能 2 的第 3 个故障。

定义功能故障需要深入理解系统及其设计原理。例如,有些系统部件的单个附件有双重加载通道的特性,例如同心管或背对背对称双层板(back-to-back plates),这样每个通道的功能应该单独分析。因为一个通道的功能退化可能是不明显的。

c. 故障影响。

指功能故障的后果。由于每个故障只能选择一个后果,所以只考虑最严重的后果。

通常情况下,一个功能故障只存在一种故障影响。如果一个功能故障对应不止一个故障影响,则功能故障或故障影响定义不正确。但是这种规则也有例外,如故障影响依赖于环境(地面/飞行)或飞机构型。例如,插栓门的故障影响依赖于飞机是否受压。

故障影响的描述不能只是对功能故障的简单重复。故障影响的描述应该包括客舱和/或驾驶舱可能的指示,有利于进行明显或隐蔽的故障类型的判断。

故障影响应考虑到系统下一个更高的级别,如果适用,需要考虑对整机的影响(如果客舱增压失败,FE 应该陈述对于整个飞机将意味着什么)。

故障影响的描述不应该提及可能的故障原因(如开关失效将导致……),但是,如果适用,可以提到功能故障(如失去控制将导致……)。

故障影响通常与功能故障相联系,一般通过功能故障条目编号和数字(从"1"开始)来识别。例如,FE 标示符"2C1"表示功能 2 的第 3 个功能故障的第一个(且只有一个)影响。

d. 故障原因。

故障为什么会发生。对引起故障的所有部件和相关事件都要进行分析。

故障原因的定义应该使得在下层分析时,能够对潜在的可适用的任务进行有效的评估。

故障原因不仅要指出部件,而且要指出其故障模式,例如机械或电子故障,故障发生在打开还是关闭位置,电路开路或短路,是否连接处堵塞,是否壳体损坏等。

如果已经知道一个可能的任务只能在系统级别完成(如系统操作检查),则故障原因可以简要描述。如果可能的任务必须对单一的部件进行,则必须对故障原因进行详细描述。

应该考虑其他系统和/或 ATA 章节的故障原因。值得注意的是,当故障影响与其他系统相关联时,下层分析需要转移到其他工作组或者需要其他工作组的建议来完成。如果对其他系统中可能导致功能故障发生的精确部件存在疑问,则部件不应该被列举出来,应该用确定的子系统代替。

通常,在分析系统时,导线(包括安装的光纤线路)和电路断路器不作为出现故障的直接原因考虑;但是,在区域检查中的所有导线和管路要由区域工作组加以分析;如果有些项目在其他维修工作中没有被充分包括,则该项目应该被分配一个区域检查任务。经验已表明所有的导线和/或电路断路器的故障已经包含在正常完成系统组件和舱内开关的所有功能故障的分析中。但是,工作组负责确定在进行具体的 MSI 分析时该原则是否适用。

故障原因与功能故障/故障影响相关联,通过功能故障/故障影响参考号和序列号组合来识别故障原因(从"a"开始)。例如,FC 标识符"2C1d"表示功能 2 的第 3 个功能故障(与此相关的故障影响为 1)的第 4 类故障原因。

表 4-1 对 MSI 功能故障分析应考虑的情况进行了举例说明。

表 4-1   MSI 分析应考虑情况

功　　能	功 能 故 障	故 障 影 响	故 障 原 因
MSI 预期设计功能目标是什么	MSI 不能达到预期的标准性能	功能故障的后果	为什么出现功能故障
示例: 32-50-00 前轮转弯系统 1 提供飞机在地面滑行时的方向控制	1A 在起飞和着陆滑跑阶段,非指令性转弯	1A1 难以控制飞机滑跑方向,极大增加机组人员负担	1A1a 转弯控制组件故障。 1A1b 转弯控制阀故障。 1A1c 转弯手轮故障。 1A1d 转弯脚蹬传感器故障。 1A1e 转弯反馈传感器故障。 1A1f 转弯作动筒故障

(4) 上层分析。

上层分析主要考虑功能故障及其后果以确定故障影响的类别。上层分析有 4

个问题,确定为问题 1 到问题 4。依据对上层分析 4 个问题的回答,功能故障确定为 5 种故障影响类别中的一个,定义为类别 5 到 9。

按照流程图回答"是"或"否"来确定分析流程。如图 4-2 所示。

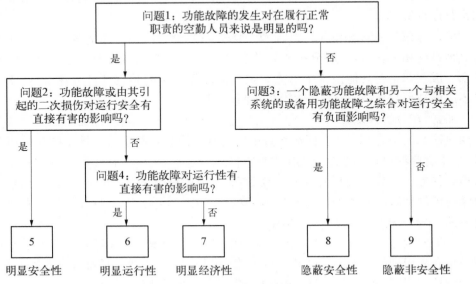

图 4-2 上层分析逻辑图

第一个问题是确定明显的或/和隐蔽的功能故障。如果故障是明显的,那么下一个问题要确定故障或功能丧失对运行安全性有没有直接有害的影响。如果故障是明显的,且没有安全性影响,下面的问题就必须问:即确定故障对运行性或者经济性有没有影响? 如果故障是隐蔽的,那么为了防止相关系统出现附带故障,要根据该故障对运行安全性是否存在有害的影响来确定其他问题。

(5) 下层分析。

下层分析是评价维修任务对上层分析的结果安全性、运行性或经济性的适用性和有效性。

在通过上层分析确定了故障类型后,接着应该确定每个项目所要做的工作。该工作主要有润滑/勤务、操作/目视检查、检查/功能检查、恢复、报废五种任务。在选择任务时,一定要遵守任务选择的适用性和有效性准则,只有那些适用和有效(根据 MSG-3 的任务选择准则)的任务才能被选择。当然,对于尽管不满足适用性和有效性准则的润滑/勤务任务,如果属于周期性的工作,则应该在 MPD 文件中给出。

表 4-2 是综合维修任务的适用性、有效性评审准则。表中每项任务所对应的适用性、有效性要求,也可以作为单项维修任务进行适用性和有效性审查时使用。

表 4-2　任务选择准则

任　务	适 用 性	有　效　性		
		安 全 性	运 行 性	经 济 性
润滑或勤务（LUB/SVC）	消耗性材料的补充必须能降低功能的退化速度	该任务必须能降低故障的风险	该任务必须能降低故障的发生风险到一个可接受的水平	该任务必须是有经济效果的
操作/目视检查（OPC/VCK）	故障状况必须是能够确定的	该任务必须能保证达到隐蔽功能足够的可用性，以降低发生多重故障的风险	不适用	该任务必须能保证隐蔽功能足够的可用性，以避免发生有经济性影响的多重故障，并且该任务必须是有经济效果的
检查/功能检查（INS/FNC）	退化是可探测的，并且在功能故障和退化状况之间存在合理的稳定的时间间隔	该任务必须降低发生故障的风险，以保证安全使用	该任务必须降低发生故障的风险到一个可接受的水平	该任务必须是有经济效果的，即维修任务的费用必须低于预防故障的费用
恢复（RST）	项目必须在某个可确定的寿命阶段显示出功能退化的症状，并且该项目的大部分必须能生存到该寿命期，还必须能把项目恢复到可靠性规定的标准	该任务必须能降低发生故障的风险，以保证安全使用	该任务必须降低发生故障的风险达到一个可接受的水平	该任务必须是有经济效果的，即任务的费用低于预防故障的费用
报废（DIS）	项目必须在某个可确定的寿命时能显示出功能退化的症状，并且该项目的大部分必须能生存到该寿命期	该任务必须能降低发生故障的风险，以保证安全使用	该任务必须能降低发生故障的风险到一个可接受的水平	该任务必须是有经济效果的，即维修任务的费用必须低于预防故障的费用

　　当故障原因与其他系统相关联时，下层分析可能需要其他工作组的建议/支持（完成或执行基于故障原因的全部下层分析）。如果整个下层分析由其他工作组来执行，需要给工作组提供相关上层分析资料。通过协调单进行协调和控制。

　　当执行 MSG-3 分析的时候，可能需要考虑国家标准的要求。但是，任务的确定不能只满足已知规章的要求。只有当那些任务满足适用性和有效性准则时才被确定。在这种情况下,这些任务需要具有依据使用参数的间隔,并且通过注释或简写来识别其为可能的国家标准要求。

基于 MSG-3 规定的适用性和有效性准则选取工作,所选工作大部分在原位完成;但是,如果某些任务满足适用性和有效性准则,可以放在离位完成。应注意大部分离位工作不是计划的,而是由于其他原因需要将该部件从飞机上拆下后完成。确定飞机上部件所需的所有"车间"维修任务不是 MSG-3 分析的目的;但是在某些情况下,只有离位工作才满足适用性和有效性准则。对于需要离位完成的任务需要对离位进行必要的说明[如"功能检查组件过热开关(离位)"或"拆下组件过热开关做功能检查"]。

任务的描述应包括以下信息:任务类型,例如一般目视检查;系统/部件的名称,例如前起落架收放作动筒;任务目的(按需)。

(6)任务间隔。

对于系统和动力装置的维修任务,由于其故障主要与飞行小时有关,所以大多任务以飞行小时(FH)来作为检查间隔的参数,但对有些任务,也可以用飞行循环(FC)或日历时间作为间隔参数,对于发动机/辅助动力装置的检查间隔可以用发动机/APU 的工作小时/循环次数来表示。

在使用前面所描述 MSG-3 分析方法确定了任务之后,必须确定合适的任务间隔。确定任务间隔应考虑下述情况:

a. 制造商的试验数据和技术分析。

b. 制造商的数据与/或供应商的推荐资料。

c. 客户需求。

d. 由类似或相同部件和子系统得到的使用经验。

e. "工程最优估计"法。

为了获得维修任务的"最佳初始"维修间隔,必须根据所有可用的相关数据对维修间隔进行估计。在估计最佳的维修间隔时,应该考虑以下问题:

a. 在确定有效维修间隔时,其他飞机上的通用/相似的部件/附件/系统有什么样的经验数据?

b. 为保证更长的检查间隔已采用了什么样的设计改进?

c. 供应商/制造商根据试验数据或故障分析推荐什么样的时间间隔?

下面的检查清单可以帮助确定合适的任务间隔:

a. 能从类似部件的经验数据得到有效的任务间隔吗?

b. 飞机上应用的改进设计可以保证更长的检查间隔吗?

c. 积累了充足的维修经验数据可以确定经济有效的维修间隔吗?

d. 选择这样的任务间隔只是因为通常都按这种方式吗?

e. 有供应商或者制造商推荐的试验数据或者工程分析资料吗?

f. 有确定任务间隔的原则和规定吗?

g. 选定任务间隔时要考虑完成任务的复杂性、难易程度和完成任务所需要的辅助时间吗?

2) 结构 MSG - 3 分析

(1) 概述。

飞机结构由所有承载部件组成,主要包括机翼、机身、尾翼、发动机安装节、起落架、飞行操纵面和相应的联结点。根据结构对飞机安全性的作用,可将结构分为重要结构项目(SSI)和其他结构项目。重要结构项目是指对于承受飞行载荷、地面载荷、增压载荷和操纵载荷具有重要作用的任何结构细节、结构元件和结构组件,并且它们的失效可能影响保证飞机安全性所必需的结构完整性。不属于重要结构项目的飞机结构称为其他结构。

主要结构件(PSE)是指对承受飞行载荷、地面载荷、增压载荷和操纵载荷有重要作用的任何元件,它们若失效,其后果将是灾难性的,SSI 应包含所有 PSE。

所有按损伤容限原则设计的 SSI(仅限于金属结构)均要进行疲劳损伤分析(FD 分析)、疲劳和损伤容限分析。所有安全寿命项目和经过损伤容限分析的 PSE 项目都属于适航限制项目(ALI),并作为维修大纲(MRBR)的附录;其他 SSI 经疲劳和损伤容限分析形成的任务作为飞机结构的疲劳检查要求,列入 MRBR 的结构检查部分。

由于复合材料结构都被设计成能够在正常的载荷下排除有害损伤增长(有害损伤增长被定义为使结构的承载能力降低到可接受水平之下的增长),因而复合材料的 SSI 不需要进行疲劳和损伤容限分析,只进行环境损伤分析和偶然损伤分析。对于复合材料偶然损伤后的抵抗结构持续退化能力将在偶然损伤评级过程中予以单独考虑。

结构分析详细分类流程图如图 4 - 3 所示。

(2) SSI 的确定。

SSI 的确定准则主要遵循以下几点:

a. 故障后果(重要位置)。

对于承受飞行载荷、地面载荷、增压载荷和操纵载荷具有重要作用的结构细节、结构元件和结构组件,并且它们的失效可能影响保证飞机安全性所必需的结构完整性,这样的结构应当确定为 SSI。并且需要确定这些项目的损伤容限或安全寿命特征。

b. 故障可能性(可能的位置)。

根据对载荷情况和运行环境的有效评估,确定那些最有可能最先表现出结构退化迹象的结构项目或区域,结构退化原因来自三种基本的结构损伤(称为偶然损伤、环境损伤和疲劳损伤)。

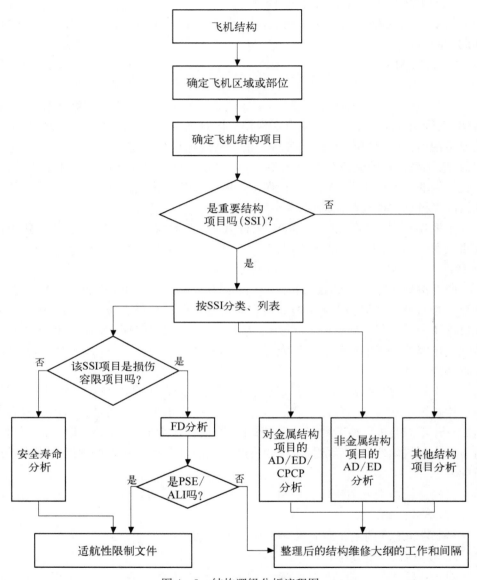

图 4-3　结构逻辑分析流程图

（3）检查方式。

根据 SSI 的位置和可达性，检查工作可以分为内部和外部。

a. 外部：从飞机检查角度来说，不需要拆卸任何口盖便可完成的任务定义为外部检查；通过打开登机门、货舱门、服务门或者通过操纵面倾斜即可完成的任务也可视为外部检查。

b. 内部：意味着只有打开或者拆开检查部件或者使用特定工具进行内部检查

（如内窥镜）。

根据 MSG - 3 分析逻辑：

a. 结构检查有多种检查级别（一般目视检查、详细检查和特殊详细检查）。

b. 对每一种损伤形式制订相应的检查任务。

因而,SSI 的选择范围必须综合考虑所选择的检查级别和可能遭受的损伤类型。

（4）FD 分析程序（仅适用于金属件）。

FD 就是由循环载荷引起的裂纹或裂纹组的萌生及其扩展。疲劳损伤是飞机使用（飞行循环）过程损伤持续累积的结果。对疲劳损伤进行的疲劳和损伤容限分析是定量分析,得到裂纹扩展、剩余强度和可探测性数据。所有 SSI 都需要进行疲劳和损伤容限分析。

对所有的损伤容限类 SSI 项目建立 FD 检查大纲。根据裂纹扩展速度、剩余强度、裂纹可检长度等要素确定 FD 检查任务的重复检查间隔,而 FD 检查门槛值是根据飞机设计的平均寿命目标值、疲劳试验结果、裂纹扩展分析结果和使用经验。对安全寿命类的 SSI 确定更换时间,无须进行 FD 检查。

（5）ED 分析程序。

ED 指的是腐蚀或者是应力腐蚀。它一般是由日历时间确定,其特点是由不利环境造成结构功能恶化。所以除了考虑材料对腐蚀和应力腐蚀的敏感性及对结构组件采用的保护措施之外,还要考虑飞机结构可能受其暴露在不利环境中引起的损伤。对于损伤敏感性评估和及时性探测,应考虑下述方面：

a. SSI 的可见性。

b. 对环境损伤的敏感性。

c. 环境防护。

（6）腐蚀预防和控制大纲（CPCP）。

所有金属结构 SSI 项目都要考虑 CPCP 要求。在 ED 的分析评级过程中需要考虑各部分的材料、结构特点及工作环境,判定腐蚀出现的可能性及可检性等。根据航空公司的实际维护经验或相似结构资料判断 ED 分析的结果能否满足 CPCP 的要求（将腐蚀控制在一级或更好的水平）。在实施结构维修大纲中所规定的检查任务时,均要考虑实施适用的和必要的 CPCP 基本工作。

最终通过 ED 检查任务和 CPCP 任务来保证腐蚀一旦出现,也会在其不超出一级的水平前被检查出来,从而达到腐蚀防护和控制要求。

（7）AD 分析程序。

飞机结构可能受外来物体接触或碰撞,或不适当的使用或维修活动引起的损伤影响。

偶然损伤是由一些偶然事件出现引起的而导致结构固有剩余强度降低的损伤。在飞机的寿命期内偶然损伤出现的概率都是不变的。损伤的来源包括飞机和

系统的内部和外部的任何影响,它们可归为两类:

　　a. 制造缺陷(在装配期间)。

　　b. 在使用和维修活动中引起的偶然损伤。

　　虽然相同的偶然损伤来源会在金属材料和非金属材料中予以考虑,但鉴于对此种损伤不同材料的不同表现,相关的分析将是各自进行的。

　　仅考虑出现的不明显随机类型的损伤,它会减少结构项目的剩余强度水平。非金属材料的恶化,例如复合材料,考虑与环境相关的非化学作用造成的损伤增长,例如与交替出现结冰/融化相关的脱胶或分层的损伤增长。为了提高分析效率,必须考虑以下方面:

　　a. SSI 的可见性。

　　b. 对损伤的敏感性。

　　c. 评估损伤后的剩余强度。

　　d. 损伤的可能性。

　　(8) 检查门槛值。

　　a. AD 产生的任务。

　　所有 AD 产生的任务的检查门槛值应该和重复检查间隔一致。

　　b. ED 产生的任务。

　　所有 ED 产生的任务的检查门槛值应该由工程部门根据设计经验和使用维护经验确定,或保守地取为重复检查间隔值。这个检查门槛值可根据以后机队的使用经验进行修订。

　　c. FD 产生的任务。

　　疲劳损伤检查门槛值由工程部门根据疲劳和损伤容限分析结果确定,并根据使用经验、补充的试验或工程分析进行修订。

　　d. 对于其他结构项目,其门槛值根据参考相似机型类似结构使用经验或由工程部门推荐确定。

　　(9) 重复检查间隔。

　　在完成 ED、AD、FD 分析之后,如果适用,则可以确定每个 SSI 项目的检查任务。最后,如果适用,按照 DTA 结果或者 AD 等级或者 ED 等级和这些检查间隔的关系来确定检查间隔和检查方法。在确定检查工作时要考虑以下因素:

　　a. 重要结构项目。

　　环境损伤和偶然损伤的检查间隔;对于环境损伤和偶然损伤检查任务,其检查间隔是根据 ED 等级和 AD 等级中最低的一个来确定。

　　b. 疲劳损伤的检查间隔。

　　对于疲劳损伤的检查任务,其检查间隔是根据疲劳和损伤容限分析结果来确定。

　　c. 其他结构项目。

　　其检查间隔如果有相似机型的类似结构可供参考,则参照相似机型类似结构的使用维护经验确定检查间隔，如果没有相似机型的类似结构可供参考，则依据工程部门给出维修建议确定检查间隔。

（10）任务的合并与转移。

a. 结构内部任务合并。

直接由 MSG-3 分析得出的任务称为"MSG-3 任务"。在得出 MSG-3 任务后，把同一或相邻区域的，并且检查方法、接近方式和检查间隔相同的 MSG-3 任务进行合并形成一个 MRB 任务。任务的合并应该由工程部门提出合并建议，由工作组确认。

区域不接受的结构转区域任务与现有 MRB 任务合并原则如下：同一或相邻区域；检查方法、接近方式相同；检查门槛值、检查间隔相同。

b. 区域候选任务转移。

对于符合下列要求的任务可以考虑转移到区域检查大纲：检查方式为 GVI；没有应用防腐剂的要求；不属于适航性限制项目；检查间隔一般等于或长于 4 000 FC。

3）区域结构 MSG-3 分析

（1）区域分析一般原则。

区域分析主要包括如下两个目的：

a. 制订区域维修任务，以便对区域中包含的系统设备及结构项目的安装状态和牢固程度进行检查。

b. 将满足合并条件的系统、结构、L/HIRF 部分的一般目视检查（GVI）任务合并进入区域维修大纲。

根据区域中包含设备的不同，区域分析包含标准区域分析及增强区域分析两种方式。标准区域分析得出的是针对整个区域的 GVI 任务，增强区域分析得出的主要是针对区域内电气线路互联系统（EWIS）进行的 GVI 检查，以及对特定部位 EWIS 进行的检查，包括单独的 GVI（Stand-alone GVI）、详细检查（DET）、清洁类恢复（RST）等工作。如果没有特别说明，区域检查都在可触及的范围进行。考虑到检查者已经拥有飞机结构及其系统装置的足够知识，检查任务不列出区域中需要目视检查的所有项目。

本章节所用的 EWIS 是指安装在飞机任何区域的各种导线、线路装置或其组合（包括端接设备在内），安装于飞机的任何部位用于在两个或多个端头之间传送电能（包括数据和信号）。该系统包括：

a. 导线和电缆。

b. 汇流条。

c. 电气设备的端头，包括继电器、中断器、开关、接触器、接线板、断路器和其他电路保护装置上的端头。

d. 连接器，包括直连插头座。

e. 连接器附件。

f. 电气接地和搭接装置及其有关的连接件。

g. 接线片。

h. 给导线提供附加保护的器材,包括导线绝缘,导线套管以及带有用于搭接的电气端头的导管。

i. 屏蔽套和编织套。

j. 卡箍和其他用来布线和支撑线束的装置。

k. 电缆捆绑装置。

l. 标牌或其他识别措施。

m. 压力密封件。

n. 设备架、配电板、台架、连接盒、配电盘以及设备台架底板内部的 EWIS 组件,包括(但不限于)电路板底板、线路集成组件和设备外部布线。

本章节涉及的区域"内部检查"与"外部检查",有以下说明内容:

a. "内外部"是针对检查方式而言,对区域本身不做物理位置上的内外部划分。

b. 对于主区域,检查通常指外部检查,这时需要说明必要的接近方式。

c. 每一区域根据需要生成检查任务。不需要拆卸任何口盖便可完成的任务定义为外部检查;通过打开登机门、货舱门、服务门或者通过操纵面倾斜即可完成的任务也可视为外部检查;需要打开口盖、盖板方能完成的任务定义为内部检查。

d. 一个区域可能既有内部检查的任务又有外部检查的任务。对与外部检查任务情况类似的相邻区域,可以考虑将其外部检查任务合并在主区域里作为一个外部检查任务。

区域检查的程度和范围是由在打开具体口盖的情况下区域内检查项目的可见度来确定的,必要时还需要拆除或者打开该区的绝缘层等。对于需要移开/打开才能接近特别区域的整流罩、面板或其他项目,也应该在区域检查中检查。但不单独定义工作,而是包括在 GVI 工作中。

(2)区域分析流程。

区域分析流程如图 4-4 所示。

(3)区域分析步骤。

a. 区域分析数据及插图。

给出区域号、区域名称、区域边界、区域环境、区域包含的点火源和可燃材料积聚情况、区域接近方式、包含的设备/结构/EWIS 项目等信息,并通过"区域是否只包含结构项目"的判断确定是否需要进行区域分析。对于只包含结构的区域的内部检查,如果不需要进行区域分析(结构分析可以完全满足该区域的维修要求),则不产生维修任务;否则进行标准区域分析。

给出区域的插图信息。此插图应显示设备、结构和 EWIS 的安装位置与环境,

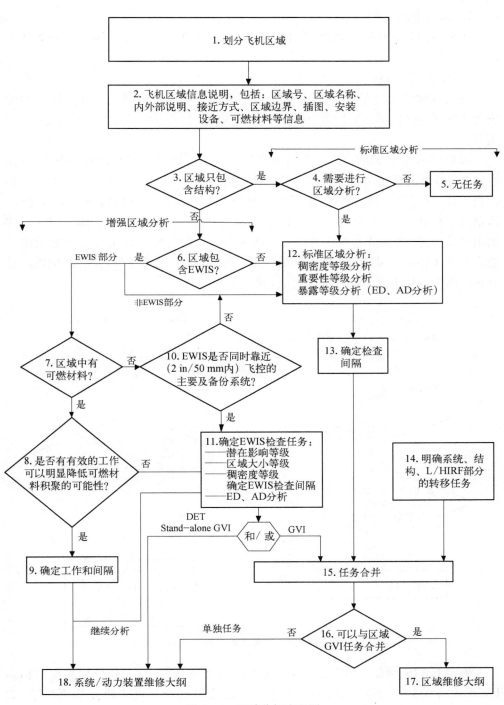

图 4-4 区域分析流程图

是何种类型的 EWIS 以及它所属的系统等信息。

b. 区域维修工作参考。

主要给出包括在所分析区域内的系统/动力装置、结构、L/HIRF 部分的任务汇总。

c. 增强区域分析。

给出区域包含的安装设备,并在区域安装设备描述及说明栏中详述区域内的重要 EWIS 项目,如 EWIS 的具体名称、线束编号、距液压管路、气源管路的距离等。

如果区域内有 EWIS,则要进行增强区域分析以确定对 EWIS 的检查任务(注意:增强区域分析得出的所有任务都是针对区域内的 EWIS 部分)。在确定 EWIS 检查工作之前需要明确是否有有效的工作可以明显降低可燃材料积聚的可能性。所谓可燃材料,就是去掉火源仍可能燃烧的材料(包括固体、液体、气体),但对那些须由持续火源/热源引起燃烧的材料不能理解为可燃材料。如果存在有效的清洁类恢复等工作能明显降低可燃材料的积聚,则需要产生此项任务,并根据增强区域分析间隔的等级表确定此任务的间隔,如图 4-5。

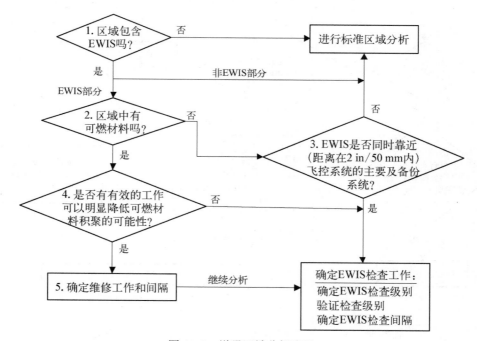

图 4-5　增强区域分析流程

确定 EWIS 检查工作级别。确定 EWIS 检查工作时,首先要根据起火对相邻 EWIS 和系统的潜在影响、区域的大小和安装设备的密集度来决定检查级别,如图 4-6 所示。最后综合考虑环境损伤和偶然损伤的影响确定检查间隔。GVI 对于区域内的所有 EWIS 是有效的，DET 或者 Stand-alone GVI 对于区域内特定部位的 EWIS 是有效的。

确定导线检查工作间隔。增强区域分析使用偶然损伤和环境损伤的等级，通过间隔矩阵，确定检查工作的间隔。

d. 标准区域分析。

对于包含系统装备的所有区域，进行标准区域分析来确定区域检查范围和间隔。对检查频率低，并要求增加接近要求的区域，可采用多重区域检查。标准区域分析的评级指标和评级过程如下。

稠密度等级：表示区域中附件的密集程度。它是封装在区域中各种附件距离远近的量度。它是根据在该区域或结构中进行检查的难易程度来确定的。

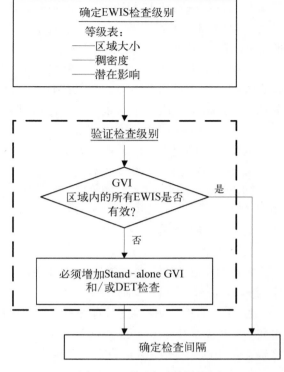

图 4-6　检查级别判断图

重要性等级：是区域中各种附件对飞机运营安全性和/或使用经济性影响程度的量度。当评价区域的重要性时，要考虑该附件有没有潜在的功能故障——它会使周围系统或结构损伤。这是一个定性指标，因为它是按照该附件对飞机安全性和使用经济性的影响程度来评价。

暴露等级：它是区域经受温度骤变、振动、暴露大气和对系统或结构的偶然损伤影响可能性程度的量度。暴露性等级分为环境损伤（ED）和偶然损伤（AD）。

一旦区域的这 3 个指标（稠密度等级、重要性等级以及暴露性等级）确定后，就可以根据间隔矩阵关系确定区域的总等级，并转换为区域检查间隔。

e. 区域检查任务汇总。

列出标准区域分析和增强区域分析产生的所有任务。增强区域分析产生的针对整个区域 EWIS 的 GVI 任务可以与标准区域分析产生的任务进行合并，合并后取两者中较短的间隔值。增强区域分析产生的 Stand-alone GVI、DET 以及 RST 任务要转移到 ATA20 章。

f. 候选转移任务合并。

需要对转到区域大纲的候选项目进行任务分析。工作转移的原则：

对于系统/动力装置的 GVI 任务，并且划分为非安全性的项目（6、7 或 9），可以考虑转移到区域检查大纲；对于预期功能退化结合 L/HIRF 事件不会妨碍飞机持续安全飞行或着陆的 L/HIRF 项目的 GVI 任务,可以考虑转移到区域检查大纲;与此类似,对于结构检查中,没有适航性限制或者对疲劳损伤或环境损伤影响不大的 GVI 任务,可以考虑转移到区域检查大纲。

区域接受来自系统/动力装置、结构及 L/HIRF 的转移任务并将其合并进区域检查大纲时需满足如下条件:① 转移任务与区域任务的接近方式相同;② 转移任务的检查间隔大于或等于区域任务的检查间隔。

g. 进入区域检查大纲的任务汇总。

列出最终确定进入区域检查大纲的维修任务。

h. 区域转到 ATA20 章的任务汇总。

列出区域转到 ATA20 章的任务清单,主要包括 DET、Stand-alone GVI 及 RST 任务。

4) L/HIRF MSG-3 分析

(1) 概述。

本部分给出制订闪电/高强度辐射场(L/HIRF)预定维修大纲应该遵循的程序,并对分析程序进行详细说明。

按照 L/HIRF 防护要求,对于根据中国民用航空局适航条例-25.1316"系统闪电防护"和 ARJ21-700 飞机 HIRF 防护专用条件设计的飞机,当暴露在闪电/高强度辐射场中时,必须提供有关适航方面的要求和相关系统/部件使用的要求以及相关的信息指南。

(2) 分析原则。

本章节关注的对象除 LRU 件外,多数都广布于飞机的各个区域,因此主要由区域检查来覆盖这些防护设计,但是由于区域检查工作的深度和检查效果都受限于检查范围和 GVI 检查方式,对于特定的防护设计存在区域 GVI 不足以识别或发现这些特定的防护设计。因此,多数制造商采用确定"重要闪电/高强度辐射场项目(HSI)"的形式明确分析对象。对于分析对象以外的部件,其维修检查要求由区域检查来满足。

ARJ21-700 飞机的 L/HIRF 计划维修要求是以目视检查为基础,所有对飞机安全性有不利影响的 L/HIRF 防护系统、部附件(LRU 件内部的 L/HIRF 防护除外)都应当使用 MSG-3 分析程序进行分析。

注:与飞机运营安全相关的电子防护部件及非电子防护部件都应该包括在分析的范围内。

L/HIRF 系统的初始最低预定维修大纲工作包括一般目视检查工作以及必要情况下的详细检查或者功能检查工作。一般目视检查包括防腐失效的检查和防护完整性的检查,诸如屏蔽导线、连接器、尾线夹、搭接线、内含导电网的复合整流罩和导电的密封垫等。详细检查主要包括验证预紧力矩密封的电子连接器的密封状态(Electrical Connector Torque Seals for Tightness Security)、结合面的腐蚀、液体污染、跨接线和线束的倾斜、磨损、扭曲和松弛等情况,这些检查采用一般目视检查是无法完成的。功能检查主要用于对搭接导通性的检查。

（3）LHSI 选择。

L/HIRF 防护系统主要包括设备的屏蔽导线、连接器、尾线夹、搭接线、屏蔽接地线等。在对 L/HIRF 项目进行具体的 MSG - 3 逻辑分析之前，必须先确定飞机的重要闪电/高强度辐射场项目（HSI）。

确定 HSI 的过程，是对具有 L/HIRF 防护设计特性的系统或部件，考虑其在环境造成的性能退化或发生偶然损伤（AD）的情况下，失去这些防护特性后结合 L/HIRF 事件可能对飞机安全性产生的影响来进行工程判断。

（4）L/HIRF 分析流程图如图 4 - 7 所示。

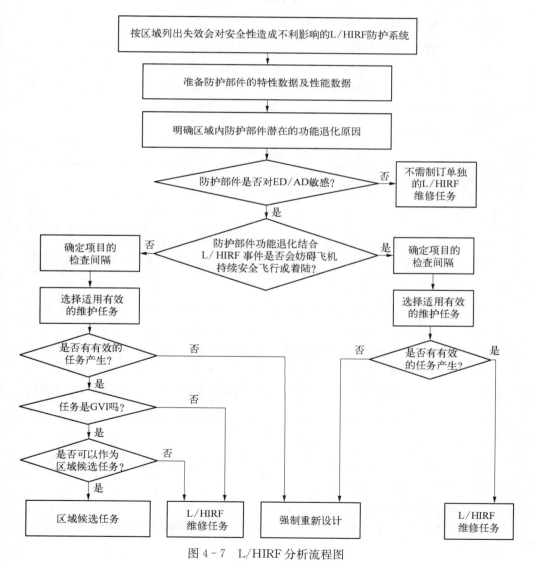

图 4 - 7　L/HIRF 分析流程图

4.3 维修网络构建技术

4.3.1 技术要求

（1）符合《民用航空器维修单位合格审定规定》（CCAR－145 部）要求。

（2）符合普通生产单位的相关要求。

（3）满足相关配套设施要求，具体包括厂房设施、工具设备、航材准备、人员资质、适航资料、质量系统、工程技术系统、生产控制系统、人员培训大纲、人员技术档案等方面。

（4）满足客户的飞机运营与维修需求。

4.3.2 技术要点

根据市场需求和行业惯例，维修单位（MRO）在从事飞机定检、大修、改装工作时，还应提供一些局部喷漆、机械加工、钣金、金属材料处理、复合材料修理、NDT（无损检测）服务，以及简单的部件维护服务（电瓶充电、客舱部件清洁等），在建设时，上述服务所需厂房（作为机库辅助建筑）也应一体规划。

建立 MRO 所需主要的准备如表 4－3 所示。

表 4－3　建立 MRO 所需的准备工作

类　别	准　备　工　作
人　　员	一定数量（占技术人员的 20％左右）的人员需具备维修基础执照，放行人员需具备机型执照，独立工作者、放行人员需经质量部门授权，特殊操作、特种工艺需具备资质证书；必需配备负责管理的责任经理、生产经理、质量经理各 1 名 参考成熟 MRO 现状，1 个双窄体机位机库维修单位，人员共需约 300 名，分布如下：技术员 200 名，工程师 30 名，质量控制人员 10 名，其他技术人员 30 名，管理人员、行政人员、辅助人员共 30 名
设备、工具	具备现行有效的技术资料（手册）；具备满足规章、手册要求的维修设备、工具
航材、耗材	存储足够数量、满足维修工作所需的航材和消耗品（根据厂家清单购买）
法规、体系	根据规章要求，编写《维修管理手册》和《工作程序手册》，建立满足 145 部要求的维修管理体系和工程技术体系
设施、环境	拥有合格的维修设施（机库、车间）、消防设施和环保设施（污水处理、废弃物处理）

1）准备维修网络规划所需资料

收集维修网络规划所需资料，包括主制造商的发展规划、主制造商机型交付计划、供应商客户服务协议相关信息。

2）形成维修网络规划

对所收集的资料开展整理和分析，编写维修网络规划，作为公司发展规划的组成部分。

3) 开展机体维修网络构建

首先应按区域对机体维修能力情况进行分析,持续跟踪主制造商机型销售计划、交付计划,并结合客户对机体维修网络的需求。对于主制造商新机型,在交付前1年应走访首家客户并征求其关于初始机体 MRO 的选择意向,作为分析依据之一。

根据上述机体维修能力分析结果,于每年年初完成《机体维修网络分析报告》,阐述主制造商机型的机体维修网络建设需求和计划。依据报告结论,开展后续工作:若区域维修能力满足预期维修需求,则本年度暂不进行机体 MRO 选择工作;若区域维修能力不满足预期的维修需求,选择潜在的机体 MRO,向有合作意向的机体 MRO 发送《MRO 调查表》。完成调查后,根据调查表反馈情况,按需现场走访相关机体 MRO,核实反馈材料。

主制造商完成反馈材料核实后,与相关机体 MRO 进行合作协商,双方达成一致后,依据主制造商合同管理规定签订合作协议;若双方未达成一致,则重新征求机体 MRO 合作意向,对新的机体 MRO 发送《MRO 调查表》并核实反馈材料,重新开展合作协商。签订合作协议后,合作双方履行合作协议条款,主制造商统筹提供技术资料、航材、工具设备、维修培训等方面的支援,协助相关机体 MRO 按时建立主制造商机型维修能力。

4) 开展部件维修网络构建

分析主制造商维修网络中部件维修网络建设的需求及建设的目标,并对 PSA（产品支援协议）中各系统供应商部件维修网络建设的条款进行梳理。若 PSA 中要求供应商建设相关部件维修能力,则根据 PSA 中的约定监督供应商履约;若 PSA 中没有要求供应商建立相关部件维修能力,则考虑现有 MRO 市场中的相应部件维修能力现状,并根据维修网络规划,选取适宜的第三方 MRO 厂家进行后续商务谈判及合作协议的签署,协助第三方 MRO 建立主制造商机型部件维修能力。主制造商向有合作意向的部件 MRO 发送《MRO 调查表》,根据调查表反馈情况,按需现场走访相关部件 MRO,核实反馈材料。

主制造商完成反馈材料核实后,与相关部件 MRO 进行合作协商,双方达成一致后,依据主制造商合同管理规定签订合作协议;若双方未达成一致,则重新征求部件 MRO 合作意向,对新的部件 MRO 发送《MRO 调查表》并核实反馈材料,重新开展合作协商。签订合作协议后,合作双方履行合作协议条款,主制造商积极促成部件 MRO 与供应商的合作,协调供应商提供技术资料、航材、工具设备、维修培训等方面的支援,协助部件 MRO 建立主制造商机型部件维修能力。

5)《机体 MRO 清册》与《部件 MRO 清册》的编制/更新、发布

主制造商每年根据机体和部件的维修网络构建工作进展,收集主制造商机型机体和部件 MRO 的基本信息和维修能力并汇编成册,形成《机体 MRO 清册》和《部件 MRO 清册》,并通过客户服务文件向客户发布。

4.4　工程支援技术

工程支援技术主要是发布工程技术类客户服务文件(包括 SB、SL、OIC 和 FTAR)和超手册修理方案,并负责后续文件执行过程中的技术支援工作。

4.4.1　技术要求

(1) 符合《关于国产民用航空产品服务通告管理规定》(编号 AP-21-02)的要求。

(2) 符合《民用航空产品和零部件合格审定规定》(CCAR-21 部)要求。

(3) 符合《航空器结构持续完整性大纲》(AC-121-65)要求。

(4) 符合《航空器的修理和改装》(AC-121-51)要求。

(5) 满足客户的飞机运营与维修需求。

4.4.2　技术要点

1) 服务通告

服务通告(Service Bulletin,SB)是航空器设计、生产厂家根据自身与用户信息,对所生产的航空产品改进其可靠性或使用安全性的文件,是对用户的一种技术服务措施和对自身生产技术改进要求的文件。通告包括对航空产品实施检查、重复检查、改装或使用寿命更改等的技术要求。

根据所颁发的内容和执行期限,服务通告分为三类:普通类、重要类、紧急类。

a. 普通类:在航空产品服役期间,航空产品的产品承制方在原设计的基础上,为了提高其性能、寿命、使用条件和环境进行的改进、改装所发出的 SB,用户根据情况执行。

b. 重要类:在根据原设计达不到设计标准,在使用中发生问题,危及飞行安全等情况需要进行的改装、更换、检查、更改技术寿命所发出的 SB,用户要按 SB 要求执行。

c. 紧急类:内容同重要类,是在短期内要完成的改装、更换、检查,是为了避免直接危及飞机安全而采取的紧急措施,用户应按 SB 规定期限立即执行。

目前,主制造商发布的 SB 主要适用于以下几种情况:

a. 飞机改装,部件更改。

b. 执行特定检查。

c. 部件寿命限制的更改。

d. 部件寿命限制的确定。

e. 质量逃逸问题的更改。

(1) SB 启动。

SB 作为对在役飞机工程更改与检查要求等的处置构型文件,是主制造商对在役飞机进行构型更改控制和维护要求发布的主要文件。

SB 的发起可由于设计优化、客户意见、制造工程意见、客服工程意见、试飞工程意见、持续适航事件调查等引起。

主制造商所发布的 SB 按照发布目的和内容可分为改装类和检查类。

（2）SB 编制/修订。

依据技术/检查方案等编制 SB 的同时,相关部门启动 SB 引起的手册更改、航材准备等工作。SB 所需客户支援信息,主要包括以下几方面。

a. 航材:提供经预估的航材出售价格、订货周期、订货方式等信息,并在 2 个工作日内确认 SB 所涉及的相关采购航材的构型情况。

b. 技术出版物:提供受影响的手册等信息。

c. 飞行运行支援:提供受影响的飞行机组操作手册以及飞行运行类服务文件的相关信息。

d. 市场与客户支援:按需提供市场策略、优惠折扣等信息。

e. 其他:按需提供相应支持信息。

若 SB 需要修订,则根据修订原因,完成修订编制。

（3）服务通告生产线/试飞飞机现场目击验证。

为避免 SB 发布后,因航材、工具、施工过程等原因造成 SB 无法贯彻而影响航线运营,SB 编制过程中以及编制完成后,主制造商根据 SB 施工过程的复杂程度,按需提出 SB 验证需求。

原则上,飞机 TC 证后型号设计 Ⅰ 类及 Ⅱ 类更改相关的 SB,都需要经过生产线/试飞飞机的现场目击验证。

通过现场目击装配大纲(AO)在生产线/试飞飞机上的实施过程的方式完成 SB 的验证。如验证过程发现问题,对 SB 进行修改。

（4）SB 内部审批。

SB 提交局方审批前主制造商需先完成内部审批。

（5）SB 局方审批。

主制造商将相关材料提交适航当局审批,如未通过审批,则修订 SB,直至审批通过。

（6）SB 在役验证。

SB 获得适航批准后,根据 SB 内容、复杂程度及验证建议等,确定是否需要对 SB 进行在役飞机验证。如验证过程发现问题,需对 SB 进行升版。

（7）SB 发布。

SB 达到可发布状态后,由主制造商完成 SB 的发布,并以合法有效的形式向客户以及持续适航技术委员会/持续适航委员会(办公室)推送 SB 发布信息。

对于“紧急类”SB,需在完成 SB 批准当日发布。

（8）收集 SB 执行反馈信息。

主制造商收集 SB 的执行情况,接收 SB 的执行结果,并评估是否需要更新技术/检查及其有效性。如果需要,则启动服务通告升版。

2）运营人信息通告

运营人信息通告（Operator Information Circular，OIC）是与运营人进行快速沟通的方式，告知运营人重要在役事件，提醒相关的重要信息（如维修程序、技术出版物的临时修订、服务通告等），或有关维护操作的总体信息（如果主制造商认为有必要迅速通知运营人），以引起运营人的特别关注，但不要求其采取具体措施。

OIC 主要适用于以下几种情况：

（1）对乘客、机组或者机务造成影响的重要在役事件信息通报。

（2）与现有维护程序相关的重要在役事件信息通报，提醒运营人注意。

（3）与现有维护程序相关的可能导致飞机运行可靠性或飞行性能降低的情况，提醒运营人注意。

（4）适航指令（AD）的发布信息。

（5）持续适航指导文件的重要修订信息。

（6）能够提供飞机安全性的相关信息。

（7）SB 相关信息，如内容的更正、增加重要的说明，或者需要紧急停止 SB 的贯彻。

（8）其他非技术的重要/紧急信息。

3）机队技术活动报告

机队技术活动报告（Fleet Technical Activity Report，FTAR）源于在役技术问题或事件，用于向所有运营人提供某个特定技术问题或事件的综合信息及改进计划的进展信息，且视情更新，直到确定最终解决方法时此技术问题或事件才关闭。

FTAR 主要适用于以下几种情况：

（1）特定技术问题的最新状态，如背景、严重性、临时措施、工程调查进展、最终措施、部件的可用性等。

（2）产品改进的可行性、最新进展等。

4）服务信函

服务信函（Service Letter，SL）是主制造商在不紧急的情况下，以信函形式发布针对飞机系统和部件维护的一般或者特定的信息，这些信息包括但不限于以下几类：

（1）产品改进、运行以及维护操作的技术信息。

（2）系统部件差异及描述的技术信息。

（3）通用的客户服务信息（政策、组织机构等）。

（4）飞机系统、客户服务以及产品的介绍。

5）超手册修理支援技术

超手册修理支援是针对飞机运营过程中，结构发生的损伤超出手册所规定的范围时，主制造商依据运营人的需求向运营人提供技术支援服务。超手册修理支援的主要工作包括：损伤信息要求和评估、超手册修理方案制订和修理实施支援。

（1）超手册修理支援技术流程。

超手册修理支援技术流程如图 4-8 所示。

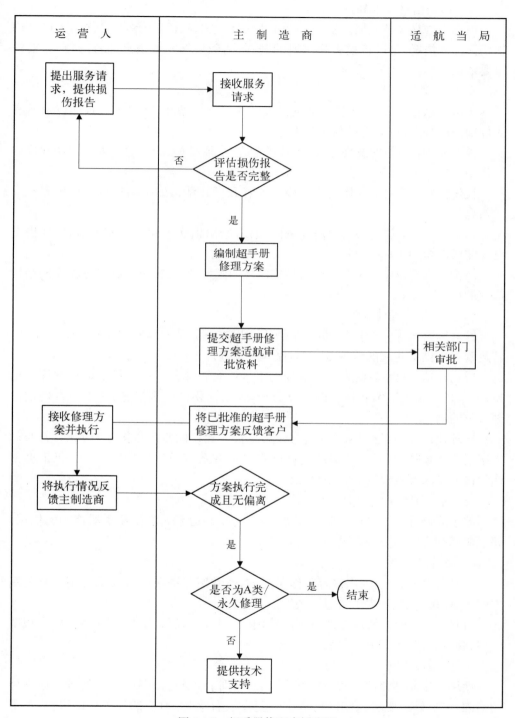

图 4-8 超手册修理支援流程

（2）损伤信息要求和评估。

损伤报告是运营人向主制造商提交损伤信息的载体,记录了运营人飞机结构损伤详细的情况,是进行是否超手册的判断、明确损伤完整信息、制订修理方案的重要依据。

a. 损伤信息要求。

飞机信息:飞机注册编号、总飞行小时和总飞行循环;恢复飞行日期以及所有文件期望的日期;按需提供临时修理方案。

损伤概述:损伤的发现方式(如绕机检查、定期维护、服务通告等);损伤和检查的类型。

损伤位置及尺寸:使用飞机坐标系或者到已知结构的距离描述损伤位置和尺寸信息。

去除损伤:在提交报告之前应去除损伤,给出损伤去除后的相关信息,并提交已经完成的检测工作。

结构修理建议:按需提供进行结构修理的建议,同时提供所有临近损伤的结构修理的详细信息。

b. 损伤与修理建议评估。

针对运营人提供的损伤报告,主制造商相关人员需要判断损伤信息的完备性,若运营人提供了建议的修理方案,对修理方案进行分析。

损伤评估:判断运营人提供的损伤报告中是否涵盖了所有可能损伤的详细信息;依据过往修理案例和初步的强度分析,评估损伤的处理措施,作为后续确定修理方案的输入。

修理建议评估:基于损伤信息,针对运营人建议的修理方案进行判断,若修理方案适用于损伤,则后续依据此建议确定修理方案;若修理方案不适用,仍依据损伤评估的结果开展修理方案制订工作。

（3）超手册修理方案制订。

超手册修理方案是由主制造商提供,作为指导运营人实施超手册修理的依据。超手册修理方案需要包含的内容有:

a. 资料清单确定。

工具/设备清单:列出修理工作所需的、通常不包括在维修人员常用工具范围内的工具、设备,提供参考编号和说明。

材料清单:列出修理工作中所需使用的消耗品、耗材、零件、原材料,提供规范(材料牌号、件号等)和说明信息。

b. 修理程序制订。

使用文字阐述修理过程,逐条列出修理步骤;涉及可以参引相关持续适航文件的步骤,简述修理要求,给出参引的持续适航文件名称、对应的任务号即可,可参引的包括 SRM、AMM、CMM、PMS、SL 等;无参引的修理过程,需结合实际工作情况,给出操作步骤。

使用简图、实物图、数模图的方式,辅助说明修理过程,明确修理对象的位置、顺序、修理的要求等信息;涉及使用的自制件时应当附有按照相关图样管理文件中的绘制要求绘制的零件设计图纸和装配图纸。

c. 修理方案评估。

针对确定的修理方案,开展适航性影响评估,确定修理类型和修理类型等信息。

a) 修理类型:

确定 A 类/永久修理、B 类/过渡修理和 C 类/临时修理的分类。

A、B、C 类是针对需要进行损伤容限分析的修理的分类。A 类修理是通过基本区域检查足以保证与周围未修理区域具有相同持续适航性(可检查性)的永久修理;B 类修理是需要补充检查以确保持续适航性的永久修理;C 类修理是需要在给定的时限前再次修理或者更换的临时修理,在此时限之前可能需要进行补充检查以确保持续适航性。

永久、过渡、临时是针对无须进行损伤容限分析的修理的分类。永久修理是不需要运营人执行额外任务的修理;过渡修理是有足够的结构强度并能永久保持在飞机上的修理,但需要特定的检查任务,并在发生退化或损伤时进行更换;临时修理是有足够的结构强度但没有足够耐久性的修理,需要在特定的间隔进行更换,一般给出特定的飞行循环、飞行小时或日历时。

B 类/过渡修理和 C 类/临时修理有附加维修要求时,需确定检查的具体位置、对象和任务执行的接近方式;

C 类/临时修理在使用限制到期采取措施并解决问题后,需升版为 A 类/永久修理或 B 类/过渡修理。

按需确定飞机飞行的限制条件、修理对 SRM 等持续适航手册的影响建议。

b) 修理定义。

确定重要修理和一般修理的分类,这关系到修理对适航性的影响程度,以及修理方案的管理和批准流程。

评估完成后,依据表 4-4,判断修理属于重要修理还是一般修理,若其中有一个问题回答为"是",则为重要修理。

(4) 修理实施支援。

在将超手册修理方案提交给运营人后,为运营人的修理实施和后续工作提供技术支持。

a. 修理支援:针对修理方案过程中产生的执行和技术问题提供解决方案;针对运营人对于损伤和结构修理提出的新的需求,提供方案更新支持。

b. 修理后续支援:对于 B 类/过渡修理和 C 类/临时修理,对后续附加维修要求的实施提供技术支援,包括提供检查任务具体实施程序、检查结果评估、方案调

表 4-4　重要修理判别表

序号	项目	判断
1	重量/平衡——是否改变空机重量或重心,造成航空器审定最大重量或重心极限的增加?	□是 □否
2	结构强度——是否明显改变结构静强度、疲劳和损伤容限、刚度特性和颤振特性?是否对 PSE 或其更换件的加强、加固或拼接?是否通过铆接或焊接对 PSE 进行更换?是否需运营人自制 PSE 的更换件?（任一回答为"是",判断为"是"）	□是 □否
3	系统性能——是否明显改变系统的运行性能?	□是 □否
4	飞机性能——是否可能改变飞机性能?主要体现为特定飞行条件下,改变已知推力或气动阻力	□是 □否
5	飞行特性——是否对飞行控制、飞行操纵面产生明显影响,以至于显著改变飞机的"空中"行为?	□是 □否
6	动力特性——是否显著影响动力装置运作(温度、RPM、压力、燃油传送、滑油传送)、动力装置冷却或动力气流、动力装置控制?	□是 □否
7	适航性——是否妨碍持续飞行和起落安全或对机组或乘客的安全造成不利影响?（包括防火系统、起落架、应急撤离、机组视野、自动导航等）	□是 □否
8	是否改变了航空器型号合格审定的基础(如专用条款、等效安全等)?	□是 □否
9	是否影响适航限制部分(ALS)中的内容?	□是 □否
10	是否影响到 AD 的执行?	□是 □否
11	是否需要使用特殊、非常规的修理方法、工具或技术(如非常规的材料选择、热处理、材料加工等)?	□是 □否

整等支持;对于 C 类/临时修理,执行后续的强度分析、设计更改等工作后,提供新的修理方案文件。

4.5　地面支援设备研制技术

地面支援设备/工具（Ground Support Equipment,GSE）,指在地面为飞机结构、系统、分系统和机载设备或成品在预期的环境下使用而需要的所有工具与设备,如飞机结构、系统、机载设备的使用、维修、返修、测试、防护等所需的所有设备。

地面支援设备/工具分为通用地面支援设备/工具和专用地面支援设备/工具。通用地面支援设备/工具是指能适用多种型号飞机维护、维修使用的地面支援设备/工具。通用地面支援设备/工具一般是在市场上可直接采购到的货架成品。通用地面支援设备/工具定义为 C 类。专用地面支援设备/工具是指专用于保障某一特定飞机机型或机型系列的地面支援设备/工具。专用地面支援设备/工具分为 S 类和 P 类。S 类指飞机主制造商负责研制的专用地面支援设备/工具,P 类地面支援设备/工具指由系统或部件飞机供应商负责研制的专用地面支援设备/工具。

按照地面支援设备/工具使用客户的不同,可分为试飞用和客户用。试飞用地面支援设备/工具是指保障飞机科研试飞和取证试飞所需的所有地面支援设备/工具,包括飞机架外改装、试验、试飞维修、维护、测试所需的地面支援设备/工具。客户用地面支援设备/工具是指以客户需求为导向的保障飞机所有地面支援设备/工具。

地面支援设备/工具清单是罗列用于保障飞机试飞、使用、维护、计划维修及非计划维修等所需的所有地面支援设备/工具的技术文件,是制订试飞用地面支援设备/工具清单、飞机随机地面支援设备/工具清单、地面支援设备/工具客户推荐清单、地面支援设备/工具库存采购推荐清单的依据。

4.5.1 技术要求

(1) 符合《维修单位的自制工具设备》(AC‐145‐10)要求。

(2) 遵循一般工业实物产品的研制规律、方法和程序,广泛借鉴行业和工业界内类似产品的成功研制经验,跟踪新技术、新方法的进展,同时持续改进和不断优化产品。

(3) 尽量减少专用设备/工具,充分考虑设备/工具通用性、经济性、人机安全性、可靠性,研制工作优先采用行业广泛采用的国际和行业标准。

(4) 遵循民航业客户服务的经验和方法。

4.5.2 技术要点

民用飞机主制造商地面支援设备/工具的工作依据项目进展而变化,主要分为研制阶段和服务阶段。

研制阶段的包括:

a. 需求分析。

b. S 类地面支援设备/工具设计、试制(含试验)、验证。

c. C 类地面支援设备/工具选型、验证。

d. P 类地面支援设备/工具管理。

e. 地面支援设备/工具的持续改进。

服务阶段的工作:

a. 采购、验收、入库。

b. 库存管理、销售、租赁。

c. 推荐、培训。

d. 技术支持。

1）地面支援设备/工具需求分析与清单编制

飞机的设计图纸和技术文件、维修工程任务分析文件以及维修类手册中维修、排故、勤务、抢救等任务程序是地面支援设备/工具需求的直接来源，并结合用户的使用需求、意见建议，结合在运营类似机型的地面支援设备/工具情况形成地面支援需求分析报告，并编制地面支援设备/工具清单。

2）S类地面支援设备/工具研制

（1）S类地面支援设备/工具设计、试制和交付。

依据地面支援需求分析结果，编制S类地面支援设备/工具技术要求，开展S类地面支援设备/工具的设计工作。

设计完成后，通过合格地面支援设备/工具供应商进行S类地面支援设备/工具的试验（含制造和试验）。

（2）S类地面支援设备/工具验证。

组织S类地面支援设备/工具验证工作，包括提出验证需求、制订验证要求和跟踪验证过程。飞机制造单位或试飞单位负责按要求实施S类地面支援设备/工具机上验证。

（3）S类地面支援设备/工具的持续改进。

根据S类地面支援设备/工具使用情况、用户的意见建议按需对S类地面支援设备/工具进行设计改进。

3）C类地面支援设备/工具选型

依据地面支援需求分析结果，编制C类地面支援设备/工具技术要求，开展C类地面支援设备/工具的选型。

飞机交付运营后通过收集用户使用意见对C类地面支援设备/工具进行重新选型或补充选型，并更新相关文件。

4）P类地面支援设备/工具管理

主制造商跟踪和管理飞机供应商的P类地面支援设备/工具的研制过程、产品及服务，并督促飞机供应商及时开展P类地面支援设备/工具验证工作，并对验证结果进行确认。

5）试飞阶段地面支援设备/工具使用跟踪

在飞机试飞阶段，对试飞用S类、P类、C类地面支援设备/工具的使用、验证和管理进行跟踪。

6）地面支援设备/工具采购、生产、销售、租赁

采购部门根据现有库存情况、根据以往销售租赁数据进行需求预测，制订地面支援设备/工具采购计划、确定供应商、发放订单或签订采购合同、完成入库、库存管理、销售、租赁。

7）地面支援设备/工具的技术服务

技术服务包括向客户提供推荐清单、培训、技术支持。

8) 地面支援设备/工具技术出版物编制

地面支援设备/工具技术出版物主要为图解工具手册(ITEM),手册提供了用户在使用和维护飞机时,完成飞机维修手册中所述的各种维修、维护、测试等工作所需的专用地面支援设备/工具的有关资料,并为飞机用户订货提供参考。

4.6　可靠性分析与管理技术

4.6.1　技术要求

(1) 符合《大型飞机公共航空运输承运人运行合格审定规则》(CCAR－121 部)要求。

(2) 符合《可靠性方案》(AC－121－54)要求。

(3) 满足客户的飞机运营与维护需求。

4.6.2　技术要点

可靠性是反映现代民用飞机质量和性能的重要指标,它是决定飞机效能和经济性的重要因素。飞机产品的可靠性不仅与其内在品质有关,还与产品的使用条件密切相关,如产品的使用环境中的振动、温度和腐蚀等因素,以及使用时间、使用和维修人员等都影响着产品的可靠性水平。从应用角度来讲,在产品的设计、研制、制造、使用和维修的全寿命过程中,可靠性分为固有可靠性和使用可靠性。固有可靠性是在产品的设计、制造过程中赋予的,在理想的使用及保障条件下的可靠性,它也是产品可靠性的设计基准,也是最高可靠性。当具体装备设计、工艺确定后,其固有可靠性是固定的。使用可靠性是产品在实际使用过程中呈现出来的可靠性。使用可靠性既受固有可靠性的影响,又受使用条件的制约,包括设计、安装、质量、环境、使用、维修的综合影响。

飞机可靠性管理委员会是公司飞机可靠性管理的最高管理机构。为了更有效地开展可靠性管理工作,各相关单位及部门有责任在飞机可靠性管理委员会领导下确保可靠性管理方案的顺利实施,其职责为:提出公司飞机可靠性管理工作的目标和要求,建立飞机可靠性数据收集与可靠性工程调查工作流程,评估、审核公司的《飞机可靠性管理方案》有效性,负责审议重大可靠性工程调查事项、设计目标值的调整等。

飞机可靠性管理委员会办公室作为飞机可靠性管理委员会的执行机构,向各可靠性工程调查工作组下发可靠性工程调查指令,并负责处理飞机可靠性管理委员会的日常事务。

维修组、运行组、制造组、工程组作为可靠性工程调查工作组,根据飞机可靠性管理委员会的可靠性工程调查指令进行工程调查,并向飞机可靠性管理委员会办公室提交可靠性工程调查报告。

在研制阶段的飞机可靠性管理工作主要包括:编制可靠性工作计划并依照计

划及时进行可靠性评审，对供应商的可靠性工作进行监督和控制，建立故障报告、分析和纠正措施系统，及时报告并归零飞机在研制生产过程中产品所发生的故障，确保飞机结构及其系统、部件和设备达到规定的可靠性定性、定量要求。

运行阶段的可靠性管理工作主要包括：收集、分析、处理飞机使用过程中发生的故障，持续改进，维持飞机的固有可靠性水平。根据《航空器制造厂家运行支持体系建设规范》（MD－FS－AEG006）描述，以下内容主要从运行阶段来描述飞机的可靠性管理工作。

机队使用可靠性分析的流程如下：

1）数据采集

研制阶段采集的数据包括：全机航线可更换件清单、各系统及部件的可靠性目标值等数据；研发试飞期间以及研制批飞机在试飞阶段飞机的使用时间、故障、部件拆换等数据；定检记录，如飞机停场维修阶段飞机故障及部件拆换等数据；飞机的交付资料，包括飞机履历本、发动机履历本、APU 履历本、部件装机清单等信息。

运营阶段采集的数据包括：客户服务请求、飞机的使用数据、航班运行不正常数据、故障记录、部件拆换记录、部件维修记录和定检工时及费用等。

2）可靠性指标

可靠性管理指标体系，主要是为了全面反映维修质量和维修效益，它由可直接评估维修方案有效性的性能参数和根据公司内部管理需要（包括可靠性成本控制需要）规定的其他指标项目组成。性能参数根据其统计特性分为两类：统计类和事件类。

统计类性能参数是监控飞机系统性能和发动机及附件性能的主要方法。该类参数使用预先设定的目标值来识别不可接受的性能及其恶化趋势。其每项指标由参数名称、统计方法、警戒值或目标值三要素组成。指标项目的警戒值可用可靠性统计的方法确定其控制上限，也可采用按照飞机设计要求设定的目标值。统计类性能参数包括平均航段时间、平均日利用率、地面中断率、签派可靠度、运行可靠度、机组报告率、空停率、非计划拆换率、MTBUR。

事件类性能参数则是用来监控不会频繁发生的事件，以及不能用统计方法进行有效分析的事件。事件类性能参数包括：飞机因为技术原因造成的运行不正常事件、飞机 AOG 事件、SDR、重大结构损伤报告、多发性故障、重复性故障。

统计类性能指标以设计目标值为准，对于目前缺失设计目标值的采用计算的警戒值为准。事件一旦发生即算作一次警告。飞机投入运营初期，统计类数据触发的告警较少，以事件类监控为主，一旦发生即开展可靠性工程调查。

3）可靠性分析和可靠性工程调查

可靠性分析主要通过对历史数据的分析对警告项目进行确认，方法如下：

（1）首先是具体故障的描述，包括机号、涉及部件件号、序号、故障发生时间、地点、航班、故障类别及描述、故障的重复性等信息。

（2）检查数据质量，是否存在数据录入差错（需确认是否存在由于故障类型、ATA 章节分类错误而造成的误报警）。

（3）调查趋势图上存在的警告状态是否由于对警戒值的修订引起的虚假警告。

（4）利用数理统计的原理对趋势图上的点的分布和趋势作分析。

（5）确定故障是否集中在同一件号、序号的部件上（可能存在劣质部件、修理质量问题）。

（6）确定是否是以前发生过而未解决或未引起关注的故障模式。

（7）分析故障分布与季节变化的相关性。

（8）分析故障分布与使用时间的相关性。

（9）与相似机型或不同航空公司间的平均水平比较。

（10）计算维修效率 MTBUR/MTBF，分析误换率。

（11）分析故障是否为客户本身管理或维修不当造成的。

4）纠正措施执行及跟踪

用于实施纠正措施的维修文件如表 4-5 所示。

表 4-5　实施纠正措施的文件

纠 正 措 施	实 施 的 文 件
更改标准或要求	设计标准或要求、制造安装标准
更改设计方案	工程指令（DEO/EO）
改进产品	工程指令、VSB
改进制造工艺	安装指令 AO、ZPS
安装过程质量控制	安装过程质量控制程序
优化备件计划	航材备件清单、航材库存计划
维修质量控制	维修质量控制程序
加强人员培训	机务/机组培训教材
修订相关手册	SMR（MRBR）、AMM、FIM、MMEL 等

有效的纠正措施，应能使机队有关的性能参数随纠正措施完成的百分率的增加而返回到原有的状态，并在机队可靠性月报性能参数的控制图中反映出来，可靠性工程师负责跟踪评估纠正措施的有效性。

警告项目跟踪评估相关工作要求：

（1）对于需要执行纠正措施的可靠性警告项目的跟踪评估期一般为纠正措施落实后三个月。

（2）对于决定不需要执行纠正措施的可靠性警告项目的跟踪评估期一般为完成可靠性工程调查后三个月。

5）数据显示与报告

数据的显示以报告的形式进行发布。

4.7　维修成本分析与监控技术

4.7.1　技术要求

(1) 满足 ATA SPEC 2000 国际规范。

(2) 借鉴、对标先进企业的经验和做法。

4.7.2　技术要点

1) 维修成本影响因素

(1) 飞机设计因素对 DMC 的影响。

飞机设计因素对 DMC 的影响主要表现在以下几个方面：

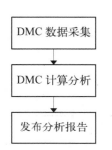

图 4-9　DMC 监控流程

a. 飞机及其系统、部件的固有可靠性(或可靠性设计)。

b. 维修性设计。

c. 飞机主制造商维修计划文件(MPD)以及后续的服务保障水平；DMC 监控流程如图 4-9 所示。

(2) 飞机使用因素对 DMC 的影响。

飞机的使用因素对 DMC 的影响主要体现在机龄以及执飞的航段长短。

飞机按照运行的年数划分，可以分为以下三个阶段：新飞机阶段(1～5 年)、成熟阶段(6～14 年)、老龄化阶段(15 年以上)。新飞机阶段的维修成本较低，但是逐年呈上升趋势；成熟阶段的维修成本相对平稳，每年变化不大。

目前大部分飞机的 MPD 对维修项目的时间控制采用三个参数：飞行小时(FH)、飞行循环(FC)、日历时间。另外，航空公司根据飞机的利用率对飞机的 A 检和 C 检，针对三个参数进行了不同的定义，例如，南航 A320 S 机型的 A 检间隔为 375FH/250FC/50 天(先到为准)。执飞航段的长短会影响 FH、FC 的分配比例，导致部分控制参数消耗的很快，而另一部分的控制参数浪费严重。因此，为了使三个参数按既定的比例合理运用，减少飞机参数的浪费，在航班安排上应综合考虑航程特点，可以间接降低飞机的维修成本。

(3) 飞机维修因素对 DMC 的影响。

飞机维修因素对直接维修成本的影响，主要体现在以下几个方面：

a. 维修方案以及维修计划。

b. 维修人员的技术水平。

2) 维修成本分析与监控

(1) DMC 数据采集。

DMC 数据分为工时数据(包括例行和非例行)、消耗数据。工时数据如表 4-6 所示，消耗数据如表 4-7 所示。

表 4 - 6　工时数据

工卡号	例行/非例行	ATA	任务号	任务名称	耗费工时	拆换件件号	拆换件名称	部件序列号	拆换件处理情况

表 4 - 7　材料消耗数据

件号	名称	数量	价格	维修级别	维修开始日期	维修结束日期	MPD任务后	例行/非例行	AMM任务

（2）DMC 监控。

DMC 监控过程中，会反映出飞机设计方面的某些缺陷。如果是某个供应商的产品出现问题，应督促供应商立刻采取措施修改设计；如果是自行设计的产品出现问题，设计部门应立刻查找原因，提出修改方案。不论哪种情况，都要重新进行DMC 分析工作，假如经过分析之后，成本是合理的，在技术上又是可行的，则发布设计修改信息。飞机运营之后提出的设计更改通常以适航指令（AD）、服务通告(SB)、服务信函(SL)等形式发布。

（3）DMC 报告。

定期发布 DMC 分析报告，介绍机队 DMC 情况。

4.8　维修性评估技术

本章节关于飞机维修性评估技术主要是基于系统工程的"双 V"理论，对推动目标与要求落实情况的评估所采用的技术。实际业务层面包括对工程设计上游的维修性设计的评估与维修工程自身业务产品（集中在维修工程分析与地面支援设备）的评估。飞机维修性评估方面可总结出如下两条经验。

4.8.1　技术要求

（1）满足 ATA SPEC 2000 国际规范。
（2）满足飞机各个阶段的研制需求。
（3）借鉴、对标先进企业的经验和做法。

4.8.2　技术要点

1）维修性设计的评估

结合研制过程，飞机维修性评估设计方面可总结出如下两条原则：

a. "验证"环节及早介入。

"验证"通常是发生在系统集成、总装交联、地面试验等较下游的研制阶段，此时设计状态基本冻结。如果验证出现设计不合理的状态，再对设计方案推倒重来的话，对研制节点和成本造成极大的风险。目前所遵循的"正向设计"是从飞机级需求到系统级设计方案到设备级产品规范的、逐级的分配分解研制程序。

如果缺失"逆向确认",就无法校验当前的设计状态是否满足最初的设计目标,必将出现设计偏离事故,所以必须在相应的设计节点建立"符合性转阶段评审"机制。这样可以在逐级逐步"反馈—迭代"从而使飞机研制流程形成一个"闭环"系统。

b. 重视工程设计与维修保障数据关联。

飞机维修保障业务主要集中在维修任务与间隔确定、拆卸程序与排故分析、GSE 设备研制、技术出版物编制、航材备件规划、可靠性管理与 DMC 担保支持等。经分析追溯其设计上游要素和需求分析,梳理出维修保障与工程设计之间存在如表 4-8 所示的关联关系。

表 4-8 工程设计与维修保障数据关联

维修保障 ＼ 工程设计	数模	功能	数量	重量	安装位置	接口控制	维修性	安全性	可靠性	成本
维修任务	√	√	√		√	√	√	√	√	√
任务间隔					√				√	
拆卸程序	√			√	√		√			
GSE 设备	√			√	√		√			
排故逻辑		√				√	√	√	√	
技术手册	√	√	√	√	√	√	√			
航材备件			√				√		√	√
可靠性管理									√	
DMC 担保									√	√

所以重点把握与控制相应的工程设计要素,对维修性评估以及整个维修保障研制工作意义重大。进而深入各研制阶段,维修性评估对象如下述内容。

JCDP/PDR 阶段主要关注系统与飞机的工作界面,工程设计文件应包括以下方面:

(1) 系统工作包划分。

(2) 维修性原则(总体布局、口盖设置等)。

(3) 接口控制关系(SICD、EICD、AICD)。

(4) 安全性分析(FHA)。

(5) 可靠性分析(MTBF/MTBUR)。

(6) 经济性分析(DMC 整机分配与系统预计)。

(7) 拆卸逻辑与维修程序。

(8) 工装与维修工具设备飞机接口。

(9) 其他。

CDR/DDR/全面试制阶段重点强调产品与系统界面,工程设计文件应包括以下方面:

（1）产品 LRU 定义。

（2）维修性指标（模块化程度、互换性、MTTR 等）。

（3）接口关系（电源与通信制式、ECIAS 与 OMS 逻辑）。

（4）安全性分析（FMEA）。

（5）可靠性指标（MTBF/MTBUR）。

（6）经济性指标（DMC 分配与预计）。

（7）拆卸逻辑与维修程序。

（8）工装与维修工具设备系统接口。

（9）其他。

所以最终在飞机级与系统级的维修性评估时，可建立如表 4-9 所示的符合性评估表格控制需求落实情况。

表 4-9　飞机维修性评估表

编号	项　　目	是/否	描述	备注
1	安全运行			
1.1	设计改进是否涉及 CMR 和 ALI 项目，对飞机安全性产生什么影响？			
1.2	是否涉及 MMEL，对飞机运行派遣产生什么影响？			
2	维修任务			
2.1	设计改进是否带来维护、定检与排故等维修任务的变化？			
2.2	维护包括润滑、勤务任务，维修可达性是否合理？ 操作标识是否清晰？ 维护间隔如何定义？			
2.3	定检即计划维修，设计改进是否影响安全性与运行性？ 是否有功能接口的变化？ 是否有相应 EICAS、OMS 等指示或告警信息？ 是否有可靠性指标 MTBF、MTBUR 的变化？ 目视检查、操作检查、功能检查和恢复、报废等任务类型是否适用与有效？			
2.4	排故即非计划维修、修复性维修，设计改进是否影响功能故障逻辑？ 是否有相应 EICAS、OMS 等指示或告警信息？ 是否有可靠性指标 MTBF、MTBUR 的变化？			
3	维修级别			
3.1	设计改进是否涉及产品结构划分？			
3.2	产品的模块化、互换性程度如何？			
3.3	产品维修层级如何定义？ 在位、离位、航线与基地维修？ 对备件与工具、人员资质有何要求？			

（续表）

编号	项　目	是/否	描述	备注
4	资源工具			
4.1	设计改进是否涉及飞机对外接口和工具、地面支援设备的变化？			
4.2	设计改进对航材备件、手册更新是否有影响？			
5	拆卸程序			
5.1	设计改进对产品维修性有何影响？			
5.2	设计改进是否会带来产品拆卸程序的变化？			
5.3	拆卸过程是否有工具、环境要求？			
6	维修成本			
6.1	设计改进是否会带来维修工时的变化？			
6.2	设计改进是否会带来维修材料费的变化？			

2）维修工程分析与地面支援设备的评估

维修工程分析主要包括经 MSG-3 计划维修分析形成的计划维修要求文件等技术文件。计划维修任务需在工程样机和飞机上以地面试验和检查的方式进行验证。维修间隔验证通过获得实验室试验获得系统设备的可靠性与结构的强度、疲劳等数据，在飞机试飞过程以及运营过程确认涉及相关计划维修任务的间隔值的合理性，并在运营过程中进行抽样检验。维修工程分析评估验证如表 4-10 所示。

表 4-10　维修工程分析评估验证表

序号	验证项目名称	验　证　描　述	验证方法
1	计划维修任务验证	通过 ISC/WG 对计划维修任务的适用性与有效性进行适航评审，在物理样机和飞机上以检查的方式进行验证评估	书面验证
2	维修间隔验证	通过实验室实验获得系统设备的可靠性与结构的强度、疲劳等数据，在飞机试飞过程验证涉及相关计划维修任务的间隔值的合理性	书面验证 飞行试验
3	维修工程分析验证	通过电子样机（虚拟样机），对计划与非计划维修任务相关区域的可达性、接近性、拆卸逻辑进行初步验证	检查
		通过物理样机（铁鸟与综合试验台等），对样机相关系统的功能与排故逻辑的合理性与有效性进行评估	实验室试验
		通过飞机/硬件，全面验证维修任务的合理性，包括可达性、人因工程等在内维修性、修理级别、排故逻辑，相关地面支援设备，人工时等信息	地面试验 检查

（续表）

序号	验证项目名称	验　证　描　述	验证方法
4	可靠性与维修经济性验证	通过收集试飞与运营阶段的可靠性数据、维修成本数据，并对这些数据进行分析，从而验证可靠性指标与维修成本指标是否满足要求，根据需要进行改进	试飞与航线运营验证

　　地面支援设备(GSE)分为"C""S""P"三类工具设备，其验证工作的目的是通过对工具设备进行验证，判断工具设备的功能、性能、适用性、安全性等方面是否符合预期。具体工具项目的产生或来源，应当依据设计、维修、运行任务的要求而定，每项工具的验证方法流程基本一致。基于此，同时考虑现阶段的工作情况，这里按类别给出地面支援设备的试验验证工作清单。如表4-11所示。

表4-11　地面支援设备评估验证表

序号	验证项目名称	验　证　描　述	验证方法
1	试飞用S类地面设备仿真验证	在试飞飞机构型数字样机上，对地面支援设备进行模拟仿真验证	数字样机仿真
2	试飞用S类地面设备试验室验证	在试验室，对地面支援设备进行验证	试验室验证
3	试飞用S类地面设备机上验证	基于数字样机验证或试验室验证结果，按照该地面支援设备产品验证要求，开展地面支援设备的机上验证	机上验证
4	试飞用P类地面设备验证	按照该地面支援设备产品验证要求，开展地面支援设备的机上验证	机上验证
5	试飞用C类地面设备验证	按照该地面支援设备产品验证要求，开展地面支援设备的机上验证	机上验证
6	客户用S类地面设备仿真验证	在交付飞机构型数字样机上，对地面支援设备进行模拟仿真验证	数字样机仿真
7	客户用S类地面设备试验室验证	在试验室，对地面支援设备进行验证	试验室验证
8	客户用S类地面设备机上验证	基于数字样机验证或试验室验证结果，按照该地面支援设备产品验证要求，开展地面支援设备的机上验证	机上验证
9	客户用P类地面设备验证	按照该地面支援设备产品验证要求，开展地面支援设备的机上验证	机上验证
10	客户用C类地面设备验证	按照该地面支援设备产品验证要求，开展地面支援设备的机上验证	机上验证

4.9　维修工程技术应用

4.9.1　MSG-3分析

基于 MSG-3 分析技术,开展系统、结构、区域和闪电/高强度辐射场(L/HIRF)的 MSG-3 分析,形成计划维修任务和维修间隔;并依据 MSG-3 的分析结构制订 ARJ21-700 飞机维修大纲(MRBR)和维修计划文件(MPD),其中,MRBR获得 CAAC 和 EASA 的联合批准;依据现阶段航线运营飞机的状况制订了ARJ21-700 飞机低利用率维修方案,满足航线飞机在低利用率状态下的运营需求;针对试飞飞机的特殊状态,制订了 ARJ21-700 飞机试飞机维修的要求,保障试飞飞机的适航性;明确了结构抽样、宽限期和时寿件管理的方案。

4.9.2　ARJ21-700飞机维修网络构建

开展维修能力建设,以满足飞机的运营需求,持续优化机体和部件维修网络;完成《机体维修网络分析报告》,阐述主制造商机型的机体维修网络建设需求和计划;依据报告结论,开展后续工作;选择潜在的机体 MRO,向有合作意向的机体MRO 发送《MRO 调查表》,根据调查表反馈情况,按需现场走访相关机体 MRO,核实反馈材料;协助第三方 MRO 建立主制造商机型部件维修能力,向有合作意向的部件 MRO 发送《MRO 调查表》,根据调查表反馈情况,按需现场走访相关部件MRO,核实反馈材料;收集主制造商的机型机体和部件 MRO 的基本信息和维修能力并汇编成册,形成《机体 MRO 清册》和《部件 MRO 清册》,并通过客户服务文件向客户发布。

4.9.3　工程技术支援

根据所颁发的内容和执行期限把 ARJ21-700 飞机的服务通告分为普通类、重要类、紧急类共三类;完成了 ARJ21-700 飞机 SB 启动、SB 编制/修订、服务通告生产线/试飞飞机现场目击验证、SB 内部审批、SB 局方审批、SB 在役验证、SB 发布和收集 SB 执行反馈信息等流程制订;完善了运营人信息通告、机队技术活动报告、服务信函和超手册维修方案的发布流程;依据 ARJ21-700 飞机的项目进展发布了多份超手册修理方案和工程技术类客户服务文件(包括 SB、SL、OIC 和 FTAR),并负责后续文件执行过程中的技术支援工作。

4.9.4　地面支援设备/工具研制

完成 ARJ21-700 飞机地面支援设备/工具(GSE)的研制,并针对"C""S"和"P"三类地面支援设备形成了一套闭环的研发体系,分析出用于保障飞机试飞、使用、维护、计划维修及非计划维修等所需的所有地面支援设备/工具的技术要求,形成 ARJ21-700 飞机地面支援设备/工具清单,制订 ARJ21-700 飞机试飞用地面支援设备/工具清单、ARJ21-700 飞机随机地面支援设备/工具清单、ARJ21-700

飞机地面支援设备/工具客户推荐清单、ARJ21-700飞机地面支援设备/工具库存采购推荐清单;编制并发布图解工具手册ITEM,在使用和维护ARJ21-700飞机时,提供完成飞机维修手册中所述的各种维修、维护、测试等工作所需的专用地面支援设备/工具的有关资料,并为飞机客户订货提供参考。

4.9.5 可靠性分析

提出公司ARJ21飞机可靠性管理工作的目标和要求,建立ARJ21飞机可靠性数据收集与可靠性工程调查工作流程,发布了《ARJ21飞机可靠性管理方案》,并审议重大可靠性工程调查事项,推动了设计目标值的调整;监控ARJ21-700飞机可靠性水平,为设计、制造提供改进建议,从而确保飞机的固有可靠性水平达到设计目标;监控ARJ21-700飞机维修方案的执行情况,为维修方案的持续优化提供依据;为ARJ21-700飞机的客户服务产品提供建议,提高客户服务产品水平;根据客户需要,为客户提供可靠性支援服务,维持客户ARJ21-700飞机机队的运营可靠性水平;定期发布ARJ21-700飞机可靠性月报和年报,并依据飞机的运营状态,按需开展可靠性分析。

4.9.6 维修成本分析与监控

收集飞机维修阶段的人工时和其他要素,开展直接维修成本分析。飞机投入运营后,对实际ARJ21-700机队的运营DMC情况进行分析监控,实现分析机队本年度整机DMC、人工时费、材料费情况,预测下一年的趋势;根据全球机队DMC数据分析,为用户提供改进建议;对问题较大的系统或部附件,分析其DMC、人工时费、材料费情况,为飞机设计改进提供依据。

4.9.7 维修性评估

使用了"逆向确认"的维修性概念,以便校验当前的设计状态是否满足最初的设计目标,将设计偏离事故隔离在最早的阶段,建立相应的设计节点建立"符合性转阶段评审"机制。在逐级逐步"反馈—迭代"使飞机研制流程形成一个"闭环"系统;提出了计划维修任务验证、维修间隔验证、维修工程分析验证和可靠性与维修经济性验证的验证标准,并加以使用;通过对"C""S"和"P"三类地面支援设备进行验证,判断工具设备的功能、性能、适用性、安全性等方面是否符合预期。追溯其设计上游要素和需求分析,梳理出维修保障与工程设计之间存在如下关联关系;同时,收集飞机航线、定检和大修期间遇到的维修性问题,提出设计更改建议,改善飞机的维修性,降低运营成本。

4.9.8 主要工作成果

1)研制工作完成情况

(1)完成ARJ21-700飞机专用工具及设备研制。

(2)完成工程技术支援规范及工程技术支援代表培训。

（3）建立 ARJ21 – 700 飞机航线维修及定期维修能力。

（4）建立 ARJ21 – 700 飞机可靠性数据管理机制，发布可靠性分析报告。

2）交付使用情况

（1）为 ARJ21 – 700 飞机客户提供现场工程技术支援服务。

（2）编发 ARJ21 – 700 飞机维修类客户服务文件，为客户提供维修技术支援。

（3）发布 ARJ21 – 700 飞机各级飞机定期检修及部件维修能力 MRO 清单。

（4）协助获取 CCAR – 145 部证照。

（5）协助完成 ARJ21 – 700 飞机定检、特检。

3）审定或鉴定项目

（1）中国商飞获得 CCAR – 145 部证照。

（2）协助部分维修机构获得 ARJ21 – 700 飞机 CCAR – 145 部证照。

（3）协助部分供应商获得 ARJ21 – 700 飞机 CCAR – 145 部证照。

4.10　本章小结

维修工程技术涵盖了 MSG – 3 分析技术、维修网络构建技术、工程支援技术、地面支援设备研制技术、可靠性分析与管理技术及维修成本分析与监控和维修性评估技术等多方面的内容，为飞机的初始适航和持续适航提供技术支撑，是飞机交付客户后主要的飞机维修支持技术提供者。

为满足飞机型号取证、持续适航及全寿命运营期间的正常运营等方面的需求，维修工程专业以 MSG – 3REV2007.1 以及 AC121/135 – 67 为基础开展 ARJ21 – 700 飞机的 MSG – 3 分析工作，并依据 MSG – 3 分析结果编制维修大纲（MRBR）和维修计划文件（MPD）两本维修要求类手册。建立了符合国际规范的维修大纲编制工作规范和流程；掌握了国际通用的 MSG – 3 分析规范；锻炼和培养了实施维修分析和接受国际审查的维修大纲编制专业队伍；飞机交付运营后，将收集可靠性相关的运营数据，按照 PPH 的要求对运营数据进行评估和分析，按需对 MSG – 3 分析报告/维修大纲中的任务和间隔进行优化，并组织召开 WG/ISC 会议对分析结果进行审查；根据用户使用和反馈情况，并结合 WG/ISC 审查意见，按照 PPH 的规定完成对维修大纲的修订和持续改进。

分析主制造商维修网络中部件维修网络建设的需求及建设的目标，并对 PSA 中各系统供应商部件维修网络建设的条款进行梳理。与相关机体 MRO 进行合作协商，双方达成一致后，依据主制造商合同管理规定签订合作协议，以满足 ARJ21 – 700 飞机的运营需求，持续优化飞机 A 检查、C 检查、大修和部件维修网络；完成了 ARJ21 – 700 飞机 SB 启动、SB 编制/修订、服务通告生产线/试飞飞机现场目击验证、SB 内部审批、SB 局方审批、SB 在役验证、SB 发布和收集 SB 执行反馈信息等流程制订；完善了运营人信息通告、机队技术活动报告、服务信函和超手册维修方案的发布流程；客户用地面支援设备/工具是指以客户需求为导向的保障飞机所有地面支援设备/工具；按照地面支援设备/工具使用客户的不同，可分为试飞用和客户用。

ARJ21飞机可靠性工作通过收集、分析、处理飞机使用过程中发生的故障，持续改进，维持飞机的固有可靠性水平，从维修组、运行组、制造组、工程组作为可靠性工程调查进行工程调查，并发布可靠性工程调查报告。从维修方案以及维修计划和维修人员的技术水平两个方面对直接维修成本的影响进行分析。通过DMC数据采集、DMC监控和DMC报告等具体形式进行维修成本分析与监控。追溯其设计上游要素和需求分析，梳理出维修保障与工程设计之间存在如下关联关系；同时，收集飞机航线、定检和大修期间遇到的维修性问题，提出设计更改建议，改善飞机的维修性，降低运营成本。

5 飞行运行工程

5.1 专业简介

5.1.1 飞行运行工程

飞行运行工程是支持处理飞行运行相关客户服务请求,负责实施对客户的运行指导技术工作,向客户提供飞行技术支持及飞行运行类软件产品的工程技术。是飞机制造厂家提供给飞机运营商支持其引进并运行飞机的必不可少的工程技术。

飞行运行工程型号主要任务是:

(1) 提供面向航空公司的飞行、运行、性能、配载、标准等方面的技术支持。

(2) 提供面向航空公司的驻场支援。

(3) 完成运行类产品的开发、维护、升级。

(4) 完成运行类手册编制以及运行类产品的开发及验证。

5.1.2 飞行运行工程技术

飞行运行工程技术是提供客户在日常运行中的飞行、航行安全与增强安全、运行审定、飞机性能、签派、配载平衡、空域与机场使用等方面的技术支援以及新技术应用支持的系列科学方法、手段及原理。

飞行运行工程技术主要包括运行工程技术及飞行工程技术两大类。其中运行工程技术主要用于解决客户运行飞机保障的问题,飞行工程技术主要用于解决用户操作飞机的问题。

5.2 运行工程技术

5.2.1 飞机性能分析技术

飞机性能分析技术用以分析飞机机场和航线适应性、计算起飞/着陆重量与速度、计算航线油耗与业载、开发飞机性能分析软件,是支持航空公司新开航线、日常运行的必备技术。飞机性能分析技术分为新开航线论证、起降性能分析、航线业载分析、飞机性能监控等技术。

5.2.2 起降性能分析

起降性能分析根据飞机数据、机场跑道条件、机场环境条件和障碍物数据,计算起飞/着陆限重数据表,为客户提供不同跑道、特定环境温度和风以及道面状况下的起飞/着陆重量、速度。

1) 技术要求

(1) 符合《飞机航线运营应进行的飞机性能分析》(AC-121-FS-006)要求。包括起降性能分析主要内容,起降性能分析是指根据飞机数据、机场跑道条件、机场环境条件和障碍物数据,计算起飞/着陆限重数据表。起飞/着陆限重是可用的最大起飞/着陆重量,在该重量下飞机的起飞/着陆性能不超过规章的规定。

(2) 对于起飞,应考虑的因素有场地长度的限制、爬升梯度,特别是起飞第二阶段爬升梯度的限制、超越障碍物对起飞机重的限制、最大刹车能量的限制、最大轮胎速度的限制、最小操纵速度的限制、结构强度的限制等。

(3) 对于着陆,需要考虑进场爬升限制、着陆爬升限制、着陆场地长度限制、结构限制。

(4) 满足飞行性能的限制。

(5) 满足航空公司运行需求。

2) 技术要点

(1) 场地长度的限制。场长限重是指在给定的计算条件下,飞机以该重量达到的需用起飞滑跑距离、加速停止距离和需用起飞距离分别不超过可用起飞滑跑距离(TORA)、可用加速停止距离(ASDA)和可用起飞距离(TODA)。作为计算输入,TORA 为主跑道的长度,ASDA 为主跑道与停止道长度的和,TODA 为主跑道与净空道长度的和。主跑道、停止道和净空道的长度可以在 NAIP 中找到。干跑道上的加速停止距离计算不使用反推,但湿跑道和污染跑道计算时可以使用。

(2) 爬升梯度的限制。爬升梯度限重包括起飞一阶段爬升梯度限重、二阶段爬升梯度限重和最终段爬升梯度限重。在进行起降性能分析时,需要在给定条件下计算一阶段、二阶段和最终段限重数值,取三者中的最小值作为爬升梯度限重。

(3) 障碍物限制。越障计算中所考虑的障碍物,是指 A 型障碍物图中,位于起飞航迹区内穿过 1.2% 平面的那些障碍物。CCAR 中规定起飞航迹区以跑道或净空道末端为起点,起始宽度为 180 m,以 $0.25 \times D$ 的比率扩张至最大宽度 1 800 m(D 为离开起点的距离),此后,保持这一宽度直到下述两点中的较高点:爬升至高于起飞平面 1 500 ft,或完成从起飞到航路爬升构型的转变,并达到规定的速度、爬升梯度要求的点。按照 CCAR 的规定,净航迹必须至少以 35 ft 的高度差越过障碍物以保证飞行安全,所以越障计算要解决两方面的问题:对于已知重量和构型的飞机,要求出其净航迹,并检查净航迹能否安全越过障碍物;确定已知障碍物所允许的最大起飞重量和有关参数,这个重量称为越障限制的最大起飞重量。

（4）最大刹车能量限制。计算场长限重需要考虑一发失效起飞距离和一发失效加速停止距离。在加速停止过程中，刹车盘通过吸收飞机的动能使飞机减速，动能的吸收带来热能的增加。每种刹车装置吸收的能量都有一定的限制，如超过限制，可能导致刹车起火烧坏。因此，必须限制刹车片所吸收的能量。根据刹车装置所能吸收的能量，对于不同的飞机重量，都有一个相应的地速限制，即为最大刹车能量速度（V_{MBE}）。V_{MBE} 受到机场气压高度和温度、风速、风向和跑道坡度的影响。起飞中使用刹车的最大可能速度是中断起飞时达到的决断速度 V_1。在此条件下确定的起飞重量成为刹车能量限制的最大起飞重量。

（5）最大轮胎速度限制。飞机在起飞滑跑过程中，机轮高速转动，如果转动速度太快，离心力过大，轮胎会因张力过大而破坏。为了防止轮胎高速转动时发生破坏，对轮胎规定了速度限制。限制轮速由机轮厂家制订，不需要作为计算输入。

（6）最小操纵速度限制。起飞滑跑过程中，如在地面最小操纵速度（V_{MCG}）时关键发动机突然停车，有可能使用启动主操纵（不用前轮转向和差动刹车）来恢复对飞机的控制，用正常的驾驶技巧和不大于规定的操纵力能安全地完成继续起飞，并保证飞机在跑道上的航迹偏离跑道中线的水平距离不超过 30 ft。对已知机型，V_{MCG} 与发动机推力、环境温度和气压高度有关，由试飞确定。

（7）结构强度限制。AFM 规定了飞机结构限重，飞机结构限重来自机体结构和强度的限制。在计算时需要查找 AFM 手册，确定飞机结构限重并作为计算输入。

（8）湿和污染跑道的起飞重量计算。《飞机航线运营应进行的飞机性能分析》（AC-121-FS-006）要求除了计算干跑道起飞重量，还需要计算湿跑道和污染跑道的起飞重量。因此在起飞限重数据表中应包含干跑道、湿跑道和污染跑道起飞限重数据。《飞机航线运营应进行的飞机性能分析》（AC-121-FS-006）允许使用改进爬升技巧和减推力起飞，但是必须满足上述各项限制。进行起飞性能分析，不能使用减推力起飞，当存在有利条件时应使用改进爬升技巧，提高起飞限重。当有多种可用于起飞的襟缝翼构型时，应在计算前确定用于计算的襟缝翼构型。

（9）最大起飞重量和起飞速度的确定。查询机场、气象和飞机情况作为计算的原始数据；计算场地长度限制、第二爬升段爬升梯度限制和轮胎速度限制的三种最大起飞重量，经比较后选最轻者作为最大起飞重量。同时检查场地的长度限制、爬升限制和结构限制最大起飞重量。如爬升限制的最大起飞重量小，可以使用改进爬升法爬升，并计算出改进爬升的最大起飞重量来替换爬升限制的最大起飞重量。如有障碍物，则应求出障碍限制的最大起飞重量和改平高度等参数值。如越障限制的起飞重量小于爬升限制的最大起飞重量，则替换之，否则不变；按确定的最大起飞重量或实际起飞重量计算起飞速度，并按规定检查这些速度是否符合要求，如不符合，则减轻最大起飞重量直到满足速度要求为止；如在干跑道上起飞，且飞机实际起飞重量小于和推力有关的性能限制的最大起飞重量时，可使用灵活推力起飞或降低额定功率法起飞。如在湿跑道或污染跑道上起飞,则需参照 AFM 修正使用。

5.2.3 航线业载分析

航线业载分析包含了两个相对独立的过程,分别是航线油量分析和航线业载分析。

航线油量分析是指以冬春/夏秋两季划分,根据飞机所飞航线的距离、巡航高度以及备降机场的情况,按照航路 85% 可靠性风和温度计算航程油量、航程时间和备份油量。

起飞业载分析是指按照航线油量分析结果和起降性能分析结果作为输入,计算不同温度条件、不同风速条件下机型对应某一跑道某一进离场程序的参考可用业载。

1) 技术要求

(1) 飞行计划最基本的内容是针对每一航班算出允许的最大业载、轮挡油量、备份油量、起飞总油量、轮挡时间等各项数据,详细的飞行计划还应算出到达各航路点的时间、所消耗的油量(或剩余油量),在各航路点的速度、航向等。各国民航当局的燃油政策规定了制订飞行计划时,飞机携带的最小油量的要求,在同一民航规章体系下,国内和国际航线的燃油政策也是不同的。

(2) 满足飞行性能的限制。

(3) 满足航空公司运行需求。

2) 技术要点

(1) 计算滑行油。滑行油不得少于起飞前预计使用的油量,一般应该考虑起飞机场的条件和 APU 耗油。对于一个机型,通常按平均滑行时间给出固定量。在性能软件中,该固定量已经得到了考虑。

(2) 计算航程油。从起飞机场松刹车开始到目的地机场着陆接地,所需油量被称为航程油。这个油量考虑了以下所需的油量,起飞爬升到巡航高度层,从爬升结束到下降开始的飞行(包括任何阶梯爬升/下降),从开始下降到进近开始的飞行进近在目的地机场着陆。

(3) 计算备降油。备降油考虑了以下所需的油量,在目的地机场复飞,从复飞高度爬升到巡航高度层,从爬升结束飞到下降开始,从下降开始飞到进近开始,进近在备降场着陆(当需要两个备降场时,备降油应该足够飞到需要更多燃油的备降场)。

(4) 计算储备油。储备油是在备降场或目的地机场上空 1 500 ft 的高度,飞行 45 min 所需的最小油量,如果没有备降场,用 ISA 条件下的等待速度飞行。

(5) 数据交付。用性能分析软件完成分析之后,需将输出表格中的相关内容填入航线分析表模板中。表中应包括但不限于以下内容:航线距离、巡航高度、航路风、温度、巡航方式、起飞油量、航程油量、航程时间、备降机场名称、备份油量等。如果所分析航线涉及的机场有加油限制或无加油能力，则应考虑携带附加燃油，且在表中做出备注。

5.2.4 飞机性能监控

飞机性能监控是将飞机实际的巡航耗油率与计算值进行对比，从而监测机身气动性能和发动机性能衰减的技术。

一般来说，飞机实际的巡航耗油率与计算值存在偏差，且此偏差会随着飞机使用时间的增长而增加。在计算飞行计划时引入这个偏差，可以算得更准确的航程油耗，提高经济性。持续观测该偏差随时间的变化，可以监测机身和发动机的老化，指导飞机和发动机的维护工作。

1）技术要求

（1）符合《飞机航线运营应进行的飞机性能分析》(AC-121-FS-006)要求。需对老龄飞机的飞机性能进行监控，对于油耗明显增大的飞机需重新核定燃油政策和油量标准。在航空公司运行中，机队性能降低会导致飞行计划误差，影响节油工作，影响运营安全。需要对机队的燃油性能情况进行监控掌握，分析原因。

（2）满足飞行性能的限制。

（3）满足航空公司运行需求。

2）技术要点

（1）准备初始飞机性能数据。根据完成飞机性能监控工作需要飞机交付前后时期的飞机性能数据用以分析当前飞机性能衰减规律和趋势，该数据可以是：飞机交付时的出厂数据或航空公司初始运营该飞机时的性能数据。要求以上获得的飞机性能数据是时间段为至少 1 个月经过译码后的 QAR 数据，能够输入到 APM 软件中计算使用。

（2）准备待分析数据。

（3）基于飞机动力学模型，以某架次飞行中的飞行数据为输入，计算出理论上的需用推力值（或全机阻力系数 CD）。

5.2.5 飞机配载平衡技术

飞机配载平衡技术是计算飞机重量、重心、配平值，进行包线削减、舱单设计、AHM560 文件编制、配载软件开发的重要技术，是航空公司运行飞机必不可少的技术支持。

飞机配载平衡技术分为配载平衡计算、舱单设计、AHM560 文件编制三项技术。

5.2.6 配载平衡分析

配载平衡分析技术，基于用户输入的运行数据以及后台机型数据，利用手工舱单、配载平衡软件或者离港信息系统，计算该次航班的零油重量、起飞重量和相对应的零油重心、起飞重心，以及水平安定面配平值。

1）技术要求

（1）符合该型号飞机"Airport Handling Manual"（机场操作手册）560 条款中的飞机数据及一般信息。

（2）符合"Airport Handling Manual"（机场操作手册）516 条款及 519 条款。

2）技术要点

（1）根据航空公司给出的操作重量，计算本次航班的允许用载荷。

（2）根据航空公司给出的操作重量，计算本次航班的实际载荷。

（3）根据已有计算公式，得出本次航班的零油重量、起飞重量和着陆重量。

（4）根据航空公司给出的 E、F 区信息和客货舱信息输出零油重心。

（5）根据航班燃油重量进行修正输出起飞重心。

（6）根据起飞重心输出起飞配平角。

5.2.7　舱单设计

在飞机运行过程中，舱单是配载工作使用的重要工具。配载工作人员使用舱单计算"商载、飞机重量、重心位置"等信息，并为每一架次的航班飞行提供放行依据。飞机生产商负责舱单设计工作，并在飞机交付时，应向客户提供可供运行使用的舱单。

舱单设计是根据一定的方法对某型号飞机舱单的结构和内容进行计算和设计，使其符合规章对该型飞机的运行要求，并以固定的格式向飞机承运人输出。

舱单设计主要分为客货舱装载指数栏设计和运行重心包线设计两部分。客货舱装载指数栏设计，该栏可以直观地显示旅客和货物的装载对重心的影响，是舱单的重要组成部分。运行重心包线设计，飞机的运行离不开重心位置的计算。通常在配载工作中，使用位于平衡图下部的重心包线来计算重心位置。在实际运行中通常使用运行重心包线。运行重心包线设计也称包线削减，是指对取证包线进行削减，根据实际运行中各因素对飞机重心产生的影响计算削减量，削减之后得到运行包线。

1）技术要求

（1）符合该型号飞机《重量平衡手册》中的数据和限制。

（2）符合"Airport Handling Manual"（机场操作手册）516 条款及 519 条款。

（3）符合客户提交的《舱单设计问卷》要求。

2）技术要点

（1）根据重量平衡手册、称重报告、舱单设计问卷反馈以及客户配载平衡手册进行数据整合，编制载重图。

（2）根据重量平衡手册，确定客货舱削减分区，从而编制客货舱布局图，结合已有计算公式，绘制分区斜格线图。

（3）根据重量平衡手册，确定 E、F 区范围，结合已有计算公式，制作 E、F 区指数修正表。

（4）根据客户配载平衡手册要求，初步确定最后一分钟改变装载范围，再结合重量平衡手册确定最后一分钟改变设置。

（5）根据运行包线设计开发设计报告绘制包线削减图，编制平衡图。

（6）进行客户使用培训后更改完善。

5.2.8　AHM560 文件编制

AHM560 文件是飞机承运人向配载操作人（可以是第三方也可以是承运人自己）提供的文件，用于录入、更新和控制飞机的装载数据。每一架飞机需要配备一份 AHM560 文件。

编制 AHM560 文件主要包括源数据分析、飞机数据处理以及确认文件是否符合检查清单等工作。

AHM560 编制完毕后需根据检查清单上的项目进行核对，确保数据完整性和准确性。

1）技术要求

（1）符合"Airport Handling Manual"（机场操作手册）560 条款。

（2）符合该型号飞机《重量平衡手册》中的数据和限制。

（3）符合《运行包线开发设计数据报告》中的数据。

（4）符合《称重报告》中的飞机重量与重心数据。

（5）符合客户提交的《舱单设计问卷》要求。

2）技术要点

（1）根据重量平衡手册、称重报告和舱单设计问卷反馈等源数据进行分析。

（2）根据已处理数据和运行包线开发设计报告填写相关指数数据。

（3）AHM560 编制完毕后需根据检查清单上的项目进行核对，确保数据完整性和准确性。

5.2.9　特殊飞行程序设计技术

特殊飞行程序设计是指在高原、多障碍物或者其他复杂地形条件下，为保障飞机的起降及飞行安全所进行的不同于普通飞行程序的设计。

特殊飞行程序设计包括一发失效应急离场或复飞程序设计、飘降程序设计、释压程序设计以及上述程序基于性能的导航的程序设计。

5.2.10　一发失效应急离场或复飞程序设计

高原机场或者地形复杂机场一般常常伴随着飞行性能下降和机场净空条件差的问题，面临着一发失效后飞机上升/复飞梯度减小且真空速增大，其结果导致飞机一发失效离场轨迹和复飞轨迹的拉长和降低。因此，高原机场或者地形复杂机场为此必须进行专门的越障分析，以及制订与机型相关的一发失效应急程序。

一发失效程序设计的结果是在给提供的起飞性能分析表中的重量满足在起飞离场或复飞阶段的任何时间点出现一发失效能够按照设计的一发失效离场程序或者标准仪表离场程序安全地飞行离场或返场着陆。一发失效程序设计技术流程规定了起飞、复飞阶段净起飞航迹必须以垂直余度避开离场航径上保护区范围内的障碍物,并统一了越障评估方法。

1) 技术要求

(1) 尽可能避开地形障碍物。

(2) 充分利用现有地面导航设施。

(3) 符合《飞机起飞一发失效应急程序和一发失效复飞应急程序制作规范》(AC-121-FS-2014-123)要求。

(4) 满足飞行性能的限制。

(5) 考虑空管的要求和限制。

(6) 应设计飞行员易于操作和实现的程序。

2) 技术要点

(1) 准备工作要收集以下相关材料:机场数据;标准仪表离场程序;障碍物数据;气象统计数据:温度、风速风向、气压等。

(2) 正常起飞分析,制订一发失效应急程序首先是进行正常起飞分析,即制订起飞分析表,确定越障限重和净起飞飞行航迹。在起飞分析计算中考虑的障碍物一般只限于改平加速阶段结束以前,以后的障碍物则在一发失效应急程序制订中进行超障检查。

(3) 沿 SID 飞行的性能验证,通过起飞分析,确定了飞机的最大起飞重量,这种情况下,通常是障碍物限重。然而,以该限重起飞,在山区高原机场一发失效情况下,飞机并不一定具有按照 SID 飞行的能力,必须进行性能验证,以证明飞机具有这一所需性能水平。如果不能达到 SID 所需要求的爬升梯度或高度要求,需要进一步减重,或重新设计一条离场轨迹,即一发失效应急程序。

(4) 应急程序航迹的确定,在一发失效的情况下,不能满足 SID 的高度要求。这种情况系,有两种选择:进一步减小飞机的起飞重量,直到飞机性能能够满足 SID 的要求为止;另一种方法是重新设计一条不同 SID 的起飞应急程序飞行轨迹,以避免重量的大幅削减。

5.2.11　飘降程序设计

运输类飞机必须保证,在巡航中任意一点出现发动机失效的情况下,仍能提供足够的安全水平。双发飞机考虑一发失效、三发和四发飞机考虑两发同时失效,并确保在这样的情况下飞机能够安全飞越航路障碍物。这种性能分析称为飘降分析。

飘降分析的结果是确定可以安全越障的最大起飞重量,即航路安全高度限重;确定航路上发动机失效后可安全越障的临界决策点、航路备降场等。

1) 技术要求

(1) 以飞机净航迹为基础,在最大重量和最坏天气状况下,对飞机在飘降过程中和飘降改平后的飞行进行越障检查,越障考虑的范围是航迹两侧各 25 km。

(2) 符合规章要求。

(3) 满足飞行性能的限制。

(4) 考虑空管的要求和限制。

(5) 应设计飞行员易于操作和实现的程序。

2) 技术要点

(1) 1 000 ft 越障要求,净航迹对航路所有障碍物,必须至少以 1 000 ft 越障,而且在该点必须具有正梯度。在预定着陆的机场上空 1 500 ft 处必须具有正梯度。

(2) 2 000 ft 越障要求,从巡航高度下降并飞至预定着陆机场的净航迹至少以 2 000 ft 越障。在预定着陆的机场上空 1 500 ft 处必须具有正梯度。

(3) 就条件二而言,假定发动机在航路上最临界的一点失效。飞机在发动机失效点之后飞越临界障碍物,该失效点距临界障碍物的距离不小于距最近的、经批准的无线电导航定位点的距离,除非局方为充分保障运行安全批准了不同的程序。

(4) 使用经批准的方法以考虑不利风的影响。

(5) 在签派放行单中指定了备降机场且该备降机场符合规定的最低气象条件,并且发动机失效后的燃油和滑油消耗,与飞机飞行手册中经批准的净飞行轨迹数据所给定的消耗相同。

5.2.12　释压程序设计

法规要求,高空运行的增压式运输类飞机,必须考虑巡航中座舱释压问题。必须按法规规定的、按高度和时间确定的供氧量来对机组和旅客进行供氧。山区高原航线飞行,飞机在座舱释压后,由于障碍物的限制,可能不能马上下降到一个较低的高度(10 000 ft),在全发状态下确保飞机的实际航迹以法规要求越障,并且飞行下降剖面在飞机的氧气系统限制以内。这种分析称为飞机的供氧分析。

供氧分析的结果一是确保飞机氧气系统在航路任意一点发生座舱释压后,飞机供氧量能满足法规要求;二是确定航路临界决策点、航路备降场、紧急下降程序。

1) 技术要求

(1) 座舱释压后,座舱高度等于飞行高度,为满足法规提出的氧气需求而确定的最大飞行剖面成为氧气剖面。在氧气剖面内飞行,则满足法规对氧气供应的要求。这种氧气剖面对于化学氧气系统而言是固定的,对于气体氧系统而言是可以让用户定制的(即氧气瓶的数量)。

(2) 符合规章要求。

(3) 满足飞行性能的限制。

(4) 考虑空管的要求和限制。

（5）应设计飞行员易于操作和实现的程序。

2）技术要点

（1）座舱释压后需要紧急下降。当地形允许时，飞机下降到 14 000 ft 改平，平飞巡航后再下降到 10 000 ft 高度。

（2）对于受地形限制不能下降到 14 000 ft 时，则由地形决定中间改平高度。按航路下的障碍物高度加 2 000 ft 选择中间改平高度，待平飞到地形允许时再下降到 14 000 ft 平飞，然后继续下降到 10 000 ft。由释压到下降至 10 000 ft 高度的时间就是确定所需氧气量的总时间。一旦确定了应急下降的飞行剖面，就可以得到飞机在各高度的飞行时间和下降到 10 000 ft 的总飞行时间，进而可以使用相关图表确定旅客用氧和机组用氧量。

5.2.13　PBN 基于性能导航

PBN 是指在相应的导航基础设施条件下，航空器在指定的空域内或者沿航路、仪表飞行程序飞行时，对系统精确性、完好性、可用性、连续性以及功能等方面的性能要求。

PBN 主要内容包括导航应用、导航规范以及导航设备基础设施三个方面。

1）技术要求

（1）符合《基于性能导航（PBN）手册》（ICAO DOC 9613 - AN/937）要求。

（2）符合《空中航行服务程序—航空器运行》（ICAO DOC 8168 - OPS/611）要求。

（3）符合《要求授权的所需导航性能（RNP AR）程序设计手册》（ICAO DOC 9905 - AN/471）要求。

（4）符合《仪表飞行程序设计手册》（ICAO DOC 9368 - AN/911）要求。

（5）满足飞行性能的限制。

（6）考虑空管的要求和限制。

（7）应设计飞行员易于操作和实现的程序。

2）技术要点

（1）确定要求。

a. 制订空域概念。

b. 评估现有机队能力和可用导航设备基础设施。

c. 评估现有空中交通服务监视系统、通信设施和空中交通管理系统。

d. 确定必要的导航性能和功能要求。

（2）确定用于实施的国际民航组织导航规范。

a. 查阅国际民航组织导航规范。

b. 确定用于特定通信、导航和监视/空中交通管理环境中的国际民航组织导航规范。

c. 权衡空域概念与导航功能要求。

（3）规划与实施。

a. 制订安全计划。

在《安全管理手册（SMM）》（Doc 9859 号文件）中找到制订安全计划的指南。

b. 验证空域概念的安全性。

对于复杂的空域变化，快速仿真和实时仿真能够对安全和效率问题提供基本的反馈，提倡使用这两种方法。

c. 程序设计。

按照 Doc 8168 号文件完成程序设计的每一步骤并且有质量控制程序，以保证达到并保持必要的精度和完好性水平。程序设计人员需确保程序可以以 ARINC424 格式进行编码。

d. 程序的地面验证。

完成程序设计以后，并在 RNAV 或 RNP 航路或程序公布之前，Doc8168 号文件要求对每一程序都进行验证。最初的可飞性检查应该使用软件工具进行，这些工具应能证实程序设计针对各类条件（风、温度等）。具有可飞性。RNAV 或 RNP 程序可飞性的验证还可包括程序设计人员和其他使用专业软件或全飞行模拟机专家所做的独立评估。

e. 实施决定。

是否继续实施的决定将取决于以下关键因素，包括：（a）空中交通服务航路/程序设计是否符合空中交通和航班运行的需要；（b）是否满足了安全和导航性能要求；（c）驾驶员和管制员的培训要求；（d）是否需要变更飞行计划处理程序、自动化系统或《航行资料汇编》出版物。

f. 飞行校验与飞行验证。

导航设备校飞包括使用专门装备的测试航空器来测量导航系统基础设施的实际覆盖范围，这些导航设施是程序专家设计的程序和到场与离场航路所需的。飞行验证用于确认设计程序所使用的地形和障碍物数据的有效性，确认定义航迹能使航空器到达预定的目标点。

g. 空中交通管理系统整合的考虑事项。

h. 宣传和培训材料。

i. 确定运行实施日期。

j. 实施后的审查。

5.3 飞行工程技术

5.3.1 运行类客户服务文件编制

运行类客户服务文件，是用于向营运人提供紧急信息、临时性飞行程序、临时限制条件、操作程序和飞机部件更改以及其他有助于改进飞机性能、提高安全性的文件。

运行类客户服务文件具体分为飞行操作通告、操作工程通告和飞行机组操作手册通告。

飞行操作通告用于向运营人提供紧急信息、临时性飞行机组程序或者临时性限制条件，这些信息必须及时传递给运营人，以确保飞机安全飞行。

操作工程通告用于通知营运人修订后的或者新的重大技术信息、飞行机组程序或者进行安全的飞行运行所需的限制信息，分为红色和白色两大类。

飞行机组操作手册通告用于提供既定的 FCOM 手册内容以外的补充操作信息，发送给手册的每一位持有者，可能涉及一个或多个主题，如标准操作程序、补充系统描述和性能规章等。

1）技术要求

（1）运行类客户服务通告的发布管理程序应符合国内外行业惯例，发布应及时准确。

（2）运行类客户服务通告的内容应做到简洁清晰，可操作性强，符合飞行员使用习惯。

（3）运行类客户服务通告应具备取消条件，当满足条件后，该服务通告取消。当未明确取消条件时，一般在纠正措施中补充说明。

（4）运行类客户服务通告的发布版式应符合 FCOM 和 QRH 手册版式要求，页面大小、页眉页脚内容及字体应与手册保持一致。

2）技术要点

（1）对收集来的通告编发申请进行分析评估形成意见，完成编发申请单处理意见一栏，对是否发起通告编制流程做出判断。

（2）对通告编发申请信息进行分析，填写通告编发管理表，详细描述编发原因、优先级和具体改动要求，给出通告编制建议。

（3）审阅通告编发管理表，决策是否发布通告和所发通告的类型。

（4）制订通告编号，将通告编制需求发至相关单位，相关单位针对通告编制需求进行通告内容的制订并编制通告内容。

（5）分发通告征集意见稿并收集相关单位意见。

（6）根据意见判断是否进行通告的修订。

（7）根据已完成的通告内容和数据，依照标准模板形成客户服务文件报批稿。

（8）批准后分发通告。

5.3.2　主最低设备清单候选项目分析

主最低设备清单（MMEL）是指民航总局批准的在特定运行条件下可以不工作仍能保持可接受的安全水平的设备项目清单。应该指出的是，虽然适航标准要求在设计航空器时应带有特定系统和部件,但是如果航空器能够达到型号审定要求的安全水平,主最低设备清单也允许在某些设备项目不工作时航空器能够进行短时间的运行。为了确定在任何既定运行情况下所需的设备项目,必须考虑当这些设备项目处于不工作时与安全运行相关的各种因素。MMEL 包含这些设备项目不工作时航空器运行的条件、限制和程序,是运营人制订各自最低设备清单(MEL)的依据。

MMEL 文件由飞机制造商负责制订,在飞机研发过程中,首先根据飞机功能定义和系统安全性分析,开发主最低设备清单建议书(PMMEL),并根据飞机研制进展,不断修订 PMMEL 文件,接受飞行运行评审委员会(FOEB)的评审,通过 FOEB 的评审后,发布 MMEL,以便于飞机交付后,供飞机放行使用。

MMEL 项目来源包括飞机功能定义、相似机型的 MMEL 项目以及客户需求。MMEL 建议项目分析的内容应当源自系统安全性评估(SSA)。

1) 技术要求

(1) 符合《民用航空器主最低设备清单、最低设备清单的制订和批准》(AC-121/135-49)要求。

(2) 符合《MMEL 建议项目政策指南》(MD-FS-AEG002)要求。

(3) PMMEL 中不应包括非常重要、对安全及可靠性影响很大、任何条件下都不能出现故障的项目(如机翼、襟翼、方向舵、发动机、起落架等整个部件),但整个部件中允许失效的仪表、设备或组件可列入 PMMEL 中(如前轮转弯系统的转弯操纵功能失效等)。

(4) 对飞行安全和可靠性影响较大,但是允许在一定条件(气象、航线、昼夜等)和限制下放行的设备或部件,应当列入 PMMEL(如在没有结冰或预报无结冰条件下飞行时,可允许机翼防冰系统失效)。

(5) 对飞行安全和可靠性影响较小或无影响的设备或部件(如厨房设备、盥洗室设备、乘客娱乐设备等),一般不列入 PMMEL。

(6) 如果考虑允许某些设备项目不工作的话,应当对其不工作情况下的潜在后果进行评估,并充分考虑关联关键件的并发故障、不工作设备项目之间的干扰、对经批准飞行手册程序的影响和增加机组工作负荷等因素。如有必要,也应严格限制并列入 PMMEL。

2) 技术要点

(1) 根据 PMMEL 分析规范、候选项目来源及系统安全性分析报告,按照项目确定原则初选 MMEL 候选项目,形成候选项目清单。

(2) 针对候选项目开展飞行相关分析、维修相关分析。

(3) 为了在设备项目不工作的情况下仍然能够维持所需的安全水平,可能需要调整运行限制、将功能转换到正常工作的部件、参考具有相同功能或是提供相同信息的其他仪表或部件,或者调整操作程序(O 项)和维修程序(M 项)。

(4) 对于有 O 项和 M 项的项目,需要相关专业进行评估,确保调整的操作程序和维修程序具备一定的可行性,且不会对机组造成过大的负担。

(5) MMEL 项目分析完成后,形成分析报告,根据分析结论确定 PMMEL 项目,按照规范编制并发布 PMMEL 草稿。

5.4 飞行运行工程技术应用

飞行运行工程利用性能工程、配载平衡、航行技术、运行工程、飞行工程、运行标准等方面的技术解决 ARJ21 飞机在试飞、交付、运行中的相关问题,强有力地保证了飞机安全顺畅运营。

5.4.1 飞机性能分析

(1) 进行国外客户航线分析工作,完成新开航线论证及机场起飞分析表。

(2) 提供客户 CCAR - 121 部补充运行合格审定工作及日常航线运营性能技术支持。

(3) 进行性能分析软件优化。

(4) 自主开发性能监控软件,可以监控飞机燃油消耗情况。

5.4.2 飞机配载平衡

(1) 参与航线演示飞行保障工作,提供舱单。

(2) 交付客户所运行飞机的舱单和 AHM560 文件。

(3) 提供客户日常航线运营配载技术支持。

(4) 自主开发配载平衡软件,已经通过客户的试用,反馈所用数据与 WBM 一致,计算结果准确,生成舱单满足 IATA 相关标准,满足客户使用需求。

5.4.3 特殊飞行程序设计

特殊飞行程序设计工作成功地保障了飞机验证试飞。

5.4.4 运行类客户服务文件编制

(1) 根据运行类客户服务文件的不同类别及用途,编制了客户服务文件模板,当需要编发客户服务文件时需要选择对应的模板,填写相关信息。为使签发流程简便可查,在信息化平台上嵌入了文件签发功能,用户可以根据提示进行服务文件的编发。

(2) 发布飞行操作通告。

(3) 发布操作工程通告。

上述运行类客户服务文件编制工作将重要信息及操作更改及时传递给了运营人,确保了飞机安全飞行。

5.4.5 飞行程序编制及验证

(1) 持续进行客户现役飞机的 FCOM2 及 QRH 编制及更新换版工作。

(2) 完成飞行操作程序优化。

（3）验证飞行操作程序。

（4）落实手册更改意见。

上述飞行程序编制及验证工作成功地保障了手册与飞机更改的一致性，从而保证了飞行安全。

5.4.6　主最低设备清单候选项目分析

（1）完成 PMMEL 分析方法研究。

（2）完成样例章节分析。

（3）完成 PPH PMMEL 分析初稿以及 PMMEL 换版。

5.4.7　主要工作成果

（1）完成飞机性能分析、配载平衡软件、性能监控软件开发。

（2）完成飞机特殊飞行程序设计准备。

（3）完成运行类客户服务文件编发准备。

（4）完成运营支持规范及流程制订。

（5）完成飞机功能与可靠性试飞、航线演示飞行、日常航线运营中的起飞机场分析、航线油量分析及其他性能支持工作。

（6）完成飞机新开航线论证工作。

（7）支持客户飞机 CCAR‑121 部合格审定支持工作。

（8）交付客户飞机性能分析软件。

（9）完成飞机功能与可靠性试飞、航线演示飞行、日常航线运营中的舱单制作及其他配载支持工作。

（10）交付客户飞机客户化 AHM560 文件及舱单。

（11）完成飞机相关机场的一发失效程序设计。

（12）完成飞机相关航线的飘降供氧程序设计。

（13）发布飞机飞行操作通告以及操作工程通告。

5.5　本章小结

飞行运行工程逐步将技术应用在生产中，完成了《飞行运行支援体系建设方案》，确定了体系的定位、职责以及建设目标，纳入生产厂家运行支持体系获局方批准，探索出了一条民机飞行运行支援业务验证之路。全力支持客户 CCAR‑121 补充运行合格审定工作，协助制订方案、培训人员、组织应急撤离演练，成功地保障了审查的完成，获得局方认可，为航线运营迈出了坚实的一步。完成了飞机中航信离港系统数据制作，使飞机具备了与空客公司和波音公司机型同样的配载平衡计算方式。飞机正式投入航线运营后，飞行运行驻场工程师开始在客户 AOC 的值班任务并提供航务支援，完成了飞机配载平衡软件、飞机性能监控软件及电子飞行包软件优化升级，完成了新开航线论证工作。

　　目前，飞行运行工程技术涵盖了飞行工程、运行工程、性能工程、配载平衡、航行技术、运行标准等多方面的内容。本着安全、高效、可达、环保的原则，飞行运行工程专业为飞机的取证、交付以及正式载客运行提供了支持。

　　展望未来，飞行运行工程将重点完成影子航空公司组建，建立一整套可以完全支持并模拟航空公司运行的队伍；建立飞行运行技术实验室，具备完整的特殊飞行程序设计及验证能力；完成设计优化后的操作程序修订及验证，不断优化飞行操作程序；完善性能分析软件、配载平衡软件、性能监控软件以及电子飞行包软件的开发与优化升级，为客户提供高效便捷的计算工具；完成在役飞机相关飞行类手册的持续改进、飞机手册编制、手册翻译及更新、PMMEL 内容换版等飞行运行类手册相关工作；完成预交付地区的新开航线论证及航线经济性分析，为客户及生产厂家拓展市场提供支持。

6 快速响应工程

6.1 专业简介

6.1.1 快速响应工程

快速响应工程旨在建立快响技术支援机制,快速响应并处理来自客户的各类请求,提供 AOG 支援服务,处理飞机运行信息,实时监控飞机飞行状态,为恢复或保持飞机安全运行和持续适航状态提供支持和帮助,保障飞机安全、可靠地运营。

快响技术支援实时监控技术服务,包括通过开发飞机 ACARS 实时监控地面系统及部署空地数据通信服务,优化机载实时监控条件,建立 ACARS 报文处理流程,对飞机运行数据进行大数据分析,不断提升飞机实时监控服务能力,掌握飞机运行状态,预判分析飞机的故障趋势,在发生故障前提前主动开展检查与维护措施,减少航线运行过程中的故障,提升飞机运行安全与效益,减少非计划停场,降低运行维护成本,提升经济性。

6.1.2 快速响应技术

快速响应技术是建立快响技术支援机制并处理来自客户的各类请求,提供 AOG 支援服务,处理飞机运行信息,实时监控飞机状态,为恢复或保持飞机安全运行和持续适航状态提供支持和帮助,保障飞机安全、可靠运营的系列技术手段。

快速响应技术主要包括下述三类技术:

1)飞机运行信息管理技术

建立完整的质量信息数据库与外场信息数据库,对飞机运行过程中发生的质量信息及持续适航信息进行存储并报送,帮助客户获得飞机产品工程和维护方面的协助和支援,协助客户开展飞机的运营工作,同时收集、反映客户需求与机队相关运营信息,协助生产厂家开展对客户的其他服务。

2)客户请求处理技术

快速有效地处理客户技术类服务请求及一般咨询,对服务请求处理过程进行全面的跟踪及报告,协调处理飞行运行相关的服务请求、AOG 航材及工具设备的请求、超手册结构类服务请求、系统疑难/重复故障类服务请求、飞机设计优化类服务请求、现场维修支援类服务请求。同时,预先制订 AOG 支援小组组建方案、

AOG 支援联席会议制度、AOG 小组工作计划,成立覆盖飞机运营航线机场及备降机场的 AOG 支援团队,保障用户运行飞机,协助客户恢复飞机正常运营。

3)实时监控技术

通过飞机实时监控系统,在飞机飞行过程中远程实时获取飞机上相关参数和故障信息,如某项参数信息发现异常,飞机将通过空地数据链路系统实时把该项数据传输至地面实时监控系统,地面维修人员能够实时监控飞机技术状态,及早发现故障并做好排故工作安排,实现"快速发现问题—主动掌握信息—早调度资源",减少航线运行过程中的故障,从而提升飞机运行的安全性,减少非计划停场,降低运行维护成本,提升经济性。

6.2 飞机运行信息管理技术

飞机运行信息包括飞机试飞阶段(研发试飞、审定试飞、功能与可靠性试飞、市场表演试飞)及交付使用阶段和维修过程中所产生的信息,包括 ACARS 报文信息、QAR 数据信息、机队运行可靠性数据信息、适航信息、质量信息、飞行安全信息等。

(1)飞机通信寻址与报告系统(ACARS)报文信息:指飞机在运行过程中,通过 ACARS 数据链路与地面进行双向(上行与下行)通信的数据信息,包括飞机机载系统的实时技术状态数及机组与地面间的通信信息等。

(2)QAR 数据信息:指存储在快速存储记录器中,并能反映各机载系统运行状况的参数信息。

(3)机队运行可靠性数据信息:指能够反映运营机队可靠性状况的原始数据,主要包括飞机使用数据、动力装置使用数据、故障记录、部件拆换记录以及修理记录等,这些数据通过某些特定的计算公式进行统计分析,得出一些概率值或指标值,能够直观地反映机队可靠性状况。

(4)适航信息:指影响或者可能影响飞机安全的信息,包括满足 CCAR - 21 部 21.8 条(四)项规定的情形、需要报告适航管理部门的事件,满足持续运行安全计划工作协议中需要向局方报告的事件等。

(5)质量信息:指产品出现故障、缺陷或失效后,客户或现场代表初步认为是产品质量问题的信息。

故障是指工作超出规定界限的事件状态。缺陷是指产品不满足预期的使用要求或合理期望的一种状态。失效是指系统、零部件失去原有设计所规定的功能或发生故障。

(6)飞行安全信息:指飞机发生严重事故征候或飞行事故的信息。

6.2.1 技术要求

(1)符合《航空器制造厂家运行支持体系建设规范》(MD - FS - AEG 006)要求。

（2）符合《故障、缺陷和实效的报告》（CCAR-21 部）要求。

（3）符合《民用航空器事故和飞行事故征候调查规定》（CCAR-395 部）要求。

6.2.2　技术要点

1）飞机运行信息采集

客户直接向现场代表反映飞机运行相关信息，或现场代表主动向客户采集飞机运行相关信息后，现场代表应及时与客户就这些信息进行真实性与有效性的确认，确保其可用性。

2）飞机运行信息报送

报送飞机运行信息时，需保证信息的完整性，即信息要素应包括下述内容：编号、报送日期、单位、主题、飞机型号、飞机序列号、飞机发动机型号、飞机发动机序列号、信息类别、信息详细描述、附加信息及编制人等。

（1）重大事件报送。

重大事件是指发生事故/事故征候以及影响较大，需要立即报告的紧急事件。对于此类事件现场代表需要第一时间向值班工程师报送，之后由快速响应值班人员及时对其进行报送。

（2）信息分类。

报送信息时，因飞机运行相关信息涉及的内容差异或信息使用目的不同，需要对不同渠道采集到的飞机运行相关信息进行分类并报送。信息类别主要包括以下几方面。

a. 适航信息：包括飞机使用困难类信息、结构类损伤信息、系统类故障信息、维修和运行类信息、事故或事故征候类信息，以及 AD 或 SB 执行问题类信息等。

b. 质量信息。

c. 飞行安全信息。

d. 机队运行可靠性数据信息。

6.3　客户请求处理技术

6.3.1　技术要求

（1）符合《航空器制造厂家运行支持体系建设规范》（MD-FS-AEG 006）要求。

（2）符合《民用航空器维修单位合格审定规定》（CCAR-145-R3）要求。

（3）符合《运输类飞机适航标准》（CCAR-25-R3）要求。

（4）快速响应系统包括呼叫中心管理、服务请求管理、快速排程管理、自动分配管理、服务回访管理、服务监控管理、知识库管理、用户管理与权限及 360 度全球客户和联系人管理等相关功能模块。

6.3.2　技术要点

客户请求是指客户或现场代表通过各类渠道，针对飞机在试飞及飞机交付客户后在使用、维护等方面提出的支持需求,包括一般咨询与服务请求。

一般咨询:指不涉及复杂技术服务的需求(如简单技术说明、商务政策、培训计划等类似情形),由值班工程师在快速响应系统中建立一般咨询客户请求、填写答复内容,并通过邮件答复客户。

服务请求(SR):指经过值班工程师确认,并在快速响应系统中创建了涉及具体技术内容而需进一步处理的客户请求。

1)一般咨询创建、答复和批准

快速响应值班长或副值班长负责判断客户请求是否为一般咨询。对于一般咨询,由快速响应值班工程师负责处理并经值班长或副值班长批准后直接回复客户。

在答复客户前,需判断并确认该条一般咨询是否符合下列要求:

(1)若能直接答复,则由值班工程师直接回复客户。

(2)若客户需求涉及其他中心或专业,则值班工程师通过邮件将客户需求转至相关中心或专业接口人员予以处理和回复。

(3)回复内容经值班长或副值班长批准同意后,发送给客户。

(4)值班工程师答复客户后,及时在快速响应系统中的"一般咨询"功能模块中录入该条一般咨询的信息,并由值班长或副值班长批准发布,以作存档及记录。

2)服务请求创建和受理

快速响应值班工程师负责将 SR 的相关信息按照要求录入快速响应系统中,包括基本信息、详细信息、飞机当前状态、客户已实施工作等。同时,应选择 SR 类型,确定 SR 优先级及答复时间。

SR 优先级代表该条 SR 紧急和重要程度,在创建与受理过程中应严格确认。

SR 优先级包括 AOG、Critical、Routine。

a. AOG:查询 MMEL 及 SRM 手册,如果相关内容没有在 MMEL 上或损伤超过 SRM 手册中给出的允许损伤或者运营中发生事故征候、重大质量问题,优先级选择为 AOG,需要在 4 小时内回复客户。

b. Critical:如果相关内容在 MMEL 上可保留 3 个日历日,优先级选择为 Critical,需要在 48 小时内回复客户。

c. Routine:如果相关内容在 MMEL 上可保留 7 个日历日以上,优先级选择为 Routine,一般在 5 个日历日内回复客户;或在客户要求的时间内回复。

3)服务请求处理

快速响应值班长负责根据业务和职责分工对 SR 内容进行判断,将 SR 分配至相关专业值班工程师处理。对于需要研发、制造或其他专业处理或协助处理的,可通过服务请求转移单(TSR)/服务请求协调单(ISR)的形式进行分配。

为保证快速有效地对需要转移至其他单位或专业的服务请求进行处理,要求快速响应技术支援各专业及中心对 TSR/ISR 建立完整的流转过程:

(1)需要转移至其他单位或部门的 SR,由 SR 的当前处理者在快速响应系统中创建 TSR，将 SR 的处理转移至相关中心或专业。

（2）需要多个专业联合解决的 SR，由 SR 的当前处理者在快速响应系统中创建 ISR，在 ISR 中说明需要各专业完成答复的内容，然后将 ISR 分配至相关专业。

（3）发出 TSR/ISR 后，SR 当前处理者应以电话（或邮件）通知 TSR/ISR 接收人。

（4）TSR/ISR 提出人应主动、及时跟踪 TSR/ISR 处理状态，如有被驳回的情况发生，应立即查明原因并报告所在专业负责人以安排后续处理。

4）服务请求答复、批准与回访

对于无 TSR/ISR 的 SR，由 SR 处理者在快速响应系统中完成答复；对于有关联 TSR/ISR 的 SR，在 TSR/ISR 答复得到批准后，SR 处理者确认满足客户要求，整理汇总，在快速响应系统中完成答复，经批准后生成服务请求答复单（SRAF）。

由于发布 SRAF 后，快速响应值班工程师应确保其有效性，应对后续工作进行持续跟踪。

（1）SRAF 发布同时，应在快速响应系统中上传相应的 SRAF 及附件。对于多答复的情况（补充答复或升级答复），将当前有效版本 SRAF 及相关答复附件的状态设为"有效"，其余历史版本及已不适用的答复附件状态设置为"失效"。

（2）SRAF 发布后 3 个日历日内，快速响应值班工程师发送邮件对客户进行回访，并希望客户在指定日期内（回访之日起 7 个日历日内）反馈回访结果，若到期未反馈的，则通过电话联系客户。

（3）回访未通过，则在原 SR 中根据客户反馈的情况更新问题描述，重新完成处理并再次答复。

（4）回访通过后，快速响应值班工程师及时在快速响应系统中记录回访结果，并填写相应的回访注释，包括回访方式、回访意见等。同时，在快速响应系统中关闭 SR。

5）快速响应系统研制

快速响应系统研制过程中，需注重进行下述重点功能模块的开发。

（1）呼叫中心管理：包括语音应答/录音功能、传真收发管理功能及座席管理和监控功能。

（2）服务请求管理：包括服务请求（CASE）管理、指派、承诺及响应功能。

（3）快速排程管理：包括约会预订系统（Appointment Booking System）、时间表优化引擎（Schedule Optimization Engine）及合约调度（Contract Scheduling）。

（4）自动分配管理。

（5）服务回访管理。

（6）服务监控管理。

（7）知识库管理：包括知识库目录结构管理，知识收集、审核及搜索。

（8）用户管理与权限：包括人员管理、权限管理、群组管理、座席排班管理、座席交接班管理及座席工作流管理。

（9）360 度全球客户和联系人管理：包括客户联系人信息管理、团体客户管理及呼叫中心客户信息弹屏管理。

6.4　实时监控技术

6.4.1　技术要求

1）符合局方要求

根据《大型飞机公共航空运输承运人运行合格审定规则》（CCAR－121 部）第97 条规定：合格证持有人应当证明，在正常运行条件下，在整个航路上，所有各点都具有陆空双向无线电通信系统，能保证每一架飞机与相应的签派室之间，每一架飞机与相应的空中交通管制单位之间，以直接的或者通过经批准的点到点间的线路进行迅速可靠的通信联系。除经局方根据所用机型和运行情况做出特殊批准外，对于合格证持有人的所有运行，每架飞机与签派室之间的通信系统应当是空中交通管制通信系统之外的独立系统。

2016 年 8 月，中国民用航空局发布咨询通告《航空承运人航空器追踪监控实施指南》（AC－121－FS－2016－127），要求航空承运人按标准的时间间隔（15 分钟或更短周期）实施航空器"4D 位置"（经度、纬度、高度、时刻）追踪。

根据《大型飞机公共航空运输承运人运行合格审定规则》（CCAR－121 部）第346 条规定：合格证持有人按照本规则实施运行的旅客座位数大于 99 座的飞机应当安装满足本规则第 121.97 条要求的空地双向数据通信系统。这就意味着飞机在交付使用时，必须能使客户有方法及能力进行飞机的实时监控，而主制造商应该为客户提供必要的方法使其能够符合运行规范之要求。

2）符合行业要求

根据航空无线电通信公司（ARINC）系列标准规定，飞机实时监控技术应符合ARING 429 广播数据规范、ARINC 618 地/地面向字符通信的协议、ARINC 619机载 ACARS 终端电子系统、ARINC 620 数据链地面系统标准和接口规范、ARINC 624 机载维护系统设计指南。

6.4.2　技术要点

6.4.2.1　实时监控技术架构

民用飞机实时监控技术总体架构如图 6－1 所示，主要包括 3 个部分：机载实时监控技术、空地数据传输技术及地面实时监控技术。

机载实时监控技术：通过传感器或 BITE 采集机体结构、机载设备、发动机、环境的原始状态信息，通过机载数据总线传输到机载中央处理系统进行初步诊断，并对已发生的故障或损伤进行及时处理，主要包括机载维护系统（OMS）、信息系

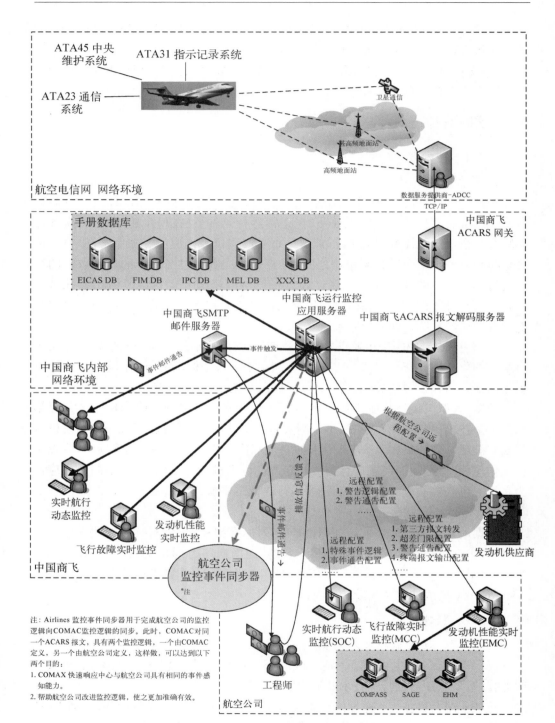

图 6-1 民用飞机实时监控技术总体架构

统(IS)、指示记录系统、通信系统。

空地数据传输技术：利用空地数据链将机载系统采集或者存储的飞机状态监测数据信息传输到地面系统，主要有实时 ACARS 数据链。

地面实时监控技术：在飞机航行过程中通过空地数据链实时获取飞机航班信息、航行动态信息、异常事件信息、系统关键参数超限信息，实时掌握飞机的技术状态与运行状态，做深层次诊断，必要时通知飞机更改飞行策略并通知地勤人员做好维护准备。

1) 机载实时监控技术

机载实时监控系统实现对机载故障探测和健康状态监测的支持，并为地面实时监控系统提供足够的基础条件和数据，满足地面故障诊断/预测分析与健康管理所需。机载实时监控系统主要包括机载维护系统(OMS)、信息系统(IS)以及通信系统等，机上各模块的组成及各自接口如图 6-2 所示。

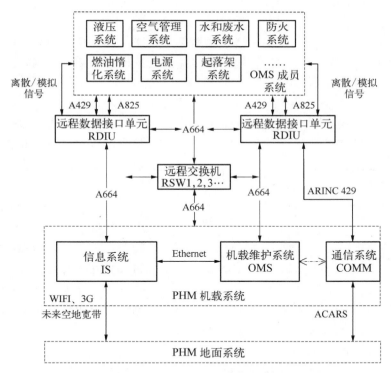

图 6-2　机载实时监控系统各模块组成及接口

(1) 机载维护系统：机载维护系统主要监控飞机各成员系统失效状态，探测、接收并存储从各成员系统报告来的故障数据，判断、确认各成员系统的故障状态，并将故障状态隔离到单个的 LRU 或接口。同时，将所探测的故障、状态等信息通过通信系统 VHF 设备(即 ACARS 链路)实时下传至地面实时监控系统。此外，机载维护系统还将自身所收集的所有参数数据、报文以及处理结果发送至信息系统，以便存储并导入实时监控地面系统数据库中,供航后维护人员使用。

（2）信息系统：信息系统主要负责收集各分系统所发送的状态量参数、模拟/离散量参数、故障信息等数据,并将其按照一定的格式进行存储,供航后导入地面实时监控系统使用。同时,信息系统提供对未来基于空地宽带的地面实时监控功能的支持,以及机上故障预测与健康管理功能的扩展等。

（3）通信系统：通信系统部分主要负责将 OMS 等系统所产生的故障、参数等报文,依据空地数据传输规范,将其下传至地面实时监控与健康管理系统。同时,通信系统也将其自身产生的部分 AOC 报文,实时下传至地面实时监控与健康管理系统,以供地面实时监控功能应用。

2）空地数据传输技术

VHF 空地数据通信系统（又称 VHF 空地数据链）由机载航空电子设备、遥控地面站（RGS）、地面数据通信网、网络管理与数据处理系统（NMDPS）和各用户子系统构成。

机载航空电子设备是甚高频（VHF）数据通信系统的空中节点,其主要功能是将机载系统采集的各种飞行参数信息通过空地数据链路发到地面的遥控地面站（RGS）,并接收地面网中通过 RGS 站转发来的信息。

遥控地面站（RGS）是甚高频（VHF）数据链系统的地面节点,用于飞机与地面数据通信网的连接,并可实现地面数据通信网节点间的数据通信。RGS 站通过 VHF 接收机接收来自飞机的数据,信道间隔 25 kHz,采用单信道半双工工作方式。数据传输速率为 2 400 bit/s。用 MSK 调制方式发射或接收数据。RGS 站对于下行信息的处理,解调出来的数据将存贮在缓存器中,直到获得网络管理中数据处理系统取消数据的命令才释放存储器的数据。

地面实时监控系统与飞机之间的数据传输机制的总体设计如图 6-3 所示。

在飞机运行过程中,地面系统需要飞机传输以下几类信息。

（1）飞机运行基本信息：OOOI 报、POS 报以及 RTG 报。

（2）故障信息：故障报。

（3）ACMF 事件信息：ACMS

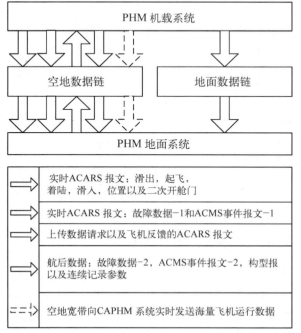

图 6-3　地面实时监控系统与飞机之间的数据传输机制总体设计

事件报文。

(4) 构型信息：构型报。

(5) 连续记录参数信息。

当飞机在空中时，飞机和地面实时监控系统之间通过空地 ACARS 数据链为主进行数据交联，同时也可以通过未来的空地宽带实现海量数据的空地实时传输。当飞机落地后，飞机和地面实时监控与健康管理系统之间的数据交联方式是以无线数据传输方式（航后 ACARS 报文、无线 Wi‒Fi/3G）为主，同时还可以通过人工手动下载的方式进行有线数据的传输。因此，飞机主要通过以下几种方式向地面系统传输所需要的信息。

a. 实时 ACARS 报文。

b. 航后 ACARS 报文。

c. 航后无线 Wi‒Fi/3G。

d. 空地实时宽带。

e. 人工手动下载。

3) 地面实时监控技术

在飞机航行过程中通过空地数据链实时获取飞机航班信息、航行动态信息、异常事件信息、系统关键参数超限信息，并进行空地传输数据的接收、存储与处理，实时掌握飞机的技术状态与运行状态，通过调用诊断案例、技术出版物、评估方法等知识库内容，实现飞机关键系统、运行状态的实时监控、故障诊断等功能，具体包括：

(1) 实时接收空地链路下传的报文。

(2) 根据报文具体格式定义进行解码。

(3) 解码报文发送后续模块或系统数据处理。

(4) 将解码后的数据存储在数据库中。

(5) 报文源文件则保存在文档服务器中。

(6) 显示当前航班的基本信息。

(7) 标识飞机当前的技术状态，包括正常、故障、超限或警告等。

6.4.2.2 机载 ACMS 软件客户化技术

民机实时监控是一个"以用户需求为驱动"的"开口系统"，即随着应用的深入，用户可能随时提出新的健康监控需求，需要增加新的 ACMS 监控报文，此时，就需要对飞机 ACMS 系统进行客户化配置。

ACMS 机载软件客户化技术是飞机实时监控技术的重要组成部分。这一环如果缺失，将无法获得第一手实时的数据资料，大数据分析、故障预测及健康管理也就失去了依赖的土壤。ACMS 机载软件客户化技术，包括 DAR 参数的客户化，如何从数据总线解码指定的参数，如何编写分析逻辑，如何产生客户化报文以及如何通过数据链路传送至航空公司地面服务器等。地面系统只有获得了从机上传回的第一手数据，才能针对性地对各系统的健康状态做出分析，实现故障预测，提前排故、减少停场,提高飞机利用率及安全性。

国际主流机型,如 B737、B747、B767、A319、A320、A330 等,也都实现了 ACMS 机载软件客户化功能,这部分功能都由设备厂商来实现,如 Teledyne 公司的 AGS IV、AGS 95,HOLLYWELL 公司的 ADRT 等,用来实现 ACMS 软件的客户化。在新型客机的研制过程中,更是将机载软件客户化集成在了一个平台上,具有代表性的是波音公司为梦想客机 B787 研制的 GBST 地面工具,其集成了 ACMF、CMF、CMCF、OAS、ECL、SATCOM、CISS、APSL、跳开关等软件的客户化功能。反观中国,飞机的研制尚处于起步阶段,对机载软件客户化的研究非常局限,加之国外厂商的技术封锁,中国想要追赶并超越国外相关机载软件客户化的技术,还有很长的路要走。

飞机状态监控系统客户化软件(Aircraft Condition Monitoring System, ACMS)主要的功能是从飞机总线获取各系统的主要性能参数,根据参数的 Label、SDI、LSB、MSB、Ratio 及参数类型解码参数,根据内置的逻辑或客户化的逻辑,对参数值整合分析,判别系统故障,按预设的格式生成故障报文,利用飞机与地面的通信链路(VHF 甚高频、SATCOM 卫星通信、无线手机网络或 gatelink 航站无线网等)将故障报文传回航空公司地面服务器。

ACMS 功能架构如图 6-4 所示。

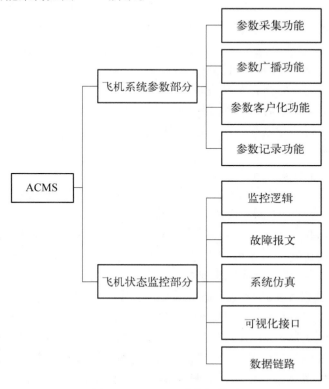

图 6-4　ACMS 功能架构图

实际上,ACMS 包括机载 ACMS 系统和地面 ACMS 编程平台。机载 ACMS系统在飞行过程中采集、监控和记录飞机系统数据,并可产生报文,用来进行飞机性能分析、趋势分析、飞行事件报告和故障排除;也可以把数据通过 ARINC 717 总线传输给飞行数据记录系统,记录到 QAR 设备,供地面分析。

与机载 ACMS 系统相配套的地面 ACMS 编程平台是运行在 PC 机上的一种计算机软件。ACMS 编程平台中内置机载 ACMS 模块的编译器。工程师在 ACMS编程平台上,完成"ACMS 事件监控"的逻辑编写与设置,编译生成机载 ACMS 模块可以识别的二进制文件(称为"客户化机载软件"),通过工程指令安装到飞机,实现机载 ACMS 软件的客户化配置。

每种机型的 ACMS 编程平台是不一样的。ACMS 编程平台通常由 OEM 设备生产商或飞机主制造商提供,没有通用的 ACMS 编程平台。国内常见的 ACMS 编程平台如表 6-1 所示。

表 6-1　国内常见的 ACMS 编程平台一览表

机　型	ACMS 模块供应商	ACMS 模块硬件名称	ACMS 编程平台名称
B737NG/CL	Teledyne	DFDMU	AGS95
B737NG/CL	Honeywell	FDAMS	ADRT
B737NG	SAGEM	FDIMU	GSE
B757-200	Teledyne	DFDMU	AGS95
B757-200	Honeywell	FDAMS	ADRT
B747-400	Teledyne	DFDMU	AGS95
B747-400	Honeywell	FDAMS	ADRT
B777	Honeywell	AIMS	GBST
B787	Boeing	CIS-MS	GBST
A32X (A321/A320/A319)	Teledyne	FDIMU	AGS-IV
A330	Teledyne	FDIMU	AGS-IV
A380	SAGEM	CDAM	GPT
EMB190	Teledyne	iDMU	AGS-IV

机载 ACMS 软件客户化需要完成定义参数采集、定义 ACMS 报文触发逻辑、定义 ACMS 报文格式等工作,需要研究以下技术内容。

1) ACMS 参数采集功能

该功能应该包含的几个要点:

(1) 研究飞机数据总线中各系统参数的传输规范。

(2) 研究如何解码系统参数,获得可用于分析的工程值。

（3）预留缓存空间，用于存储参数历史值。

（4）研究并实现参数的衍生计算方式。

（5）参数的记录频率。

（6）预留客户化参数新增接口。

参数的采集是整个实时监控技术的基石。在顶层设计之初，一定要考虑到参数的可编程性。整个飞机系统有成千上万个参数传送至数据总线，这些参数不可能全部记录在存储介质上，比如 FDR、QAR、DAR 等。一是因为数据量太大，全部记录下来需要占用大量的存储空间，中国民航总局对 FDR 的记录时间有严格要求，不能低于 25 小时，如果记录的参数太多，记录的时间就有可能不能满足；二是没有必要，FDR 包含的参数，主要用于事件调查、事故分析，记录的都是一些关键系统的关键参数，如飞机的各种飞行数据，包括飞行姿态、飞行轨迹（航迹）、飞行速度、加速度、经纬度、航向以及飞控系统、发动机系统、滑油系统、燃油系统、通信系统等与飞行有关的参数；三是因为设备性能限制，数据总线的传输带宽、CPU 的数据处理能力、存储介质的写入性能、存储所使用的数据规范都影响着每秒能记录的参数量。而 DAR 是客户可编辑的参数组合，主要为工程维修人员使用，可加入客户所关心的各系统的参数，便于排故分析。DAR 的参数列表，是 ACMF 客户化软件的一个很重要的研究内容。

参数的采集部分，还承担着为报文和监控逻辑提供参数接口的任务。在监控逻辑中，只需要引用到参数的名字，即能获取到的参数的值，所以参数采集部分的底层还涉及参数解码功能。

2）参数广播功能

参数的广播，这里涉及飞机数据总线的类型，不同的种类广播的方式也不尽相同。飞机上常用的数据总线类型大致有 ARINC－429、RS485、CAN、CSDB、MIL－STD－1553B、ARINC－629、AFDX/ARINC－664、FDDI、IEEE1394、ARINC－659等，其中传统机型多用 ARINC－429 总线，如 B737、B757、B767、A310 等，传输方式为单向广播式，所以如果机上某个系统想要从总线上获取某个系统的数据，前提是该系统有向它广播该参数。ARINC 629 总线是波音公司为民用机开发的一种新型总线数字式自主终端存取通信（Digital Autonomous Terminal Access Communications，DATAC），主要应用在 B777 客机上。光纤分布式数据接口（Fiber Distributed Data Interface，FDDI）高速总线由美国海军研究中心提出，由美国国家标准局（ANSI）于1989 年制订的一种用于高速局域网的 MAC 标准，其主要应用于军事领域，如海军作战系统、战斗机等。航空电子全双工交换以太网（Avionics Full-Duplex Switched Ethernet，AFDX）是基于标准（IEEE 802.3 以太网技术和 ARINC 664 Part7）定义的电子协议规范，主要用于实现航空子系统之间进行的数据交换。空客公司在最新研制的 A380 飞机上就率先采用 AFDX 总线，同时波音公司在最新研制的 B787和 B747－400ER 飞机中也采用了 AFDX 作为机载数据总线。不同的数据总线有着不同的带宽、位宽、频率以及传输距离，因此，飞机上采用何种数据总线，以及何种拓扑结构，参数是否需要广播，也是一个需要研究的问题。

3）参数客户化功能

飞机可采集的参数很多，但不是所有的参数都会记录在存储介质上，不同的用户群体对参数的要求也不尽相同，因此，增加参数的客户化功能是必不可少的。对客户化编辑工具的要求是预留参数新增删除接口，用户可方便地对参数列表进行客户化编辑。

4）参数记录功能

参数记录功能指的是数据采集组件对于 DAR 参数的编辑功能以及对存储介质的管理功能。传统飞机的 DAR 数据，存储在数据采集组件本体上安装的一张PC 卡上，里面还存储有 QAR 数据、报文数据和一些其他的数据。因此，如何对 PC卡进行空间管理，QAR、DAR 数据及其他数据所占的百分比，是 ACMF 必须具备的功能。而 B787 飞机其 ACMF 软件与传统机型有些不同，它是机载维护系统OMS 的一部分，安装在 Common Core System（CCS）上，功能与传统的大同小异。它有 9 兆的 RAM 存储空间，专门用来存储报文和一些历史缓存数据，CPL（与传统的 DAR 类似，叫法不同而已）数据则存储在大容量存储器（MSD）中。DAR 参数的记录规则，是按照 ACMF 中实现定义好的一个叫作 DAR MAP 的文件决定的，包含参数的名字、存储的子帧位置、MSB、LSB 等。这些是客户化编辑工具必须包含的功能。

DAR MAP 编辑界面样例如图 6‑5 所示。

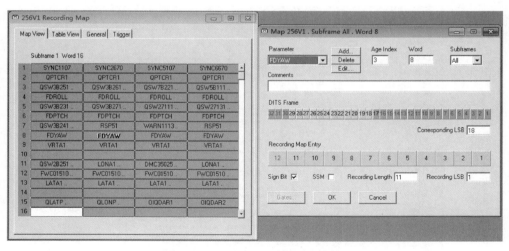

图 6‑5　DAR MAP 页面应用样例

5）监控逻辑

监控逻辑属于飞机状态监控部分，主要用于在飞机上循环执行，获取参数值进行分析。传统机型默认是每秒执行一遍，B787 机型则可以指定逻辑的运行频率，可以是 1 Hz、5 Hz、10 Hz 或 20 Hz。需建立一套基础逻辑，包含一些基本的函数库，如飞行阶段的划分，从缓存中获取参数历史值、传送报文函数、数值计算函数等。这些逻辑库是在编写逻辑时经常需要用到的，做成库可以让用户直接调用，而不需要重写逻辑。ACMS 应包含各关键系统的关键监控逻辑，如 OOOI 报、发动机状态报、APU 状态报等基础报文。机载客户化软件编写工具必须提供相应的接口，以便客户可以自定义编写逻辑并编译，编译器能给出友好、精准的错误提示，使客户可以快速地找到出错的语句。

监控逻辑应具有以下属性：

（1）限定飞行阶段调用。该属性明确了当前监控逻辑代码块被执行的时间，只有在选定的飞行阶段，此代码块才会被调用执行。采集组件的 CPU 的运算性能是有限的，减少一些无关的代码执行，以便节省系统资源，提高运算效率。

（2）优先级。有些逻辑代码块必须先于其他的代码块优先执行，这时就必须按照预设的优先级顺序来执行，如新的航段开始时，有很多的参数需要清零，而清零的操作优先级很高，需要在监控逻辑执行前完成。

（3）运行频率。可以设定监控逻辑执行的频率，如一秒执行 1 次，一秒执行 5 次，一秒执行 10 次等。有些参数在采集的时候，其频率就很高，如垂直过载 VAC，能达到每秒采样 32 次。为了更细微地对参数监控，就需要相应地提高监控逻辑的执行频率。

监控逻辑编辑界面样例如图 6-6 所示。

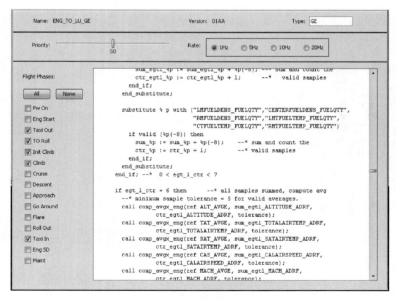

图 6-6　监控逻辑编写页面样例

6）故障报文

故障报文用于定义故障报文中各参数的位置、格式以及报文行号等。客户化软件编辑工具需要给出用户接口，以便用户对内置的基础报文进行查看、新建自定义报文、修改报文，并可定义报文的默认存储位置，是否通过打印机打印，是否通过 ACARS 自动传送至地面等。还应该对报文的副本做一定的限制，如果没有限制，监控逻辑编写有误，导致某一报文频繁发送，不仅会浪费 ACARS 流量，更会造成系统资源的浪费、CPU 处理速度变慢等，因此必须对报文的个数做一定的限制，除了客户可以在逻辑中限制之外，ACMS 软件应该在框架的层级也做一些限制。

7）可视化接口

可视化接口，是指通过机上 MCDU、CDU、MCD 可以操作的屏幕。ACMS 模块的屏幕内容是在 ACMF AMI 中定义的，包含报文的抑制页面，门限值的调整界面，以及 ACMS 的系统界面，QAR、DAR 或 CPL 记录逻辑控制界面等。编辑工具应给出屏幕编辑接口，便于用户新增、修改、删除及拷贝屏幕。

8）数据链路

ACMS 可以将指定的报文通过可选的链路传送至地面服务器，例如通过 ACARS 数据链。

9）系统仿真

ACMS 客户化软件编写完成之后，需要进行调试，并尽可能地还原机上的真实环境，这就需要有系统模拟仿真模块。用户可以直接定义系统相关的参数输入，单步调试编写的代码，是否能达到预期的目的，并触发相应的逻辑。这也是 ACMS 客户化编辑工具必须具备的功能，该功能将大大缩短用户的开发时间，缩短上机测试时间，提高测试成功率。B787 飞机的 GBST 系统中关于 ACMS 的工具已经集成了模拟仿真功能，Teledyne 公司的 AGS 也有单独推出模拟功能，但尚未大面积推广。

6.4.2.3　ACARS 报文解码技术

报文解码是将数据服务供应商（DSP）转发给航空公司的符合 ARINC 620 规范的报文信息提取出来，转换成结构化的、能够进行工程应用的数据格式。

实时 ACARS 报文是实时监控系统的数据驱动来源，而报文解码则是实时 ACARS 报文应用的基础。若没有报文解码器，数据链网关或其他途径接收到的报文是一堆杂乱的、人工不易读取的信息，无法自动、大量地被处理成可应用的结构化数据，系统后续的一系列数据分析及应用功能将无从谈起。

1）DSP 消息处理

空地数据服务提供商（DSP）在数据链传输的过程中起着桥梁与枢纽的作用，其接收飞机生成并发送的 ARINC 618 报文，然后将其转换和处理成 ARINC 620 报文，然后转发给终端用户，终端用户再将 ARINC 620 报文解码，提炼并整理成结构化的数据，进行后续应用。

空地数据链系统有两个起着支撑作用的 ARINC 协议规范：ARINC 618 和 ARINC 620 协议规范。这是面向两个不同对象的协议，前者是空地数据传输协议，是 DSP 与飞机进行数据交互的支撑协议；后者是地地数据传输协议，是 DSP 和航空公司等终端用户之间进行数据交互的支撑协议，如图 6-7 所示。

DSP 承担着 ARINC 618 与 ARINC 620 两种协议规范的解析与翻译角色，DSP 下行报文转换和处理功能如图 6-8 所示。

ACARS 报文下行(Downlink)

| 飞机 (Aircraft) | 空/地过程 (ARINC 618) | ACARS DSP | 地/地过程 (ARINC 620) | 终端用户 (Ground End Users) |

ACARS 报文上行(Uplink)

图 6-7　ARINC 618-620-DSP 关系图

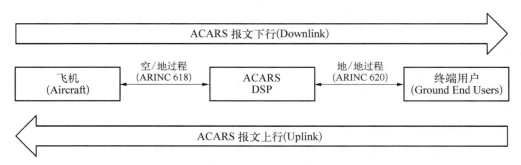

空/地 输入参数	DSP 的处理	地/地 输出参数
Airline Code Label/Sublabel MEI 7 字符补充地址 4 字符ICAO 代码	生成QU 地址行 (SPEC 2 Line 1)	7 字数ATN 地址列表
	保留源参数内容	DSP ATN 地址 时间戳(SPEC 2 Line 2)
Label/Sublabel	生成SMI (SPEC 2 Line 3)	SMI
飞机号/航班号	生成AN/FI (SPEC 2 Line 4)	TEI 列表(/AN/FI)
Label/Subabel ACARS 文本	生成附加TEI (SPEC 2 Line 4)	附加TEI 列表
MSN	生成CSL (SPEC 2 Line 5)	3 字符DSP ID RGS ID UTC 时间戳 MSN
Lable/Sublabel/ACARS 文本	生成"自由文本"	自由文本

飞机 ACARS 消息处理功能

图 6-8　DSP 下行报文转换和处理功能图

实际上，关于 ARINC 620 报文(即需解码源报文)的生成可理解为：经过 DSP 分析处理，ARINC 618 报文主要转换成 ARINC 620 报文的两部分。

(1) 报头：DSP 主要对 ARINC 618 报文中的 Airline Code、Label/Sublabel、飞机号/航班号、MSN 等信息进行翻译和解析，变成 ARINC 620 报文中的发送地址、报文标识、飞机及航班信息等相关字段，并加入路由信息及时间戳等信息，组织生成 ARINC 620 报文的报头。

（2）报文正文内容：DSP 不会多加处理，飞机发送什么内容即转发什么内容。

2）需解码的报文类型

一般来说，ACARS 报文按照数据格式化编排方式可划分为以下三种（本文称之为标准 AOC 报文）。

（1）顺序数据结构化的 ACARS 报文。

这种格式的 ACARS 报文种类最多，如 OOOI 报、POS 报、ACMF 报以及航空公司自主开发的多数 AOC 报文都属于这种。这种格式报文中的数据一般按照以下两种方式编排：定长编排和分割符编排。

这种格式的报文具有较强的可识别性，只要按照预定义的数据编排方式解析报文中所有的内容，很容易"解码"出准确的信息。

（2）循环数据结构化的 ACARS 报文。

这种格式的 ACARS 报文种类较少，目前主要用到的是 CMCF 报文，是按照一定格式的"内容块"循环累加，直至所有需要传输的内容全部结束为止。

这种格式的报文一般没有通用的解码算法，只能针对具体的报文规范（各机型的内容块结构及标准字段可能不同）给出具体解码方法。

（3）数据非结构化的 ACARS 报文。

这种格式的 ACARS 报文种类也不多，常见的是 AOC 报文中的自由文本报文（FreeText），也称 Crew Generated Message 或 Miscellaneous Air-Ground Message，一般是由机组与地面数字/报文通信过程中人工键入的文本信息。

这种格式的报文没有一定的数据结构，由于没有固定定义的编排规律，理论上对计算机不可解码，仅可将所接收到的内容"原封不动"地展现出来。

3）报文解码方法及流程

这里主要介绍 ARINC 620 报文的通用解码方法，并且主要介绍"顺序数据结构"与"循环数据结构"对 ACARS 报文报头和正文内容的解码方法。需要说明的是解码方法并不是唯一的，并且可能需要针对具体机型来进行报文（尤其是对于 CMCF 类报文）解码。

报文解码前需完成以下工作。

（1）资料收集（包括具体报文规范、报文样例）。

报文规范是对飞机所发送的报文相关内容和格式的定义，包括触发逻辑、字段内容、字段长度、字段格式、编排方式等的定义。需特别注意的是，此报文规范的是飞机下发报文的相关格式，DSP 接收到飞机下发报文后会进行必要的处理，然后再发送给航空公司终端。因此，在解码时，需对这些报文规范进行仔细分析，并比对报文样本，才能顺利完成解码。

关于报文规范的收集，一般来说，不同的报文类型，其报文规范也在不同的设计文件中体现，如 E190 飞机，其 AOC 类报文（包括 OOOI 报、POS 报等）的报文规范在 HONEYWELL 所提供的"通信管理功能航空公司可客户化信息需求规范"

（Communications Management Function — Baseline ami — Requirements Specification）中定义，其 ACMS 类报文主要为发动机报文，主要在"Service Newsletter"服务信函中陆续给出，其故障类报文无单独的报文规范文件，可通过参照飞机维修手册和故障报样例，以及按照故障报解码方法进行解码。

（2）资料整理：主要依据报文规范和报文样例，针对具体机型的每一个报文（如 OUT、OFF、ON、IN 等报文）编制其报文模板，以供计算机解码使用。

这里仅讨论报文解码的流程和方法思路，具体的 IT 实现（包括数据库开发、代码开发）需要全面依据 ARINC 618 及 ARINC 620 规范及机型资料，并详细考虑具体的实现方法及其细节，这里暂不讨论。如图 6-9 所示，报文解码的一般流程如下：

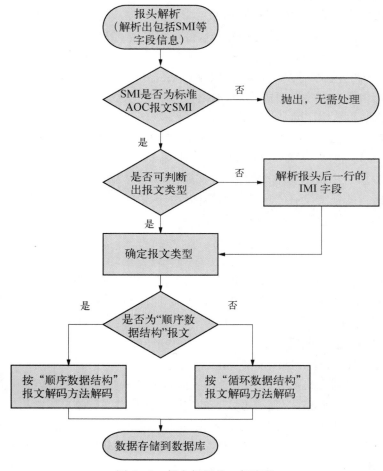

图 6-9　报文解码的一般流程

a. 报头解析，解析出包括报文的标准信息标识符（Standard Message Identifiers, SMI）字段在内的信息，ARINC 620 规范中有详尽的 SMI 规定。

　　b. 根据解析出的 SMI,判定本报文是否为"标准 AOC 报文","是"则进行下一步,"否"则无须解码。

　　c. 然后判断报文类型,有些报文可直接根据 SMI 即可判断出报文类型(如简单的 OOOI 报),但对于某些机型某些报文(如 E190 中 SMI 为 CFD 时,其报文可能是故障报,也可能是发动机报),此时还需根据报头之后的下一行的文本标识符 IMI(即"-"后的文本字段),进一步判断报文类型,判断出是属于"循环数据结构"ACARS 报文还是"顺序数据结构"ACARS 报文。

　　d. 按照适用的方法("循环数据结构"ACARS 报文解码方法或"顺序数据结构"ACARS 报文解码方法)进行解码。

　　e. 将解码后的数据存储到数据库中。

　　具体解码方法如下:

　　a. 报头解码。

　　读取所输入的 ACARS 报文源文件,按照 ARINC 620 规范解析出报文的标准字段,其中包括:

　　a) QUTEXT(报文的目标地址队列)。

　　b) REPORTHEADER(报文网关信息)。

　　c) TIMESTAMP(报文的时间戳)。

　　d) SMI(ARINC 620 SMI)。

　　e) FI(航班标识)。

　　f) ACNO(飞机号)。

　　g) DT(地面站路由信息)。

　　h) FLIGHTNO(发送此报文的航班号)。

　　i) CONTROLTEXT(报文路由控制行)。

　　各标准字段的含义如图 6-10 所示。

　　b. 报文体解码。

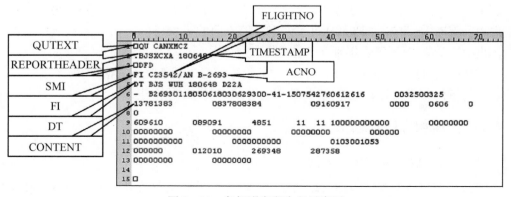

图 6-10　各标准字段含义示意图

　　a）"顺序数据结构"报文解码方法。

　　该类报文为 OOOI 报、POS 报、ACMS 报等参数类的 AOC 报文,解码方法如下:

　　首先需编制报文模板。按照某具体报文数据预定义的编排方式,编制报文模板,图 6-11 为报文模板所需的报文数据结构表示例。

gp_id	rg_id	gp_mnemonic	gp_suffix	gp_offset	gp_format	gp_length	gp_descriptic	gp_delimiter	gr_startdelin	gp_enddelim	gp_index	gp_startdelin	gp_versionid
1	1	message_identifier	msg_id	0	OUT	3					1		
2	1	message_version	mvn	0	01	2					2		
3	1	entered_fltno	fn	0		10				/	3		
4	1	slash_delimiter		0		1				/	4		
5	1	int_sked_date	sch_dd	0	dd	2					5		
6	1	current_date	cur_dd	0	dd	2					6		
7	1	current_time	cur_tm	0	hhmm	4					7		
8	1	init_dept_sta	dsp_st	0	aaaa	4					8		
9	1	init_dest_sta	dest_st	0	aaaa	4					9		
10	1	crlf_delimiter		0		0				CRLF	10		
11	1	out_time	out_et	0	hhmm	4					11		
12	1	out_fob	fob	0	nnnn	4					12		
13	1	boarded_fuel		0	nnnnn	5					13		

图 6-11　报文模板所需的报文数据结构表示例

　　根据报文模板的定义,解码具体 ACARS 源报文,获取相应的报文字段值。

　　将报文字段值重新保存到数据库,形成已分解并分类好的结构化数据,以进行之后的各种应用。

　　b）"循环数据结构"报文解码方法。

　　该类报文主要为 CMCF 报文。"循环数据结构"ACARS 报文没有统一的解码算法,需要针对特定机型 CMCF 报文的特性,单独编写其解码算法。

　　针对不同的 CMCF 报文,每个解码逻辑由计算机程序的一个独立 Class 处理,自动完成实现。执行故障类报文正文内容的解码,一般方法为:

　　如按照报文规范解码 EICAS 警告信息字段,再根据规律依次解出紧跟着该标识字段的信息字段。以解码 A330 飞机故障警报中的警告信息为例,先在报文中找出表征 EICAS 警告的字段"WN"(该字段随不同的机型可能有所不同),然后依次读出 ATA 章节号、警告级别及信息等。

　　按 a）中的方法,同样解码出报文中的故障信息或其他文本块信息。

　　将解码结果保存在数据库中,形成已分解好的结构化数据。

6.5　快速响应技术运用

6.5.1　快速响应技术支援

　　快速响应技术支援包括信息交互、技术处理、实时监控等技术服务。各专业工程师实行 7×24 小时值班制度,确保及时向客户发布解决方案。

快速响应中心全天候接收客户通过电话、邮件、传真、数字化客户服务平台等渠道提出的服务请求,第一时间对客户的支援请求进行分类处理。同时,快速响应中心建立了快速响应技术支援工作机制,形成了分层次、分级别的响应支援工作程序。

如客户在运营过程中遇到 AOG 状态(飞机停场,指飞机因发生影响后续飞行的故障或损伤导致不能正常执行航班、且不能立即修复只能停飞等待维修的状态)等紧急问题,快速响应中心将启动 AOG 支援流程,调动一切技术和商务资源,出动最精锐的人员队伍,第一时间解决飞机问题,帮助客户恢复运营,避免发生旅客受困、引发不良舆论等一系列严重后果。

6.5.2　飞机运行信息管理

1) 飞机运行信息采集

(1) ACARS 报文信息:快速响应中心通过建立和维持 ACARS 数据链路系统,基于与用户的数据协议,实时采集 ACARS 报文信息,包括 OOOI 报(OUT、OFF、ONN、INN)、POS 报和系统故障报等。

(2) QAR 数据信息。

(3) 机队运行可靠性数据信息。

(4) 适航信息、质量信息及飞行安全信息:

a. 试飞阶段:试飞单位相关部门采集三类信息。

b. 交付使用后:快速响应中心采集三类信息。

2) 飞机运行信息处理

3) 飞机运行信息发布

包括飞机运行信息周报、可靠性月报/年报。

在快速响应系统中,现场服务管理模块负责对飞机运行信息管理技术的应用,鉴于快速响应系统的特殊性,之前国内尚无相关的系统开发经验,因此也无法依靠国内现有的成果进行借鉴,极有可能在建设过程中缺少方向性和针对性,为了保证项目的切实可行、有效,同时能够与世界同行的相关系统进行比较,总体技术路线上拟采取如下实现途径。

(1) 充分利用国内外合作伙伴的资源,联合国内外战略合作伙伴,充分发挥现有成熟技术的优势,开展分阶段的、持续的、渐进式的研究和开发。

(2) 充分估计项目的技术难度,联合国内外软件供应商,开展技术协作进行技术攻关。

(3) 在项目实施阶段,充分利用国内企业人员的工程经验和知识,降低系统的工程应用风险。

(4) 参照国外先进的管理与支持服务模式,集成成熟的主流技术和产品,尽可能采用现成的技术或应用。

　　系统建设采用呼叫中心平台,集成成熟的 Sieble CRM(客户关系管理系统)软件系统,并在此基础上作功能模块的二次开发,确保项目实施风险最低。

　　快速响应业务需求与 Siebel CRM 的映射以及实现方式如表 6 - 2 所示。

表 6 - 2　快速响应业务与 Siebel 的映射表

功 能 描 述	与 Siebel 的映射	实 现 方 式
现场服务管理	Field Service，Activity，Workflow	Siebel 标准功能

　　现场服务能使客户服务团队确保全面的客户满意度。提供对闭环解决方案和现场活动的管理能力。同时确保机构在整个问题处理过程中提供世界级的客户服务,无论这个问题需要派遣一个或者多个工程师,一个或者多个服务部门。完全优化的现场服务过程提供了关键的、更新的信息和必要的工具处理现场服务。

　　此外该功能模块提供现场代表关于飞机运行相关信息的汇报功能。通过该功能模块,现场代表可以及时向制造商反馈外场使用信息。

　　系统使用界面如图 6 - 12 所示。

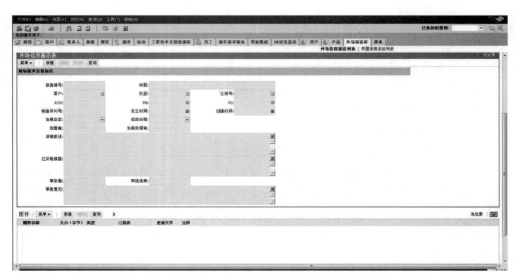

图 6 - 12　快速响应系统外场信息报送表

6.5.3　客户请求处理

　　(1)值班工程师在接到来自客户或现场代表的客户请求后,确定是否创建服务请求。如无须创建,则在快速响应系统中建立一般咨询客户请求,并通过邮件直接答复客户;反之,则依据客户需求在快速响应系统中创建或更新服务请求。

　　(2)值班工程师建立 SR 后,对内容进行分类,对可由快速响应中心解决的 SR,将直接分配至相关专业的快速响应值班工程师进行处理;对需要转移至其他部门的 SR,快速响应中心负责在快速响应系统中建立 TSR/ISR,并以 TSR/ISR 的形式将服务请求分配至相关部门处理,各单位应当建立相应的接收机制以便及时接收相关 SR。

（3）快速响应中心收集、整理由其他单位/部门答复的解决方案,汇总形成 SRAF。同时,快速响应中心值班长对整个解决方案进行完整性审核并在 SRAF 的"批准"栏中签字。

（4）快速响应中心负责将经批准的 SRAF 发布给客户,并负责以电话、短信、邮件等方式通知客户接收 SRAF。同时,对客户进行回访,以跟进答复方案的执行情况。如果未能解决客户请求,则需进一步更新 SR 信息,重新处理。

（5）若答复方案中无须后续工作,快速响应中心则直接关闭 SR;若答复方案中需要相关部门开展后续工作,则快速响应中心对后续工作进行监控,待所有后续工作完成后关闭 SR。

在快速响应系统中,呼叫管理中心、服务管理模块等负责对客户请求处理技术的应用。

快速响应业务需求与 Siebel CRM 的映射以及实现方式如表 6-3 所示。

表 6-3　快速响应业务与 Siebel 的映射图

索引	功能描述	与 Siebel 的映射	实 现 方 式
1	呼叫中心管理		
1.1	客户标识	Account，Contact	基于 Siebel 标准功能定制
1.2	客户信息	Account，Contact	基于 Siebel 标准功能定制
1.3	交互记录	Activity	Siebel 标准功能
1.4	服务收件箱	Activity	Siebel 标准功能
1.5	电子邮件编辑器	Communications	Siebel 标准功能
1.6	自动传真收发	Communications Workflow	基于 Siebel 标准功能定制
1.7	软电话	Communications	Siebel 标准功能
1.8	座席管理	Communications，Employee	Siebel 标准功能
2	服务管理		
2.1	服务请求管理	Service Request，Activity，Workflow	Siebel 标准功能
2.2	快速排程管理	Scheduling，Activity	Siebel 标准功能
2.3	自动分配管理	Assign Management	Siebel 标准功能
2.4	现场服务管理	Field Service，Activity，Workflow	Siebel 标准功能
2.5	服务订单管理	Quote & Order，Order Management Server	Siebel 标准功能

（续表）

索引	功能描述	与 Siebel 的映射	实 现 方 式
2.6	质保管理	Contract Management	Siebel 标准功能
2.7	服务回访管理	Service Request，Activity	Siebel 标准功能
2.8	服务监控管理	Service Request	Siebel 标准功能
2.9	培训和考试	Training	Siebel 标准功能
2.10	工程服务文件管理	Customization	利用 Siebel Tools 定制开发
2.11	RMA 管理	Field Service，Inventory & Customization	部分利用 Siebel Tools 定制开发
2.12	预防性维护管理	Preventive Maintenance	部分利用 Siebel Tools 定制开发
2.13	统一接触历史	Field Service，Service Order，Activity	Siebel 标准功能
2.14	备件构型	Asset & Customization	部分利用 Siebel Tools 定制开发
2.15	服务满意度调查	Field Service，Activity	Siebel 标准功能
2.16	知识库管理	Solution，Info Center	Siebel 标准功能
3	通用数据		
3.1	合同管理	Contract Management	Siebel 标准功能
3.2	区域管理	Territory Management	Siebel 标准功能
3.3	组织管理	Organization，Employee，User	Siebel 标准功能
3.4	职责与职位管理	Responsibility，Position	Siebel 标准功能
4	主数据管理		
4.1	360 度客户管理	Account	Siebel 标准功能
4.2	联系人管理	Contact	Siebel 标准功能
4.3	合作伙伴管理	Account，Partner	Siebel 标准功能
4.4	飞机航材和 GSE 清单	Product，Catalog，Category，Customization	部分利用 Siebel Tools 定制开发
5	业务分析		
5.1	座席及话务分析	Customization	Oracle BI EE
5.2	客户分析	Service Analytics & Customization	部分利用 Oracle BI EE 定制开发
5.3	服务请求分析	Service Analytics & Customization	部分利用 Oracle BI EE 定制开发

（续表）

索引	功能描述	与 Siebel 的映射		实 现 方 式
5.4	服务响应分析	Service Analytics Customization	&	部分利用 Oracle BI EE 定制开发
5.5	服务质量分析	Service Analytics Customization	&	部分利用 Oracle BI EE 定制开发
5.6	服务成本分析	Service Analytics Customization	&	部分利用 Oracle BI EE 定制开发

1）呼叫中心管理

（1）语音应答/录音。

客户电话拨入后可以听到预配置的语音应答帮助，分流相关的问题、咨询、投诉和支持等事件。通过语音应答的支持，呼叫中心可以将不同的客户需要通过流程分解到相关座席或专家组人员。系统同时可以支持录音功能，所有客户与快速响应中心的交互语音都可以记录。

（2）传真收发管理。

为客户提供传真服务或定时给客户发送信息。系统完成自动接收传真到服务器上，由用户自己选择文件，再将传真发送到用户的传真机上。实现传真数据存储：把传真数据保存为文件，同时建立管理检索库。实现传真数据合成：把图像文件和业务数据按一定的格式合成为传真文件。

（3）座席管理和监控。

综合管理功能主要包括交互中心数据统计、运行性能、权限及管理等方面。可以对所有座席和终端的状态进行监视和汇总，调整话务员分组和配置，增加、删除或修改座席名称、口令以及权限。座席班长可以对座席人员进行语音监听、指导或强行介入等功能。

（4）软电话。

集成在 CRM 软件的电话操作界面。响应工程师可以利用软电话按钮控制电话机，包括话机的所有功能，如拨打、接听、挂机、持机、转接、会议等。

呼出管理可以通过预览式或预测式方式进行对外呼出业务，配合具体服务或市场、销售业务进行外呼管理。

（5）座席报表。

呼叫中心系统需要提供座席的分类分析报表，例如呼入或呼出电话的数量、总通话时间、平均通话时间、客户渠道呼入分析等。

2）服务请求管理

（1）CASE 管理。

CASE 管理主要是对 CASE 的基本信息进行管理。基本信息管理单元包含

"CASE 录入""已解决 CASE 清单"和"CASE 清单"三个模块组成，其中前两个模块为 CASE 信息录入模块，"CASE 清单"模块为客户提供 CASE 项目响应过程的信息。

"CASE 录入"提供 CASE 信息的录入功能。CASE 信息录入可以是用户直接通过快速响应系统的 CASE 信息录入模块录入；场代表通过系统的 CASE 信息录入模块录入；根据 E-mail 自动生成 CASE 请求录入；快速响应工程师根据客户请求电话、传真等录入系统。系统为 CASE 响应信息录入单提供模板。CASE 信息也可作为在 CASE 响应过程中和响应方案执行后客户与响应工程师和技术专家探讨问题的信息交流的媒介。

系统接收到客户或者现场代表通过快速响应系统发出的请求时能够向 7×24 热线值班响应工程师发出铃声提示。

"CASE 清单"模块显示客户请求的 CASE 号码、CASE 类别、优先级、客户所属单位、目前响应责任人、联系方式、响应过程状态、响应承诺时间等信息。

（2）CASE 指派。

CASE 指派管理单元包括"热线服务值班表""CASE 分类与指派""确认指派"和"专家支持"四个模块。

系统可以通过"热线服务值班表"模块提供 7×24 小时热线服务值班计划安排，或是根据 CASE 类型由知识检索直接推荐适合的专家列表。

7×24 小时热线值班快速响应工程师接到客户 CASE 生成 CASE 单并发送到值班的领班，领班将 CASE 问题初步分类，依据 CASE 请求涉及的 ATA 章节通过"CASE 分类与指派"将 CASE 指派给某个服务工程师，或者依据 CASE 请求的性质转移到相关的部门的客户服务专家、研发中心、制造中心或供应商。

工程师接受指派后通过"确认指派"模块录入确认指派信息。系统自动记录确认时间。如果 CASE 需要技术专家支持，那么系统自动将响应责任人修改为技术专家，技术专家同样需要在确认指派模块中录入确认指派信息。

对于 AOG 事件，7×24 小时热线值班响应工程师将客户请求信息直接转发给 RRC 主管和相关的服务工程师。同时启动 AOG 专题小组讨论处理 AOG 问题。

如果客户问题涉及航材备件、技术出版物、培训、索赔等，则响应工程师直接通过快速响应系统将其转发给其他部门工程师在线处理，但快速响应中心也生成 CASE，并保持对整个 CASE 处理的过程控制与最后反馈给客户。

（3）CASE 承诺。

承诺管理单元负责确定对客户 CASE 的响应承诺时间及解决时限，并对客户做出承诺。此单元包括"CASE 承诺"模块和"客户沟通"模块。

响应工程师能第一时间解决客户请求问题，立即与客户沟通进一步了解客户问题，并把了解到的客户问题的补充信息通过系统的"客户沟通"模块输入到系统中。响应工程师通过对客户问题的初步分析确定响应完成时间向客户通报，同时将承诺的完成时间录入系统。系统记录该项数据录入的时间。

如问题转移至技术专家或其他业务时,则相应处理该 CASE 的工程师利用"客户沟通"模块,完成 CASE 承诺。系统自动将上述各阶段录入的数据及录入时间加入到 CASE 单中。

(4) CASE 响应。

响应管理单元包括"响应清单管理""生成响应方案""响应方案审核""方案发送/接收""响应反馈和关闭"和"过程跟踪显示"模块,其主要功能是对 CASE 响应过程的控制。

响应清单管理:包括客户 CASE 项目列表、响应项目过程状态和请求响应内容的管理。

生成响应方案:工程师或技术专家通过对客户问题的分析和研究得出的解决方案,同时记录解决方案生成时间,并将上述信息自动加入到 CASE。

响应方案审核:客户问题的解决方案需经过审核,若涉及适航条例的,需进一步经局方审核批准。

方案发送/接收:记录客户问题解决方案发送时间,提示客户和现场代表接收方案,并将上述信息自动加入到 CASE。响应工程师在方案发送后立即与客户沟通并记录客户方的接受人、收到时间,系统将上述信息自动加入到 CASE。

响应反馈和关闭:响应责任工程师在主动与客户沟通了解响应方案客户执行的情况和方案的有效性后将有关信息录入,也可根据现场代表反馈的信息决定此项目是否可以关闭,并录入项目关闭人、关闭时间。

过程跟踪显示:系统通过相应 CASE 实现客户请求过程的全程跟踪,CASE 显示响应过程各环节的时间节点。系统实现响应超时报警,并且在窗口下方滚动显示警报内容进行提示,特别对于 AOG 事件。

3) 快速排程管理

快速排程管理可以将服务请求处理,现场支援小组的派遣等整个客户服务过程中的所有活动快速分配至快速响应工程师、服务工程师、现场代表等对应角色。系统在分派任务过程中根据任务优先级、所需技巧、人员可用性、地域、部件等高效自动地配置客户服务资源,主要能实现:

(1) 约会预订系统(Appointment Booking System):允许客户服务代表根据现有的接待能力,自动安排客户参观。

(2) 时间表优化引擎(Schedule Optimization Engine):根据商业上预定义规则优化时间表,例如在确保合同服务承诺的条件下,最小化出差和劳动力成本。高优先级任务导致低优先级任务的重新分配。时间表的优化可以是实时的或者批处理的,取决于商业上预定义的标准,包括最佳时间、最佳地点、最佳部分、最佳所需技巧、最佳人员调度等。

(3) 合约调度(Contract Scheduling):允许快速地识别、分配和安排需要快速响应的紧急服务。

4）自动分配管理

自动分配管理可使组织始终保证将服务请求、产品缺陷、客户、联系人、接收电子邮件和其他的输入项等的所有权分配给专业匹配的相关人员。

分配管理应用可按照组织选择的任何标准定义管理区域。然后，该模块就可以立即自动地为客户姓名及地址、账号和其他相关信息沿着多个分销渠道路由到指定的人员。该模块易于支持当前责任改变和主要区域的调整。分配管理应用使公司工作组、虚拟工作组及第三方参与者的建立和管理变得更加容易。利用了这个模块功能之后，同客户之间的互动操作就得到优化，从而有助于提高工作效率，也有助于客户得到最高等级的服务支持。

5）服务回访管理

当客户的服务请求完成以后，可以通过不同的渠道进行客户服务的回访管理，对服务的内容、质量和服务态度等进行调查，并将客户的回访记录作为服务评估依据保存在系统中。

6）服务监控管理

系统可以了解到目前服务请求的受理、处理状况，包括哪些服务请求发生级别升级，优先处理哪些服务请求等。同时又可以了解目前服务人员的状况，包括哪些地区的人员的工作负载。

7）知识库管理

飞机服务请求案例管理和相关技术文档管理可以使用知识库管理模块。为了满足知识库的各项需求，完成知识收集和发布流程，系统将支持下列各项功能点：

（1）知识库目录结构管理。

a. 知识库管理人员可以使用知识库管理模块，进行知识库目录结构的创建与维护，实现树状数据结构的文件夹编辑修改功能，知识库结构按树型结构放置，层次不限。

b. 知识库管理人员可以使用知识库管理模块，对知识库的目录可以设计不同的访问权限。

c. 知识库管理人员可以使用知识库管理模块，实现相关资料之间的关联。

（2）知识收集。

知识库管理人员及最终用户均可以使用知识库管理模块，将已经整理好的资料、FAQ、Web 链接，或者把可以作为知识的文本信息等录入知识库系统。文件格式支持文本、图形、文档、声音和动画等。

（3）知识审核。

a. 知识库管理人员可以使用知识库管理模块，对收集上来的资料及信息进行审核。

b. 知识库管理人员可以使用知识库管理模块，将审核后的新知识或修改后的知识分类、分层存放在知识库中,每层目录存放的内容可以按企业的具体需求灵活使用。

c. 知识库管理人员可以使用知识库管理模块,发布知识库中内容,供使用者查看。

(4) 知识搜索。

a. 系统使用者可以使用知识库管理模块,以网页的方式对知识库内容进行浏览。

b. 系统使用者可以使用知识库管理模块,查询 FAQ、供应商信息以及产品信息。

c. 系统使用者可以使用知识库管理模块,通过关键字组合查询、模糊查询检索知识库。

d. 系统使用者可以使用系统提供的搜索引擎功能,进行对知识库内容的全文搜索,支持模糊查询。

8) 用户管理与权限

用户管理与权限主要负责对整个快速响应软件系统的权限使用控制以及主要参数的配置。包括以下功能:

(1) 人员管理。

人员基本信息管理,这里人员包括各航空公司用户、现场代表、响应工程师、服务工程师、供应商、生产厂家的研发、制造技术专家、工程技术支援专家公司领导、系统管理员等。

(2) 权限管理。

按照业务要求安排系统群组能够使用的功能,对用户分派权限,将用户控制在授权的范围内操作。

(3) 群组管理。

将使用人员按照一定的分内标准进行分组,每一组具有相同的使用权限和范围。便于系统管理和权限分配。

(4) 座席排班管理。

呼叫中心进行的是 7×24 小时值班工作制,通过座席排班管理可以合理保证人员的值班安排,保证工作的持续有序进行。

(5) 座席交接班管理。

快速响应中心值班人员应该在登录的同时,可以选择是否上下班,系统可以自动记录并显示当前值班人员,并且显示上班或者下班前处理的未完成 CASE 的请求列表以及它们的处理状态,且在系统中记录在案。

(6) 座席工作流管理。

系统按照服务流程预先内设好了一套座席工作流程,快速响应工程师可在座席工作流管理的辅助下,快速、高效而又准确地进行工作。

9）360 度全球客户和联系人管理

客户管理是 CRM 的基础,根据快速响应中心的业务特点,客户管理模块将支持对客户信息的全面管理,将支持以下的功能点:客户联系人信息管理、团体客户管理和呼叫中心客户信息弹屏管理。

（1）客户联系人信息管理。

通过一个使用简易、友好的客户界面,实现对客户信息统一收集、管理和更新,并根据各部门、协作伙伴、个人的权限不同,支持不同程度的信息检索、查询和共享,最大限度地提供 360 度客户信息,帮助座席代表服务客户。

对客户进行分类管理,记录不同的相关基础信息;整合客户的各类相关信息在一个视图上,供响应工程师在服务客户时使用,支持对所有客户的基本信息、扩展信息、业务信息等客户信息的管理,包括客户接触历史、服务请求信息等,可以根据业务客户化将相关信息显示在客户统一视图上。

针对每个客户,可以通过不同渠道收集、更新并汇总客户信息。

将 ARJ21 飞机的客户信息初始导入系统,以确保老客户的信息不丢失。

分析并采用客户最常用的联系方式(如电子邮件、信件或电话)与客户沟通。

规范客户识别标准,使各种渠道(呼叫中心、门店、网站等)可以通过客户编码、姓名或手机号码快速识别客户,并有一致的客户信息和应对信息以支持服务。

（2）团体客户管理。

通过系统可以管理批量订购的团体客户,团体客户的基本信息和相关信息集中在统一视图进行管理,包括团体客户的联系人、服务请求历史、接触历史等。

（3）呼叫中心客户信息弹屏管理。

当客户电话、传真和电子邮件呼入时,系统会自动根据主叫号码、发送电子邮件地址等信息,在客户数据库中进行搜索,并将符合查询条件的客户信息以页面形式弹出,以便于响应工程师在服务前明确客户的身份,从而提高服务质量。

6.5.4　ARJ21 飞机实时监控

6.5.4.1　研制目标

通过对 ACARS 报文数据的实时监控分析,主制造商可以帮助航空公司及时获取飞机重要运行信息,实时监控飞机技术状态,及早发现故障并做好排故工作安排,实现"快速发现问题—主动掌握信息—提早调度资源",减少航班的延误或取消,从而减轻航空公司对飞机的运行压力。

ARJ21 飞机实时监控能力的建设目标是:以实时监控故障诊断系统的研制和应用为载体,突破 ACARS 报文解码相关技术,培养具有实时监控数据分析能力的工程师队伍,具备可为客户提供实时监控、远程诊断的服务能力,并通过实际的试飞验证及运行支持工作,为机型的设计优化提供建议。

6.5.4.2 研制内容

1) ARJ21 飞机 ACARS 报文解码

ARJ21 飞机 ACARS 报文解码需要根据 ARINC 620 规范以及 ARJ21 飞机的 ACARS 报文格式来进行解码。

每份 ACARS 报文,均是一系列特定时间特定参数按照特定规则顺序排列的集合。地面实时监控系统对报文解读的核心规则是:

(1) 将报文按字段为单位进行拆分。

(2) 通过寻找报文的关键字(如 SMI、IMI 等),确定报文的所述类型,并在系统模板库中进行配对。

(3) 对配对模板后的报文,逐个字段进行"翻译"和计算,即通过"翻译"确定每个字段所体现的参数类型,通过计算确定每个值所体现的工程值意义。

(4) 对"翻译"和计算后的字段进行存库,并供所需分析的功能模块进行调用。

以 OUT 报为例,说明报文模板在地面实时监控系统中的配置及调用情况。

(1) ARJ21 飞机 OUT 报文的触发逻辑是:客舱门关闭、刹车松开、轮载在地。

(2) OUT 报的字段格式

ARJ21 - 700 飞机的 OUT 报报文主体的格式模板如图 6 - 13 所示。

1001 • OUTRP • • nnnn/nn • xxxx/xxxx • zzzzzzzz
/OUT • hhmm/FOB • nnnn/BRD • nnnnnn/UNT • aaaaaa/TYP • aa

图 6 - 13　ARJ21 - 700 飞机 OUT 报报文格式模板

针对 ARJ21 - 700 飞机报文主体的解读需要把握四个信息点。

a. 报文 IMI 即图 6 - 13 中的 1001 • OUTRP:主要辅助报文的 SMI 信息,确定该份报文具体所属报文类型,以"告知"系统应该调用哪类模板进行解析。

b. 字段分隔符"/":用以分隔两个不同的字段信息。

c. 参数字段:ARJ21 飞机的报文格式相对而言比较简单,基本上每类报文的每个字段都有提示性字符以表明该字段的参数类型或性质,如本示例报文中"FOB • nnnn"即该字段表明的是"当前机上燃油量(Fuel On Board)"。

d. 回车符"↲":表明一行字段结束,另起一行记录新的参数字段。

2) 实时监控系统平台研制

完成 ARJ21 飞机 ACARS 实时监控地面系统开发,主要功能是实现对 ACARS 报文的监控及解读分析,各功能模块包括以下几方面。

(1) ARJ21 飞机基础数据分析:分析 ARJ21 - 700 飞机的报文规范、报文样例数据、诊断所需手册及案例数据。

(2) 报文解码平台:是系统的核心,实现对各类 ACARS 报文解码,同时通过灵活配置报文解码模板,实现对新报文的解码。

(3) 飞机实时航行动态监控功能:对航班动态展示的功能进行优化设计与开发,对地图的整体展现效果进行优化。

（4）系统应用角色设计：结合各类实际用户的组织机构，规划系统的用户角色及权限配置，在系统中将这些角色及权限以 Baseline 的形式进行固化。

（5）实时监控系统与数据服务商数据网关接口设计与开发：完成实时监控系统与数据服务商数据网关接口的设计与开发，实现实时监控系统与 DSP 数据网络的链接。

3）ACARS 数据链边缘网关系统部署

生产厂家与民航数据供应商签署"数据链信息地面处理（SKYLINK）系统采购合同"，由数据供应商提供空地数据通信服务，实现飞机与地面之间 ACARS 报文的收发。

4）机载系统实时监控优化方案

基于飞机 ACARS 报文、QAR 存储参数，并充分梳理相关适航法规对实时监控的要求以及航空公司用户的需求（尤其是首家用户），开展对 ARJ21 飞机机上实时监控及 WQAR 优化的加改装工作，并确保客户相关需求得以落实。

完成《ARJ21 - 700 飞机实时监控和 QAR 应用改装初始需求报告》《ARJ21 - 700 飞机 WQAR 及实时监控加改装的地面软件需求》《ARJ21 - 700 飞机加改装 ACMS 系统事件报文监控需求基线配置》以及《ARJ21 - 700 飞机加改装 ACMS 系统参数需求》等需求报告。

6.5.4.3　工程应用

ARJ21 飞机实时监控系统实现对 ACARS 报文的监控及解读，并在 ARJ21 - 700 飞机的功能与可靠性试飞中进行了 ACARS 报文的实时监控验证。

截至目前，已初步建成 ARJ21 - 700 飞机实时监控服务能力，并基于 ARJ21 飞机现有 ACARS 报文，初步形成飞机实时航行动态监控、油耗数据统计分析、签派可靠度计算等分析应用。

ARJ21 飞机实时监控系统基于 ARJ21 飞机现有 AOC 报文（滑出/起飞/着陆/滑入报、位置报、二次开舱门报等），对交付给客户的 ARJ21 机队实施实时航行动态监控，如图 6 - 14 所示。

6.5.5　主要工作成果

（1）构建了飞机运行信息处理平台，完成飞机运行信息处理准备。

（2）完成现场技术支援代表培训，完成客户现场技术支援准备。

（3）编制发布 AOG 支援流程及规范，完成 AOG 事件处理准备。

（4）编制发布客户服务文件管理规程，完成客户服务文件编制准备。

（5）完成 ARJ21 - 700 飞机实时监控系统研制，完成飞机运行实时监控准备。实施 ARJ21 - 700 飞机运行实时监控。

（6）为 ARJ21 - 700 飞机客户提供现场代表服务及技术支援。

（7）编发 ARJ21 - 700 飞机客户服务文件，为客户提供技术支援。

（8）处理来自客户的各类技术请求及咨询。

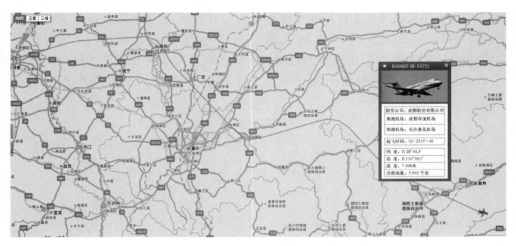

图 6 - 14　ARJ21 - 700 飞机实时航行动态监控

（9）处理 ARJ21 - 700 飞机 AOG 事件。

（10）处理 ARJ21 - 700 飞机运行信息。

6.6　本章小结

　　为实现客户请求有效管理，快速响应中心采用客户关系管理方法对服务请求进行处理。客户关系管理（Customer Relationship Management，CRM）最早是由高德纳公司（Gartner Group）提出的，最初是一种经营管理理念，强调按照客户的分割情况有效地组织企业资源，培养以客户为中心的经营行为以及实施以客户为中心的业务流程。现在它已发展成为一种成熟的管理软件和信息技术。它将最佳的商业实践与数据挖掘、数据仓库、一对一营销、销售自动化以及其他信息技术紧密结合在一起，为企业的销售、客户服务和决策支持等领域提供一个业务自动化的解决方案，是帮助企业组织管理客户关系的方法和手段，使企业有一个面对客户的服务流程自动化软件系统，可以顺利实现由传统模式到现代企业模式转变。总之，CRM是信息技术、软硬件系统集成的管理方法和应用解决方案的总和。

　　当前，"一切围绕客户"的经营战略——在客户关系管理中正在发挥着越来越大的作用。客户关系管理系统已经深入社会生活的各个领域，并成为现代企业管理的新思想、新观念和新方法，在帮助企业改变管理方式和业务流程的同时，逐步实现由传统的企业模式向以客户关系管理为核心的全面管理模式转变。

　　针对基于 ACARS 报文实现对运行飞机实时监控，快速响应中心建立了基于ACARS 报文实现飞机实时监控的技术体系架构，提高技术研究规范化、体系化、工程化水平；建立了实时监控 ACARS 报文解码通用方法和理论，并完成 ACARS 报文解码器开发，完成基于 ACARS 报文实现飞机实时监控系统开发。并且，本技术成果拥有自主知识产权，为实现实时监控与健康管理提供支持，并基于项目成果实现了 ARJ21 飞机试飞与交付期间飞机运行的实时监控,基于该项技术研发的实时监控与故障诊断系统已为国内某航空公司的 100 多架 B737 机队进行了实时监控功能的领先试用,并可适用于其他机型。本技术成果能够有效保障飞机安全可靠经济地运行,并提高中国商飞公司民机客户服务水平,提高型号飞机的市场竞争力。

7 航材工程

7.1 专业简介

7.1.1 航材工程

航材工程承担向客户提供飞机航线维护、维修、改装等工作所需航材及专用工具设备,保障飞机顺利运营和型号研制成功。

航材工程型号任务包括:

(1)制订全机潜在航材集。

(2)制订 RSPL。

(3)制订航材供应流程及规范。

(4)完成航材采购,为客户提供航材支援。

(5)为维修单位提供航材支援。

(6)为客户或第三方机构提供专用工具设备。

7.1.2 航材工程技术

航材工程技术指以实施航材工程分析及航材需求预测,继而制订航材供应资料的科学方法及原理。航材工程技术主要包括以下方面。

(1)航材工程分析技术:确定飞机维修所需的航材项目,解决飞机运营所需航材范围问题。

(2)航材需求预测技术:为客户和中国商飞提供航材采购和储备的科学依据,解决客户和中国商飞采购和储备航材项目及数量问题。

7.2 航材工程分析技术

航材工程分析技术是航材支援各项业务的基础,航材工程分析技术的输出直接影响飞机主制造商的航材支援策略、航材储备计划以及用户的航材采购清单和投资成本。

航材工程师运用航材工程分析技术,结合 ATA SPEC 2000 国际规范开展全机潜在航材集的编制。全机潜在航材集包括飞机维修过程中可能需要的所有潜在航材,这些航材不仅包括结构件和系统件的组件信息,还包括航线和定检可维护的最低层级的所有零部件信息。

在飞机研制初期,全机潜在航材集通过航材工程分析技术得出潜在航材项目。随着飞机研制进展及交付运营,航材工程师依据维修工程分析、技术出版物手册以及实际运营数据修订全机潜在航材集,以提升其项目的完整性和准确性,为后续航材工程的相关工作提供技术依据。

7.2.1　技术要求

(1) 符合《合格的航材》(AC - 121 - 58)要求。

(2) 全机潜在航材集应符合"E - Business Specification for Materials Management" (ATA SPEC 2000)国际规范要求。

(3) 全机潜在航材集应包括所有飞机维修过程中所需要的航材。

(4) 满足客户的航材需求。

7.2.2　技术要点

全机潜在航材集依据飞机系统和结构特点,分为如下三个部分:电子电气、机械、结构。

电子电气部分包括成品件和系统安装件两部分,其全机潜在航材集的判断原则如下。

(1) 对于成品件及其安装的连接件,均应列入全机潜在航材集。

(2) 对于系统安装件(如支架、专用托架、接头等),若其连接件为螺栓、螺钉等非永久性连接,则该系统安装件及其连接件均列入全机潜在航材集。

(3) 对于有使用寿命要求的寿命件和易损件,如橡胶件、非金属件等应列入全机潜在航材集。

不列入全机潜在航材集的判断原则如下。

(1) 永久性连接件:指高锁螺栓、环槽钉、铆钉、抽钉等连接件,拆下时需将其本身破坏而不可重复使用,对于这类不可重复使用的连接件定义为永久性连接件,不列入全机潜在航材集。

(2) 铆接安装的系统支架一般不列入全机潜在航材集。

(3) 如果同一层次的连接件都是永久性连接件(如铆钉、抽钉等),那该层次的所有件(不包括成品件)都不列入全机潜在航材集。

(4) "全机线束"不在航线维修之列,不列入全机潜在航材集。

(5) 穿墙密封件、穿墙密封件垫圈和穿墙密封件外挡圈属于永久性安装,不列入全机潜在航材集。

(6) 非螺接的电缆安装座不列入全机潜在航材集。

机械部分包括成品件和系统安装件两部分,其全机潜在航材集的判断原则如下。

(1) 成品件及其安装的连接件,均应列入全机潜在航材集。

（2）系统安装件（如支架、专用托架、接头等），若其连接件为螺栓、螺钉等非永久性连接，则该系统安装件及其连接件均列入全机潜在航材集。

（3）对于寿命件和易损件，如橡胶件、非金属件等均应列入全机潜在航材集。

（4）互换件清单中的零部件均需列入全机潜在航材集。

（5）接地线/搭接线、拉杆、卡箍等航线可维修件均列入全机潜在航材集。

不列入全机潜在航材集的判断原则如下。

（1）永久性连接件不列入全机潜在航材集。

（2）如果同一层次的连接件都是永久性连接件（如铆钉、抽钉等），那该层次的所有件（不包括成品件）都不列入全机潜在航材集。

（3）对于系统导管，不包括管袖、外套螺母的导管一般不在航线进行修理，不列入全机潜在航材集。

结构部分一般由机体结构件、连接件以及成品件组成，其全机潜在航材集的判断原则如下。

（1）由螺栓或螺钉等非永久性连接件安装的航线可维修结构件均列入全机潜在航材集。

（2）所有成品件及其连接件均需列入全机潜在航材集。

（3）处在飞机湿区或货舱区域的结构件，考虑其易腐蚀和易损伤，应将相应的结构件和连接件列入全机潜在航材集，但需对结构件确定其交付状态要求。

（4）对于寿命件和易损件，如橡胶件、非金属件等均应列入全机潜在航材集。

（5）方向舵、升降舵等属于租赁范围的结构部件均应列入全机潜在航材集。

（6）互换件清单中的零部件应列为全机潜在航材集。

（7）结构修理常用的型材和连接件应列入全机潜在航材集。

不列入全机潜在航材集的判断原则如下。

（1）蒙皮、梁、长桁、翼肋加强板、加强件、角片、角材、角盒和条带等一般不列入全机潜在航材集。

（2）搭接板、焊接件、胶接件等不列入全机潜在航材集。

7.3 航材需求预测技术

航材需求预测既是飞机用户开展航材保障活动的重要参考依据，也是实施航材支援活动的首要基础。航材需求预测的结果将直接影响航材采购计划的制订、航材采购业务的实施和航材库房管理等活动，也将间接影响着客户的机队签派率。

7.3.1 航材工程参数规范

航材工程参数规范是由一系列参数组成的，用于需求预测中航材的标识、需求量计算、确定航材库存、指导航材订货、客户支援等。

对标国际先进飞机制造商，每个制造商都对其飞机的航材确定了较为完备，而各具特色的航材工程参数规范。航材服务越周到的飞机制造商,其航材工程参数越丰富。不同的制造商、不同的机型对应着不同的航材工程参数,但一些基本参数却是共同的。制订航材工程参数是飞机研发阶段的一项重要任务,涵盖相当多的内容。航材工程参数规范随着飞机使用、维护、机队规模变化而需要进行必要的更改。

7.3.1.1　技术要求

(1)依据标准规范和行业标准。以"E‑Business Specification for Materials Management"(ATA SPEC 2000)为标准,航材工程参数规范的制订必须符合规范中规定的各种数据标准。

(2)对标先进企业的经验和做法。由于对标先进企业作为世界范围内运营最成功的民机制造商,他们在航材数据工作方面积累了很多的成熟经验可供借鉴,同时由于其系列飞机的广泛使用性,参考和借鉴他们在航材数据工作的做法,可以减少对用户在航材数据方面的培训,保证航材数据交流的快捷与安全。

(3)在建立中央数据库的时候,应考虑得尽量全面,以方便以后航材服务的数据支援。

7.3.1.2　技术要点

航材工程参数规范分为航材基本参数和预测服务参数两大类。其中航材基本参数是指航材的基本属性参数,如件号、平均非计划拆换间隔、重要性、寿命等,用于航材的标识、提示航材使用时的特殊要求确定航材储备等工作;而预测服务参数是指航材预测所需参数,如支援码、供应商代码、订货周期、价格等,主要用于预测、订货和航材库存控制。

在基本参数中,根据其使用目的不同又可以分为标识类参数、审查类参数、适航类参数、可靠性参数、维修类参数和属性参数共 6 类参数。

(1)标识类参数:用于对航材的基本标识,便于查询相关数据、供应及采购。

a. 件号(PART NUMBER,PNR。不超过 25 位的混合字符):ARJ21 支线飞机航材现行有效的件号,符合 ATA 规范。

b. 供应商代码(MANUFACTURER CODE,MFR。5 位数字):供应商代码与商业和政府实体代码(CAGE)应相同。

c. 名称/关键词(KEYWORD,KWD。16 位字符或 8 位汉字):给出航材的名称或者关键词。

d. ATA 编号(IPC INDICATOR。13 位数字):表示航材在 IPC 中的章节及单元位置。

(2)审查类参数:主要用于检查航材的正确性和有效性等,防止航材的错误使用,还可以指导航材的管理和储备。

a. 有效性(EFFECTIVITY,EFFY。8 位数字):有效性是指航材所适用的飞机批架次范围。

b. 互换性(INTERCHANGEABILITY。1 位数字)：表明航材与其他航材是否可以互换。在航材管理方面可以避免备件的多余储备以及管理、领取时的混乱。互换性的定义如下：设有甲、乙两个不同件号的零件(可以是多个)，若甲件与乙件可以相互替换而不需作任何加工或调整。则甲与乙具有双向互换性。若只能甲件替换乙件，而不能用乙件替换甲件，则甲件具有与乙件的单向互换性。若甲件替换乙件时，必须经过简单的补加工或调整，则甲件具有与乙件的准互换性。

c. 可替代件号(ALTERNATE PART NO。不超过 25 位的混合字符)：同件号代码化规范。

(3) 适航类参数：适航类参数是适航部门确定的或航材本身的强制性要求，必须遵守。对航材管理和储备均具有指导作用。

a. MMEL 部件(MASTER MINIMUM EQUIPMENT LIST INDICATOR，MMI。1 位字符)：确定航材是否主最低设备清单中的项目，该参数还用于确定重要性参数和修复期限参数以及支援码。

b. 重要性(ESSENTIALITY CODE，ESS。1 位数字)：由 MMEL 部件参数确定，用于指示该航材出现故障后是否影响飞机的放飞。那些对飞机放飞有影响特别是不能放飞的航材的储备应特别重视。由 MMEL 确定重要性的具体原则如下：未包括在 MMEL 中的有关机载设备项目发生故障后，飞机不能放飞(NO GO)；一般包括在 MMEL 中的项目，在一定限制条件下可放飞(GO IF)；MMEL 中也规定了发生故障后，不影响飞行安全，飞机可以照常放飞的项目(GO)。

c. 修复期限(MMEL DISPATCH DEVIATION CODE，MMC。1 位字符)：由 MMEL 部件参数确定，规定了四类 MMEL 中规定的航材出现故障后必须修复的时限。该参数还用于支援码的确定。

d. 维修间隔(MEAN TIME BETWEEN MAINTENANCE，MTBM。5 位数字，以小时为单位)：有些设备按"飞机维修计划文件"的要求，必须在一定的使用期限内进行维修和修理，这是适航部门的强制性要求。

e. 库存周期(SHELF LIFE CODE，SLC。3 位数字)：对有库存期要求的航材必须按规定进行维护、检查、重新油封或报废等，应严格遵守，以防造成航材的不正常报废。

(4) 可靠性参数：给出航材的可靠性数据，是航材储备量计算模型中的重要参数，对航材储备的确定具有重要的意义。同时运营过程中还应将该类数据反馈制造商进行统计，对不正常现象进行改进设计，提高可靠性。

a. 时间单位(TIME/CYCLE，T/C。1 位数字)：确定以何种方式统计航材的使用状况的重要参数，同时也为 ATA 规范中条码编写的必要参数。

b. 平均非计划更换间隔(Mean Time Between Unscheduled Removal，MTBUR。7 位数字，从 1～9999999，单位由"时间单位 TC 参数"确定)：航材可靠

性的最重要参数。是对影响航材需求的众多复杂、多变因素的综合反映,也是确定航材支援码和航材采购和储备模型中涉及的最重要参数,概括反映了航材可靠性水平。

c. 使用寿命(LIFE。7 位数字,从 1～9999999,单位由"时间单位 TC 参数"确定):一般为航材设计时的试验数据或根据不同设计要求而确定的寿命值,可指导航材的储备。

d. 报废率(SCRAP RATE。2 位数字,从 1～99):根据统计给出航材正常报废的百分率,可作为航材储备量选择的依据之一。

(5) 维修类参数:这些参数表征航材维修方面的数据,主要是维修的时间和工作量的大小,不同的维修对航材的需求量也不尽相同,因此同样对航材储备的确定具有重要意义。

a. 修理码(SHOP CODE,SHCD。2 位数字,从 1～18):确定对部件是进行哪一大类的维修。被用于确认修理周期以计算推荐储备数量。

b. 维修性(MAINTAINABILITY。1 位数字,从 0～3):确定设备故障后的一般维修类别和时间。其具体划分如下:可拆换件(包括在 IPC 中),但正常情况下不更换。过站维修,可在 30～60 分钟内完成。转场维修,可在 30～60 分钟内完成。基地维修,超过 60 分钟。

c. 大修或一般修理代码(MAINTENANCE OVERHAUL OR REPAIR CODE,MOR。1 位数字):用以判断一个部件是否可以直接在飞机上进行拆卸还是仅能在大修中拆卸。其具体划分如下:维护件,可以直接在飞机上进行拆卸和更换。通常 NHA 为固定不可拆换的或是很少拆换的部件。大修件,该部件的更换必须在将 NHA 拆下的前提下进行,并且必须使用大修设备才能对该部件进行拆卸或者更换。大修件一般不出现在 RSPL 中,除非 NHA 无大修手册,且为简单修理。航线维护与大修并存,该部件可以直接在飞机上进行拆卸,在某些情况下也可能需要在大修车间才能完成拆卸。例如一个开关失效,如果机务维修人员能够判断出其为某故障项目最终失效原因,则可以在航线更换;但是如果故障项目整体拆卸并且开关失效后才被诊断,则可能为大修。对于这些件需要给出一个航线维护百分比。

d. 航线维护百分比(MAINTENANCE PERCENT,M%。2 位数字,从 1～99):有些设备出现某些故障后,可在航线维护(维修性=1 或 2)中修复,为此需配备供航线维护使用的航材。该参数即确定了航线维护的比率。

e. 修理周期(REPAIR TURN AROUND TIME,RTAT。3 位数字):确定可修理件所需航材数公式中涉及的重要参数,对于价格高昂的 A 类航材,可按照每个航材各自的平均修理时间来分别计算其需求量(因为航材的车间修理时间可能差异很大)。对于价格中等的 B 类和价格很低的 C 类航材,可按照总的平均修理时间来计算其需求量。

（6）属性参数：给出对航材预测有特殊要求的一些特性的标注，以提醒特别的注意，进行某些特殊的处理。

a. 航材类型（SPARE PART CLASS CODE，SPC。1 位数字）：从航材的购买、修理等方面对航材储备提供依据。对不同类型的航材应分别采用不同的管理方法 1：消耗件，2：周转件，6：可修件。

b. 选装件/基本件（BUYER FUNISHED EQUIPMENT/SELLER PURCHASED EQUIPMENT，BFE/SPE。1 位字符）：可使用户明确该件是否必须装备的，以根据自己的需要确定是否购买。

c. 快速换发件（QUICK ENGINE CHANGE INDICATOR，QEC。1 位字符）：判断是否为包含于快速换发列表中的项目。

d. RSPL 必选件（MINIMUM RSPL PART，MIN。1 位字符）：判断是否为推荐清单必选的项目。

e. 定检维修供应清单件（SCHEDULED MAINTENANCE PROVISIONING LIST INDICATOR，MPL。1 位字符）：确定是否需要在定期维修中供应，应根据定检维修计划来确定。可以提醒航材支援管理部门提前准备。

f. 非推荐项目（NON - RECOMMENDED ITEM INDICATOR，NR。1 位字符）：表示该航材正常情况下是否被作为推荐航材，对非推荐的航材可酌情考虑，尽量不造成资金的浪费。

g. 阶段供应码（PHASED PROVISIONING INDICATOR，PPI。1 位数字）：划分推荐供应的不同阶段。当供应过程已经开始一定时间后，特别是对于高价周转件，无须再执行针对初期供应的完备的航材补充和支援。

h. 订货周期（LEAD TIME。3 位数字，从 1～999，以天为单位）：一些生产周期长的项目需要预先订购。此数据对订货量和订货点的确定均至关重要，因为一旦形成 AOG，要付很高的手续费。

i. 包装单位（PKG UNIT。1 位数字，从 1～3）：包装内件数（PACKAGE QUANTITY，PKG QTY。3 位数字，从 1～999）。

j. 采购单价（Procurement PRICE，PP。12 位数字，从 1～999999999999）。

k. 销售单价（Selling PRICE，SP。12 位数字，从 1～999999999999）。

l. 价格期（PRICE EXPIRES。16 位数字）：标注所给出价格的有效期限。

m. 币种（INTERNATION CURRENCY CODE，ICR。1 位数字）。

n. 价类（PRICE TYPE。1 位数字）：标注所给出价格的类型，即为固定的还是可浮动的参考价格。

o. 使用分类（USE SORT。1 位数字，从 0～9）：标注航材不同的来源、使用目的等，方便航材的管理工作。

p. 装机件数（QUANTITY PER AIRCRAFT，QPA。4 位数字，从 1～9999）：给出实际的总装机件数，是用于核算航材储备量的必要参数之一。

（7）预测服务参数如下构成：

a. 机队规模（FLEET SIZE，FL。5 位数字，从 1～9999）：标注进行航材需求预测的机队规模大小。

b. 每机每天飞行小时（FLIGHT HOURS，FH。4 位数字，从 1～2400）：每架飞机每天所完成飞行的小时数，标注进行航材需求预测的机队运营情况。

c. 机队运行比（OPERATION FLIGHT RATIO，OFR。3 位数字，从 100～999）：标注进行航材需求预测的机队运营情况。

d. 保障率（α。3 位数字，从 1～999）：航材保障所要到达的目标，百分比。

e. 保障周期（PROVISION TIME，PT。4 位数字，从 1～9999）：保障航材需求的时间段，以天为单位。

f. 库存数量（INVENTORY QUANTITY，IQ。4 位数字，从 0～9999）：航材在册库存数量。

g. 在修数量（REPAIR QUANTITY，RQ。2 位数字，从 0～99）：送修周转件数量，仅对 SPC 为 2 的航材有效。

h. 订购在途数量（STOCK IN TRANSIT，SIT。4 位数字，从 0～9999）：前次采购中尚未达到目的地，正处于运输状态或等待运输状态而储备在运输工具中的库存航材。

i. 预测需求数量（REPAIR QUANTITY，RQ。4 位数字，从 0～9999）：本次需求预测中计算所得到航材需求数量。

7.3.2 航材需求预测

7.3.2.1 航材分类

根据"使用—报废"特性及使用的频度，可以将航材分为两类：第一类为可修件（Repairable Spare Parts），第二类为消耗件（Expendable Spare Parts）。第一类可修件与第二类消耗件有很大的不同，具有使用频率较低且规律性不强、可用性要求高、专用性强、单价高、生产周期长、寿期不确定等特点，管理难度相当大。

1）技术要求

（1）满足 ATA SPEC 2000 国际规范。

（2）满足《合格的航材》（AC-121-58）要求。

（3）满足客户使用需求和分类习惯。

（4）对标先进企业的经验和做法。

2）技术要点

（1）第一类航材管理水平的高低对航材制造商和航空企业的总体经营目标有着重要影响。由于各种航材的相对重要程度不同，在繁多的航材中找出对提高维护管理工作绩效起关键作用的件，以提高管理活动的效率和针对性就具有重要的意义。

（2）根据航材特性、使用寿命和经济性等多属性对第一类航材再进行细分，形成 A 类航材、B 类航材及 C 类航材三类，如图 7-1 所示。经过这样的分类之后，改变了传统把除高价周转件之外的其他航材都归为消耗件的笼统粗放的分类方法，更有益于航材管理人员有计划、有重点地进行管理。由于可修航材种类众多且特性各有不同，无法也无须

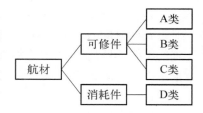

图 7-1　ARJ21 飞机航材分类

一视同仁地进行管理。通过这样的分类，对于不同等级的航材投入不同程度的时间、人力、财力等资源以建立一个合理的需求预测及库存控制模型。生产厂家要把主要精力放在第一类中的 A 类航材上，可以根据平时的拆换率、送修周期、部件寿命等综合因素进行重点计划和控制；B 类航材不必像 A 类航材那样花费太多精力，只要严格按影响库存时限科学流程进行一般管理；C 类航材可以只实施一般性管理，可按总额灵活掌握；第二类消耗件划分为 D 类航材，主要使用电脑进行自动管理（如有需要可以辅以少量的人工管理），以提高管理的效率。

7.3.2.2　第一类航材需求预测

1）技术要求

（1）符合"E-Business Specification for Materials Management"（ATA SPEC 2000）要求。

（2）满足客户使用航材需求。

2）技术要点

（1）确定第一类航材消耗规律：第一类航材的消耗除了一小部分用于飞机计划性维修的确定性消耗外，绝大多数的消耗量是随机变化着的。这种随机性消耗是因为飞机故障引起的非计划性维修而导致的消耗。它受到许多随机因素的影响，如飞行循环数、飞行小时、天气条件、机组操作水平等，因此这类航材的消耗量是随机变量，是不确定的。对于这类不确定问题，可以通过运用概率与数理统计的方法建立数学模型来加以解决。

（2）确定航材保障率：一段时间内的航材消耗量是随机变量，一定数量的航材只能以某一概率来满足飞机维修的实际需要。航材保障率是指在规定时间内航材的消耗量不超过航材库存量的概率。即

$$航材保障率 = \frac{该时间段内统计的领料次数 - 该时间段内的缺件次数}{该时间段内的领料次数} \times 100\%$$

航材保障率要求越高，所需航材的库存量就越多，航材成本也就越高，有时甚至会超过因减少缺件损失带来的效益。因此，飞机制造商需要在全球机队的统一约束下，对保障率的要求应结合缺件损失作综合分析，视不同航材的重要程度来确定不同航材的保障率，满足购货的发付要求。

（3）计算航材需求量：根据上面讨论的第一类航材的消耗规律的航材保障率，对该类航材的需求量进行计算分析。高价周转件需求量的确定是整个航材计划管理的关键问题之一，由于它具有循环使用的特性，可以建立随机过程模型来得到需求量的计算关系式。

7.3.2.3　第二类航材需求预测

1）技术要求

（1）符合"E-Business Specification for Materials Management"（ATA SPEC 2000）要求。

（2）满足客户使用航材需求。

2）技术要点

（1）确定第二类航材消耗情况：在消耗件供应期 E_P 内，航材的需求遵从公式中参数为 λ_t 的泊松分布，其计算式为：$\lambda_t = RN \times (E\_P + AT)$。式中：$E\_P$ 为消耗件供应期，取值为 30 日（月）、60 日、90 日（季度）、365 日（年度）；AT 为订货操作时间，指公司内部填单、提订单及货到后报关、验收等所需时间（日）。

（2）在消耗件的采购中，只实施一般性管理，可按总额灵活掌握，通常采取批量订货方式，这期间可能有一部分航材处于订购在途状态，考虑这方面的因素。

7.4　航材工程技术应用

7.4.1　航材工程分析

应用航材工程分析技术，完成了 ARJ21 飞机全机潜在航材集的编制和修订工作。涵盖所有飞机维修可能需要的航材项目，为后续航材供应资料的编制提供技术依据。

应用航材工程分析技术，解决了 ARJ21 飞机大组件分解不合理，未分解至最低航线可维护级别的问题和航材挂签工程依据问题。

应用航材工程分析技术结合维修任务分析结果和技术出版物手册（AMM、AIPC、CMM 等），分析出航线维修/维护所需的航材，拆分出航线可维护件，并已形成清单，并解决了航材挂签工程依据问题。

7.4.2　航材需求预测

应用航材需求预测技术，已建立了 ARJ21 飞机航材工程参数规范并已应用于全机潜在航材集编制，航材需求预测清单和客户化 RSPL 清单编制工作中。

应用航材需求预测技术，已向 ARJ21 飞机首家用户提供客户化 RSPL 清单，以指导客户开展首批航材采购；已制订全球机队规模的航材需求预测清单，指导后续开展航材库存工作。

7.4.3　主要工作成果

（1）完成 ARJ21 飞机航材需求预测分析，制订航材推荐清单（RSPL）。

（2）完成航材保障流程及库存航材采购。

（3）协助 ARJ21 飞机首家用户完成库存航材采购。

（4）为航线维护及定检提供航材及耗材服务。

（5）为 ARJ21 飞机航线及定检提供航材、耗材及工具设备保障。

7.5　本章小结

航材工程完全按照 CCAR‐121 部规章及相关咨询通告开展工作，能够高效地向客户提供合格的航材，满足客户运营 ARJ21 飞机所需的航材耗材需求。

航材工程分析的全机潜在航材项目，满足飞机维修维护所需航材。航材需求预测已为客户和中国商飞提供航材采购和库存指导，且正通过 ARJ21 飞机的真实运营数据不断修订和完善。

自 ARJ21 项目启动，航材工程工作就已同步展开，从最开始的调研国内外的各大航空公司、MRO、飞机制造商，学以致用打造制造商自己的航材工程机制、集中力量攻破多项关键技术并引进先进航材管理理念，再到如今初步形成具有中国商飞特色的航材工程架构，确保 ARJ21 飞机顺利运营。

8 航线安全分析

8.1 专业简介

8.1.1 航线安全分析

航线安全分析专业全面负责飞机机载设备记录飞行数据的管理和分析工作，通过建立数据监控和分析体系，为飞行工程、维修工程、运行工程等客服工程相关研制方和客户提供数据支持和服务。

民机安全贯穿整个产品生命周期。民机投入飞行后，监控飞行数据可以分析飞机的安全运行状况，发现运行中的潜在风险，从而采取针对性措施，改进飞机的运行安全水平。作为民机主制造商(OEM)，开发飞行数据分析产品，提高安全监控的效率，可以大大提升对机队的运行支持水平。

航线安全分析专业的主要目标和核心任务是飞机飞行记录器数据获取、检测、译码、飞行品质监控、数据分析与挖掘、辅助不安全事件分析等相关技术领域的研究工作。型号运行支持主要任务是：

（1）实施飞行数据译码分析，为飞机排故提供数据分析与支持。

（2）建立记录器检测平台，为试飞及在役飞机记录器数据检测提供服务。

（3）开发并完善飞行品质监控软件，提供飞行品质监控产品及服务。

（4）开发飞行仿真再现技术，为飞机运行提供仿真再现工作。

8.1.2 航线安全分析技术

航线安全分析技术是指开展航线安全分析工作所发展起来的数据处理与分析技术。主要包括飞行数据译码分析技术、驾驶舱语音辨听分析技术、飞行数据仿真再现技术和飞行数据的大数据分析技术等，是围绕飞机各类记录器存储的数据进行数据处理、数据分析和数据挖掘的技术。

8.2 飞行数据译码分析技术

8.2.1 飞行数据的记录和传输技术

飞行数据记录器将飞行状态参数和发动机状态参数用特殊的编码格式记录在记录器内。记录只是一个过程，不是目的。主要目的是通过地面的飞行数据译码系统进行译码,再使用评估系统对其进行处理后,输出到终端应用系统。飞行原始数据成了有关部门能直接使用的数据,从而由国家适航管理部门及航空公司技术专家用来分析飞行员操纵技术水平、飞机适航性、机械故障或意外事件,为飞行员操纵训练和操纵质量的鉴定提供可靠的科学依据。

飞行数据译码是指将以二进制数据流形式记录于飞行数据记录器(FDR)或快速存取记录器(QAR)中的飞行数据,转换为工程值数据。飞行原始数据只有经过译码,转换成直观的、具有单位或确切意义的工程数据,才能很好地进行数据的分析与应用,进而了解飞机实际飞行状况及系统运行情况等。

1)技术要求

(1)应符合 ARINC 429/717 规范要求。

(2)应符合 MH/T 2004 - 2004 飞行数据记录器译码参数规范要求。

2)技术要点

飞机上产生的信号参数包括模拟量、离散量和数字量参数。当飞机上的模拟输入信号、离散输入信号传送到数据采集组件(如 DCU)时,会首先被转换成数字信号,连同从飞机总线(如 ARINC 429)上传来的其他数字输入信号,组成了飞机记录数据源。数据采集组件将设计定义需要记录的信号数据转换成记录存储格式(如 ARINC 717 格式),再通过相应总线送至飞行数据记录器(FDR)或快速转录记录器(QAR)进行存储[49]。

飞行记录器中存储的参数在译码过程中一般称为采集参数,采集参数又可分为连续量参数和离散量参数。连续量参数一般是通过测量传感器的电压、电流或相位获得,如操纵舵面位置、驾驶杆位置、油门杆角度等。离散量参数通常由字槽中的一位或多位二进制数记录的飞机离散参数,如轮载信号、自动油门杆状态模式等。

民用飞机参数数据的采集、记录应遵从于已有的规范。常用的 ARINC 429 数据总线是美国航空电子工程委员会(Airlines Electronic Engineering Committee)于 1977 年提出的一种民用航空数字总线传输标准[50]。数据在 ARINC 429 数据传输总线上按开环方式进行传输(单向数据总线),传输以电脉冲的形式发送,一个电脉冲是一位(bit)。ARINC 429 规范定义了一个数据字的单位、范围、分辨率、更新率以及有效位数值等。具体来说一个数据字有 32 位,分为五部分:标识码(LABLE/ 1 - 8 位)、源/目的地识别码(SDI/9 - 10 位)、数据区(DATA/11 - 29 位)、符号/状态矩阵(SSM/30 - 31 位)和奇偶校验位(PAR/32 位),具体格式如图 8 - 1 所示。

ARINC429规范定义数据字 32位																															
P	SSM	S	DATA																		SDI		LABEL								
奇偶校验位	信号/状态矩阵	符号位	数据区																		源/目的地址识别码		标识码								
32	31	30	29	28	27	26	25	24	23	22	21	20	19	18	17	16	15	14	13	12	11	10	9	8	7	6	5	4	3	2	1
MSB高位																														LSB低位	

图 8 - 1 ARINC 429 数据字规范

　　数据在航电总线上以 32 位的 ARINC 429 规范定义的数据字进行传输,在传入记录器之前,会由数据采集组件依据 ARINC 717 规范对 ARINC 429 数据字进行适当的剪裁,仅对部分的数据有效位进行记录。

　　ARINC 429 规范定义数据字在转换成 ARINC 717 规范定义数据字时,示例的一种映射关系如图 8 - 2 所示。

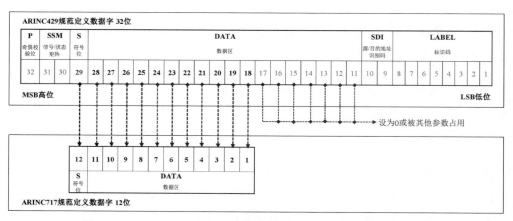

图 8 - 2　ARINC 429 数据字转换成 ARINC 717 数据字的映射关系

　　ARINC 717 数据总线协议规范规定了飞行数据的记录结构,其规定的记录数据格式的每个数据帧包括 4 个副帧。ARJ21 - 700 飞机飞行记录器(FDR)和快速存取记录器(QAR)记录参数是一致的,每秒记录参数 256 个字,因而每个副帧包括 256 个字槽,记录速度为每秒一副帧。记录逻辑如图 8 - 3 所示。

8.2.2　飞行数据译码通用技术

　　飞行数据原始值为二进制数据,不易辨读。通过译码工作,将二进制数据转换为十进制数据,形成具有单位或确切意义的工程数据,这样才方便了解飞机实际飞行状况及系统运行情况。

　　1) 技术要求

　　(1) 应符合 CCAR - 91 - R2 规章要求。

　　(2) 应符合 MH/T 2007 - 2015 飞行数据记录器定期检验规范要求。

　　2) 技术要点

　　不同型号飞机设计的记录参数在进行存储时编码会各不相同,因此飞行数据原始值对应的译码算法就各不一样。因此有必要了解参数编码与译码的基本原理。对参数进行编码主要有如下三种类型:

　　(1) DIS 离散量参数。

　　离散量参数通常是由字槽中的一位或多位二进制数记录的离散参数。例如,某飞机空地开关参数之一"右主起落架无轮载传感器 2(MLG WOFW 2RH)"参数,记录

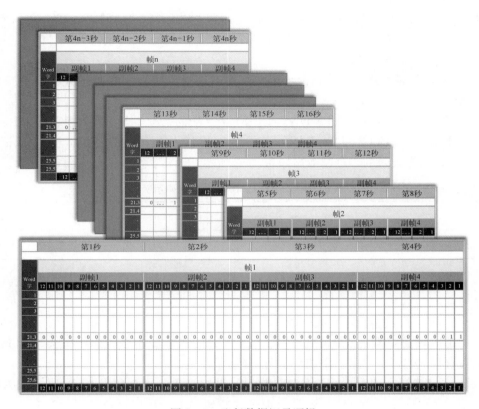

图 8 - 3　飞行数据记录逻辑

在第 102 个字槽的第 3 副帧第一位。记录数据 FC0(HEX)→111111010000(BIN),第一位为 0,按参数定义则表示有轮载(NO WOFW);记录数据 00F(HEX)→000000001111(BIN)第一位为 1,按参数定义则表示无轮载(WOFW)。

　　(2) BNR 码参数。

　　BNR 编码格式是以二进制数码记录实数或整数参数。译码算法是将二进制数转换为十进制数并乘以比例系数,即工程值=原码值×比例系数+常数项。

　　例如,计算空速(CAS)参数,第 19 个字槽的第 1、2、3、4 副帧第 1 至 12 位记录"计算空速(左)(COMPD AIRSPD LT)"参数,比例系数为 0.25,常数项为 0,该参数记录的二进制数据如表 8 - 1 所示。

表 8 - 1　CAS 参数编码示例

12	11	10	9	8	7	6	5	4	3	2	1
0	0	1	0	0	1	1	0	0	1	1	1

译码计算空速参数：$CAS=(1\times2^0+1\times2^1+1\times2^2+0\times2^3+0\times2^4+1\times2^5+1\times2^6+0\times2^7+0\times2^8+1\times2^9+0\times2^{10}+0\times2^{11})\times0.25+0=615\times0.25=153.75$

计算空速按参数定义表示为：153.75 kt。

（3）BCD 码参数。

BCD 编码方式一般是指由 1 至 4 位的二进制数代表一个十进制数，一般 4 位一组。

例如，日期（日）（DATE DAY），第 81 个字槽的第 1、2、3、4 副帧第 7 至 12 位记录"日期（日）（DATE DAY）"参数，其中第 7 至 10 位记录个位，第 11 至 12 位记录十位，该参数记录的二进制数据如表 8-2 所示。

表 8-2　DATE DAY 参数编码示例

12	11	10	9	8	7	6	5	4	3	2	1
0	1	0	0	1	0	0	1	0	0	1	0

译码日期（日）参数：$DATE\ DAY=(0\times2^0+1\times2^1+0\times2^2+0\times2^3)+(1\times2^0+0\times2^1)\times10$

日期（日）按参数定义表示为：12 日。

DIS 离散量参数编码一般应用于译码时的离散量参数，BNR 码参数编码和 BCD 码参数编码一般应用于译码时的连续量参数。

了解飞行数据采集原理、译码原理后，可以看出实现飞行记录器（FDR、QAR）记录飞行数据译码的过程，就是对记录的原始二进制数据进行翻译的过程。译码既可以手动计算单独进行，但更多的是通过计算机软件来批量处理。因此，进行译码的关键，就是在通用的译码软件基础上建立相应机型的译码参数库。译码参数库实际是根据飞机参数（含 ARINC 429 信号、模拟信号、离散信号）与 ARINC 717 数据记录结构的映射关系建立的译码规则。因此，原始数据译码必不可少的条件有以下三条：

（1）FDR 或 QAR 记录的原始数据。

（2）飞行数据译码与分析软件，即译码软件（AirFASE、AGS、FLIDRAS、GRAF、LOMS 等）。

（3）对应机型译码参数库。

8.3　驾驶舱语音辨听分析技术

飞机上的"黑匣子"，既包括用于记录飞行参数的飞行数据记录器（FDR），也包括驾驶舱语音记录器（CVR）。CVR 主要用于记录飞机机组人员通信信息和驾驶舱的声音警告。

驾驶舱语音辨听是指将驾驶舱语音记录器记录的原始声音和信息，转化成直接可用的信息。

1）技术要求

（1）应符合 CCAR-91-R2 规章要求。

（2）应符合 MH/T 2007-2015 飞行数据记录器定期检验规范要求。

2）技术要点

一般的驾驶舱语音记录器会记录四个独立通道的声音，包括机长、副驾驶、观察员三个麦克风和驾驶舱区域麦克风提供的语音。

另外，新的 CVR 还可同时记录数据链信息。

CVR 所记录的原始数据只有通过专用译码分析软件进行处理，才可将数据转化成可用的信息，包括驾驶舱声音和数据链信息。CVR 记录器原始数据辨听工作流程如图 8-4 所示。

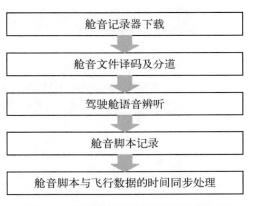

驾驶舱语音记录器经下载及解码后将形成四个独立声道的波形音频文件。要在计算机上同时处理或回放这四个声音波形文件需要专门的软硬件

图 8-4　驾驶舱语音听辨模块工作流程

设备，具有多通道音频处理能力[51]。驾驶舱语音辨听模块的构造示意图如图 8-5 所示。

更进一步，还可以利用驾驶舱中各种音频信号的频谱特性，分析及辨别飞机系统是否发生了不正常的变化等。

8.4　飞行数据监控技术

飞行数据监控分析能够及时发现飞行安全问题。发现潜在隐患，做到事前预防，是现阶段安全管理工作的重要方向。著名的飞行安全"海恩法则"显示：一起重大的飞行安全事故背后，有 29 个事故征兆（轻微事故），有 300 个事故苗头（未遂先兆），有 1 000 个事故隐患。另据资料统计，70％的飞行事故是由机组操纵原因造成的。飞行数据记录器记录的信息非常有价值，现在飞行数据分析已经是世界各航空公司提高安全管理水平，实现科学管理的重要手段。航空公司能够及时发现飞行中机组操纵、飞机各系统、发动机工作状况以及航空器性能等方面存在的问题，分析查找原因，掌握安全动态，采取针对性措施，从而消除事故隐患，确保飞行安全。

飞行数据监控保证飞行处于一个相对较高的安全水平，民航业已开始基于飞行数据进行多维度的监控和分析，主要监控航后的快速存取记录器（Quick Access

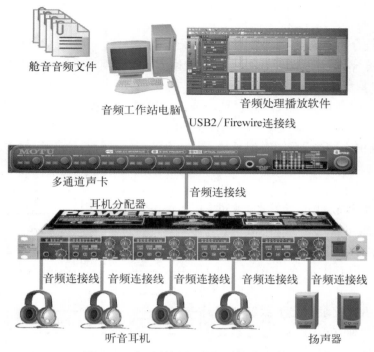

图 8-5　驾驶舱语音听辨子系统构造图

Recorder,QAR)数据,具体以飞行品质监控、维修品质监控为技术手段,进行飞行数据的分析和应用。

8.4.1　飞行品质监控

1) 技术要求

(1) 应符合 MD-AS-2000-001 中国民用航空总局飞行品质监控工作管理规定的要求。

(2) 应符合 AC-121/135-FS-2012-45R1 飞行品质监控(FOQA)实施与管理的要求。

2) 技术要点

发现安全隐患、掌握安全发展趋势、采取有效改进措施、提高飞行技术等安全管理工作提供了客观的飞行信息,为航空安全管理提供宝贵的信息支持。将相关安全信息有效地结合,可以生成规律性的、指导安全工作的宝贵知识。

按照国际飞行安全基金会的定义,飞行品质监控(Flight Operation Quality Assurance,FOQA)是指对飞行数据记录器在飞机飞行中记录的一系列飞行数据进行科学分析,以发现安全隐患、提高飞行操作的安全性、改善空中交通管制程序、指导机场与飞机的设计与维护。飞行品质监控的实施可及时发现飞行安全隐患,采取预防措施避免事故的发生;对于已经存在的问题,该项目可对问题及其严重程度进行确认。飞行品质监控是航空安全管理的重要科学手段,已成为国际民航公认的航空安全管理的六大关键领域之一,是提高安全管理水平、保障飞行安全的一项科学、有效的技术手段。

我国已成为世界上第一个由政府规定开展飞行品质监控的国家,也是唯一的航空公司必须向航空管理局提交飞行品质监控分析报告的国家。飞行品质监控已成为中国航空公司安全管理的重要基础工作。

FOQA 需要对大量飞行数据进行专业分析,需要专业分析人员负责。除此之外,FOQA 项目的实施还需要有能记录飞行数据的硬件设备和能对数据进行译码分析的软件系统。根据已经开展 FOQA 计划的航空公司的经验,该计划的实施至少包括以下几个方面,工作流程如图 8-6 所示。

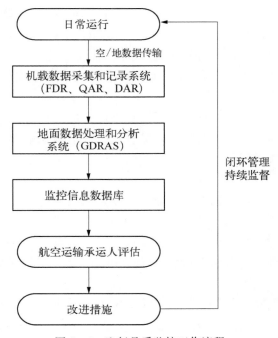

图 8-6 飞行品质监控工作流程

(1) 管理部门。

典型的 FOQA 项目的实施需要有一个专门的小组来执行,由他们来负责定义和制订参数的超限标准规范,负责数据译码和分析,然后根据分析结果给出正确的处理措施。

(2) 原始数据采集和译码。

将 QAR 原始数据送到地面的数据分析站,由 FOQA 小组利用专门的飞行数据译码分析软件对原始数据进行译码,将原始的二进制数据转换为工程值,供后面分析处理之用。

(3) 飞行品质监控结果分析。

根据译码后的结果对一些重要的参数进行分析,给出某些重要参数的变化趋势图,根据所制订的标准给出超限报告,提前找出问题所在,并给出相应的处理意见。

(4) 问题处理。

相关部门(如安监、飞行技术部等)根据最后的结果,给出问题的处理措施,改进操作规范。

QAR 数据定期由航线机务人员下载或 WQAR 通过手机网络自动传送。

各航空公司 QAR 管理小组,由负责飞行的副总、飞行员、技术人员组成。管理小组负责制订具体飞行品质监控项目及监控阈值,并由飞行监控人员将监控项目及阈值封装至飞行品质监控程序中,实现数据的自动判别。飞行品质监控技术人员将飞行数据原码导入软件,利用设置好的飞行数据分析程序自动进行译码,再进行超限事件的监控和判断,最终把事件统计结果和严重事例做成报告,送交领导和有关部门。

8.4.2　维修品质监控

维修品质监控(Maintenance Operation Quality Assurance,MOQA)与飞行品质监控(Flight Operation Quality Assurance,FOQA)类似,建立以系统故障和维修操作为监控对象的超限事件,通过监控运行期间超限事件触发的情况,综合判断设备状况和寿命,提前换件和维修,保证飞行安全,提高运行效率。

1) 技术要求

建立各种"超限"维修事件监控运行剖面,监控飞机的运行状态。综合航空公司的生产运营实际情况以及企业信息化基础建设,灵活调度企业的生产与维修资源,以规避排故与维护过程中的盲目性,达到节约维修成本,安全关口前移的目的。

2) 技术要点

传统的机务排故主要使用飞机状态监控系统(Airplane Condition Monitoring System,CMS)的数据定位故障源,但维修品质监控可利用各类飞行数据对系统故障进行监控和排故。飞机系统的故障往往具有非常复杂的关联,系统间或飞机部件间会有相互影响,而且飞机的维修不仅针对某个系统而言,需要对整个飞机系统的故障进行。对于某些复杂的系统故障,个别系统故障 ACMS 信息无法准确定位故障源,必须使用 QAR 数据综合判断。

目前维修品质监控主要由各个航空公司按照各自需求进行监控,主要用于监控发动机性能监控(排气温度、滑油监控等)、系统故障监控(空调、液压系统故障等)、燃油监控(航线油耗技术)等,但并没有形成统一的监控标准。

8.5　飞行数据仿真再现技术

飞行仿真再现主要将机载数据转换成三维场景,同时辅助数据列表、二维曲线图以及数据表格等形式进行展示,用来还原飞行过程及状态,使分析人员能够直观有效地把握飞行中飞机状态与各参数之间动态关系。视景仿真技术的发展为基于机载数据进行飞行轨迹可视化和回放提供了可能。在三维场景中动态回放飞机飞行过程,可以直观准确地反映飞机实际起降情况、飞行过程、飞行姿态、仪表数据、飞机相对于障碍物(如跑道或地形地貌)的位置关系以及飞行程序、雨雪、雾霾天气等情况,真实再现飞行过程,而且可以把与飞行有关的各种约束条件、限制参数及相关信息集成到一起进行全面、综合地分析和评估。

民用飞机飞行事件仿真再现技术能将飞行记录器记录的飞行数据转换成由虚拟飞行场景、驾驶舱操作场景及可视化数据列表、曲线、标识等组成的三维动态图形,同步驾驶舱话音记录器记录的音频、气象信息、地理信息,能直观、真实地重现飞行过程及状态。作为飞行事件事后的重要分析和展现手段,飞行仿真再现工作需做到准确、规范和全面。

1) 技术要求

(1) 符合《民用飞机飞行仿真再现技术规范》(CCS2022 - A)要求。

(2) 符合 MHT 2004 - 2004 飞行数据记录器译码参数规范。

2) 技术要点

仿真再现工作主要包括以下六部分内容。

(1) 仿真再现数据导入:包括飞行数据导入前处理、导入规范、数据库规范等。

(2) 画面布局:包括主画面设定、画面分割、画中画、分屏规范等。

(3) 视角机位调整:包括指定视角、指定机位、特定机位、镜头时长等。

(4) 图表标识添加:包括指定图表标识大小、位置、出现时长等。

(5) 舱音同步:包括画音同步对位、音量等。

(6) 视频文件输出:包括帧率、像素、格式等。

在以上六部分的工作中,需对具体的工作细节做出定义和要求,保证飞行事件仿真再现工作的顺利开展。

(1) 仿真再现数据导入。

飞行仿真再现技术以飞机实际飞行数据驱动,需提供以 csv 格式存储的飞行数据,数据应为任意飞行阶段连续的数据。数据应由飞行数据译码软件导出,数据中包含以下几部分信息:

a. 表头部分包括数据航段信息、飞行时间、参数地图版本、本次导出参数 FORMAT 信息、参数个数、航班号、起降机场、起降时间。

b. 数据记录指标主要包括数据记录的帧位置、子帧数、记录时间。

c. 数据位包括参数名称和具体数值,按列排列,参数每行间隔 1/8 秒,缺省值留空,不人为插值填充。

样例数据如图 8-7 所示。

Frame-Sf	SfCount	Time	Status	AILR POSN B LT				AILR POSN B RT				PRESELECT	PRS ALTIT	PRS ALTIT
				aAILL DEGS	aAILL DEGS	aAILL DEGS	aAILL DEGS	aAILR DEGS	aAILR DEGS	aAILR DEGS	aAILR DEGS	aALTSEL FEET	aALTSTD1 FEET	aALTSTD2 FEET
310303-1	1241212	3:24:46		-0.19	-0.19	-0.19	-0.19	0.25	0.25	0.25	0.25	2976	-143	-146
310303-2	1241213	3:24:47		-0.19	-0.19	-0.19	-0.19	0.25	0.25	0.25	0.25	2976	-143	-146
310303-3	1241214	3:24:48		-0.19	-0.19	-0.19	-0.19	0.25	0.25	0.25	0.25	2976	-143	-146
310303-4	1241215	3:24:49		-0.19	-0.19	-0.19	-0.19	0.25	0.25	0.25	0.25	2976	-143	-146
310304-1	1241216	3:24:50		-0.19	-0.19	-0.19	-0.22	0.25	0.25	0.25	0.25	2976	-143	-146
310304-2	1241217	3:24:51		-0.19	-0.19	-0.19	-0.19	0.25	0.25	0.25	0.25	2976	-143	-146
310304-3	1241218	3:24:52		-0.19	-0.19	-0.19	-0.19	0.25	0.25	0.25	0.25	2976	-143	-146
310304-4	1241219	3:24:53		-0.19	-0.19	-0.19	-0.19	0.25	0.25	0.25	0.25	2976	-143	-146
310305-1	1241220	3:24:54		-0.19	-0.19	-0.19	-0.19	0.25	0.25	0.25	0.25	2976	-143	-146

1060 3/16/2015 Parameter Map: AR2101-2-1 (v1.26) Format: ARJ2101_Acquired Parameters (v1.00) Parameters: 557
Flight: ...-. ZSPD-ZBTJ T/O Frm: 310593 3:44:07 AM Lnd Frm: 312292 5:37:23 AM

图 8-7 飞行数据样例

(2) 画面布局。

飞行仿真再现画面有三种布局:

a. 单屏，所有信息显示在一个电脑标准显示器的画面范围内。

b. 双屏，所有信息显示在两个电脑标准显示器的画面范围内。

c. 四屏，在四个显示屏内分区自由显示飞行信息，默认采用四屏模式。

在飞行仿真再现显示界面以四屏显示为主，其中左面两个屏幕显示仪表信息，为突出重点信息和利于画面布局，保留了仪表系统、遮光板按钮、主告警和主警告灯等部分，对备用式仪表等部分显示仪表做了删减，并将油门杆、襟缝翼手柄、减速板手柄、起落架手柄、驾驶盘和脚蹬等组件移植到面板中。四屏模式中，左面双屏用于飞机仪表展示，主要显示 EFIS 系统、FCP、DCP、油门杆、襟缝翼、起落架手柄等信息，第三四屏根据事件类型，按需展示参数曲线、飞行计划、航图、机场信息等。

在视频导出环节，默认使用左对齐单屏模式，单屏模式中根据重点突出内容分窗口进行着重显示，应保证至少一个窗口显示飞机三维模型和环境视景，一个窗口显示飞机部分仪表，包括但不限于 PFD、油门杆、方向盘和脚蹬等。

（3）视角机位调整。

平台可用视角有以下几种：

a. 俯视，由飞机铅垂线正上方俯视飞机。

b. 固定角度追随，保持与飞机机体坐标系任意角度。

c. 追踪跑道头，保持跑道头始终在画面内的角度。

d. 自由视角，任意位置、任意角度的固定视角。

e. 驾驶舱视角，驾驶舱内的视线角度。

f. 第二驾机视角，同时模拟两架机情况下保持第一驾机对第二驾机的视线追踪角度。

g. 进近视角，进近阶段目视跑道的视角。

起飞或着陆阶段仿真可采用固定角度或自由角度追踪，并可配合驾驶舱内视角，展示飞行员视景。巡航阶段取固定视角或自由视角追踪飞机姿态、操纵舵面状态。在任意视角中可拉近或放远视角大小，调整视距。图标标识包括 3D 页面参数信息、驾驶盘/杆状态、参数曲线、计时器位置、事件报告、导航图标等。

（4）舱音添加。

平台可以导入 WAV、MP3、WMA、OGG 格式的音频文件，音频文件须与飞行数据以同样的名称命名，音频默认从开始播放，并在音频结束或飞行数据结束时停止。舱音添加时需做到音频与数据的准确并轨，因此需寻找音频中的特征点并在数据中找到对应特征数据，常用的特征点有驾驶舱告警音，例如主告警或主警告，配合飞行员的按键操作，例如接通自动驾驶、起落架收起、飞行模式更改等。

视频输出利用平台可以创建飞行过程的视频。输出视频有三种模式：

a. 只有视频，仅录取飞机飞行视频信息，不加入飞行声音信息。

b. 只有音频，仅录取飞行声音信息。

c. 音视频，声音和视频同步导出，其中声音可为模拟舱音或真实导入的驾驶舱舱音。

画面布局只可采用单屏模式,可设置为拓展屏幕,将每个组件虚化边框突出显示,提升画面显示的清晰度。具体画面布局采用上方 3D 视景,下部仪表和图标内容形式,下方仪表采用拓展模式,须保留 PFD、MFD 和 ED 各一个,保留油门杆位置,襟缝翼手柄、起落架手柄等,在特殊阶段,可凸显具体指示内容。

在视频导出设置页面设置选择视频压缩解码器、视频帧率、视频导出格式、视频分辨率和视频名称,常用可导出 avi、wmv、mp4 格式文件,有限选择 4 帧每秒播放速度,24 帧每秒抓取。

8.6 飞行数据大数据分析技术

飞行数据大数据分析技术是指利用 hadoop/spark 等分布式框架,对海量航空数据进行联机计算分析,通过建立大数据模型算法和数据积累分析,实现飞行安全监控分析。大数据分析技术可用于监视和掌握飞机在飞行过程中的工作状况,当飞机出现异常状态和故障时,通过大数据分析,快速做出判断;同时还可为飞机设计部门、飞行培训、维修工程等提供必要的分析数据和反馈建议。因此,飞行数据大数据分析通过数据挖掘、数据分析、数据可视化等大数据分析技术支撑飞机飞行过程中的安全性监控,提高航空运营商的飞行安全以及运行效益,提高客户服务内涵与深度。为提高服务水平、优化飞机设计提供数据和知识积累[52][53]。

1) 技术要求

(1) 全生命周期技术要求,飞行数据大数据涉及原始数据的采集、预处理(清洗、标注等)、存储、处理(分析、建模)和可视化(解释)等处理流程。

(2) 面向应用技术要求,飞行数据不仅是一种宝贵的资源,也涉及集成、管理、服务、安全等多方面,进而又涉及使用大数据资源的相关角色包括飞机运营人、设计制造商、供应商、局方、空管等。

2) 技术要点

(1) 大数据采集。

大数据的采集是指利用多个数据库来接收发自客户端(Web、App 或者传感器形式等)的数据,并且用户可以通过这些数据库来进行简单的查询和处理工作。如电商会使用传统的关系型数据库 MySQL 和 Oracle 等来存储每一笔事务数据,除此之外,Redis 和 MongoDB 这样的 NoSQL 数据库也常用于数据的采集。

(2) 大数据导入/预处理。

虽然采集端本身会有很多数据库,但是如果要对这些海量数据进行有效的分析,还是应该将这些来自前端的数据导入到一个集中的大型分布式数据库,或者分布式存储集群,并且可以在导入基础上做一些简单的清洗和预处理工作。导入与预处理过程的特点和挑战主要是导入的数据量大,每秒钟的导入量经常会达到百兆,甚至千兆级别。

（3）大数据统计/分析。

统计与分析主要利用分布式数据库，或者分布式计算集群来对存储于其内的海量数据进行普通的分析和分类汇总等，以满足大多数常见的分析需求。在这方面，一些实时性需求会用到 Oracle 的 Exadata，以及基于 MySQL 的列式存储 Infobright 等，而一些批处理，或者基于半结构化数据的需求可以使用 Hadoop。统计与分析这部分的主要特点和挑战是分析涉及的数据量大，其对系统资源，特别是 I/O 会有极大的占用。

（4）大数据挖掘。

数据挖掘一般没有什么预先设定好的主题，主要是在现有数据上面进行基于各种算法的计算，从而起到预测（Predict）的效果，从而实现一些高级别数据分析的需求。比较典型算法有用于聚类的 Kmeans、用于统计学习的 SVM 和用于分类的 NaiveBayes，主要使用的工具有 Hadoop 的 Mahout 等。该过程的特点和挑战主要是用于挖掘的算法很复杂，并且计算涉及的数据量和计算量都很大，常用数据挖掘算法都以单线程为主。

对飞行数据使用大数据分析方法，进行深入的数据发掘，可以产生十分积极的影响。QAR 记录参数涵盖了飞机的所有系统和重要部件信息。随着飞行数据的日积月累，数量巨大。基于飞行数据进行大数据分析，可以在安全趋势分析、机队性能分析、燃油消耗监控、故障趋势分析等方面大有作为。可为机队运行水平监控搭建一个高效的技术管理平台。

8.7　航线安全分析技术应用

8.7.1　飞行品质监控标准

1）研制任务与目标

以生产厂家制订的飞机性能极限为底线（如参考飞机飞行手册限制章节），确保飞机在安全极限内运作。考量飞机结构、操作安全，再根据公司燃油政策、旅客舒适度等成本或服务因素进行适度调整，制订监控项目、关键监控参数临界值、可忍受时间及事件严重等级。提高飞行员职业素质和操纵品质，减少人为差错，对飞行员的技术进行客观、公正的评判，对存在的技术问题进行针对性的培训。

2）技术指标

监控项目至少覆盖民航局《飞行品质监控（FOQA）实施与管理》的监控要求。

3）采用的技术

航空公司的飞行品质监控项目已包括几十个至一百多个飞行品质监控事件。每个监控项目需要制订触发各异常事件的参数及触发门槛。当飞行参数值按照监控逻辑超过设置门槛，或持续时间超过可接受时间，则触发超限事件。除了触发超限事件,还需区分超限情况严重程度,同类异常事件,若严重程度不同,所需注意与采取的应对方式也不相同。中国民航总局于 2000 年制订发布了《中国民用航空总局飞行品质监控工作管理规定》(MD-AS-2000-001)中,根据各类事件的严重程度对事件的严重性订出了三级严重等级,依严重程度分为以下三类。

(1) 重要事件:航空公司认定的对飞行安全有重大影响的超限事件。

(2) 超限事件:超出航空公司监控标准最高限制值的事件。

(3) 一般事件:超出航空公司飞行品质监控标准最低限制值,但未超过监控标准最高限制值的事件。

项目需要结合飞行监控结果,由飞行安全部门主管、飞行品质监控分析人员、飞行部主管、机队主管定期或不定期研讨,修正不合适的门槛设定或更新监控逻辑。

部分异常事件的飞机性能参数临界值及可接受时间,会依机型不同而有所差异,而部分则根据公司政策保持一致标准,此类事件包含飞机各阶段仰角、下滑道偏离、GPWS 致动、超速等。

根据民航局在《飞行品质监控(FOQA)实施与管理》针对波音及空客系列飞机提出了飞行品质监控规范,航空公司监控标准不得低于该监控规范。其他机型可以参考空客公司或波音公司飞行品质监控标准制订。

表 8-3 列出了 ARJ21 机型飞行品质监控运行标准(建议稿),该标准已经用于指导航空公司的日常飞行品质监控工作。

表 8-3　ARJ21 飞机飞行品质监控标准(建议稿)

序　号	中文名	监控点	二级事件	三级事件
1	直线滑行速度大	地面滑行	>30 kts	>35 kts
2	转弯滑行速度大	地面滑行转弯时	>15 kts	>18 kts
3	滑行推力大	地面滑行,N1 值	$>45\%$	$>50\%$
4	起飞滑跑方向不稳		$>3°$	$>5°$
5	超过最大起飞重量	离地时刻		>43.5 t
6	中断起飞	起飞滑跑阶段	>50 kts	>80 kts
7	起飞警告			警告
8	抬轮过载大	抬前轮至主轮离地	$\geq 1.45g$	$\geq 1.50g$
9	抬轮速度大	抬前轮时刻,空速	$\geq V_R+15$ kts	$\geq V_R+20$ kts
10	抬轮速度小	抬前轮时刻,空速	$\leq V_R-3$ kts	$\leq V_R-5$ kts
11	抬前轮速率大	抬前轮至主轮离地	$>4°/s$	$>4.5°/s$
12	抬前轮速率小	抬前轮至主轮离地	$2°/s$	$1.8°/s$
13	离地俯仰角大	离地时刻	$>11°$	$>12°$

（续表）

序　号	中文名	监控点	二级事件	三级事件
14	起飞离地速度大	离地时刻	$>V_2+25$ kts	$>V_2+30$ kts
15	起飞离地速度小	离地时刻	$<V_2-3$ kts	$<V_2-5$ kts
16	ITT 超温	推力一致		$>951℃$
		油门$>73°$ 双发 N1 差$>10\%$		$>983℃$
17	超过轮胎限制速度			>195 kts
18	初始爬升速度大	35~1 000 ft	$>V_2+35$ kts	$>V_2+40$ kts
19	初始爬升速度小	35~1 000 ft	$<V_2+5$ kts	$<V_2$
20	初始爬升俯仰角大	35~400 ft	$>25°$	$>28°$
21	初始爬升俯仰角小	35~400 ft	$<15°$	$<12°$
22	起飞坡度大	0~35 ft	$>4°$	$>6°$
23	爬升坡度大	35~400 ft	$>20°$	$>25°$
24	飞行期间坡度大	400 ft 以上	$>30°$	$>35°$
25	初始爬升掉高度	1 500 ft 以下	>30 ft	>100 ft
26	起飞自动驾驶仪接通早	AP 接通时刻		<600 ft
27	收起落架超速	收起落架时刻		>220 kts
28	带起落架飞行超速	带轮飞行		>270 kts /0.68 mach
29	放起落架超速	放起落架时刻		>270 kts /0.68 mach
30	起落架收起晚	收起落架时刻	>300 ft	>500 ft
31	起飞后收襟/缝翼早	襟翼变化时刻	<800 ft	<700 ft
32	收襟翼速度小	襟翼变化时刻	$<V_2+40$ kts	$<V_2+30$ kts
33	超襟缝翼限制速度	襟翼位置 2		>230 kts
34	超襟缝翼限制速度	襟翼位置 3		>200 kts
35	超襟缝翼限制速度	襟翼位置 4		>180 kts
36	超过襟翼限制高度		$>19 500$ ft	$>20 000$ ft
37	超过最大飞行高度		$>38 500$ ft	$>39 000$ ft
38	超最大操纵空速(V_{mo})	全程		$>V_{mo}$
39	超最大马赫数(M_{mo})	全程		$>M_{mo}$
40	发动机空中停车			停车
41	空中垂直过载大		$\geqslant1.8g$ or $\leqslant0.3g$	$\geqslant2g$ or $\leqslant0g$

（续表）

序　号	中 文 名	监 控 点	二级事件	三级事件
42	10 000 ft 以下速度大			>270 kts
43	下降陡	10 000～3 000 ft	>7°	>9°
44	下降率大	3 000～2 000 ft	>2 500 ft/min	>3 000 ft/min
45	下降率大	2 000～1 000 ft	>1 500 ft/min	>2 000 ft/min
46	下降率大	1 000～500 ft	>1 300 ft/min	>1 500 ft/min
47	下降率大	500～50 ft	>1 100 ft/min	>1 300 ft/min
48	下降率大	50～20 ft	>800 ft/min	>900 ft/min
49	大推力使用减速板	N1>60%	>30 s	>60 s
50	低高度使用减速板	1 000 ft 以下		探测到
51	2 500 ft 以下速度大	0～2 500 ft	>230 kts	>250 kts
52	进近坡度大	1 500～500 ft	>25°	>35°
53	进近坡度大	500～200 ft	>15°	>20°
54	进近坡度大	200～50 ft	>8°	>10°
55	着陆坡度大	50 ft 以下	>4°	>6°
56	飞行速度小	全程	$<V_{man}-5$ kts	$<V_{man}-10$ kts
57	高度高（1 200 ft）	1 300～1 100 ft	>3.7°	>3.95°
58	高度高（800 ft）	900～700 ft	>3.7°	>3.95°
59	高度高（400 ft）	500～300 ft	>3.7°	>3.95°
60	高度低（1 200 ft）	1 300～1 101 ft	<2.4°	<2.2°
61	高度低（800 ft）	900～700 ft	<2.4°	<2.2°
62	高度低（400 ft）	500～300 ft	<2.4°	<2.2°
63	高于 ILS 下滑道	1 000 ft 以下	>1°	>1.5°
64	低于 ILS 下滑道	1 000 ft 以下	>1°	>1.5°
65	ILS 航向道偏离	1 000 ft 以下	>1°	>1.5°
66	进近速度小	1 000～500 ft	$<V_{REF}-3$ kts	$<V_{REF}-5$ kts
67	进近速度小	500～50 ft	$<V_{REF}-3$ kts	$<V_{REF}-5$ kts
68	进近速度小	50～20 ft	$<V_{REF}-3$ kts	$<V_{REF}-5$ kts
69	进近速度大	1 000～500 ft	$>V_{app}+20$ kts	$>V_{app}+25$ kts
70	进近速度大	500～50 ft	$>V_{app}+15$ kts	$>V_{app}+20$ kts
71	进近速度大	50～20 ft	$>V_{app}+10$ kts	$>V_{app}+15$ kts
72	接地速度大	接地时刻	$>V_{app}+10$ kts	$>V_{app}+15$ kts

（续表）

序　号	中文名	监控点	二级事件	三级事件
73	接地速度小	接地	$<V_{REF}-12$ kts	$<V_{REF}-15$ kts
74	平飘长	30 ft 至接地时间	>12 s	>14 s
75	平飘短	30 ft 至接地	<4 s	<3 s
76	平飘迟	20 ft 时刻	>480 ft/s	>600 ft/s
77	着陆型态设置晚			$<1\,000$ ft
78	复飞型态不正确		襟翼变化 $\geqslant$ 20 s 起落架收上 $<$ 20 s	襟翼变化 $\geqslant$ 20 s 起落架放下 $\geqslant$ 20 s
79	着陆构型错误			$<15°$
80	低于 50 ft 下降陡	50 ft 以下	$\geqslant2.65°$	$>3°$
81	接地俯仰角大	5 ft 至接地	$\geqslant9.8°$	$\geqslant11°$
82	接地俯仰角小	接地时刻	$<1°$	$<0.5°$
83	接地俯仰率大	接地时	$>2.5°/s$	$>3°/s$
84	接地点靠前	过跑道头至接地	>850 m	>950 m
85	接地点靠后	过跑道头至接地	<300 m	<200 m
86	超过最大着陆重量	着陆重量		$\geqslant40.455$ t
87	着陆过载大	接地前 2 s 至接地后 5 s	$\geqslant1.6g$	$\geqslant1.8g$
88	着陆航向偏离		$>5°$	$>6°$
89	进近推力不一致	双发 N1 差$>10\%$	>30 s	>60 s
90	着陆减推力晚	5 ft 至接地	接地时油门未收至慢车	接地后收至慢车>2 s
91	着陆反推使用晚	飞机接地到开反推时间	>12 s	>15 s
92	最大反推使用速度小	退出最大反推时速度	<75 kts	<70 kts
93	反推力不一致	双发 N1 差$>10\%$	>10 s	>15 s
94	烟雾警告			警告
95	主警告			警告
96	风切变警告	1 500 ft 以下		警告
97	近地警告（GPWS）			警告
98	TCAS 警告		TCAS_TA	TCAS_RA
99	巡航阶段断开自动驾驶仪		>900 s	$>1\,800$ s
100	失速警告			警告
101	90 节后推力不一致			N1 差值$>10\%$

8.7.2 飞行品质监控软件

1）研制任务与目标

能够兼容并处理 ARJ21 按照 ARINC 573/717 协议记录的飞行数据，对 ARJ21 飞行数据译码后的参数工程值符合数据字典设置规范，其变化规律、值域与相关采集组件及传感器电气特性一致。探测飞行员偏出 SOP 和飞行操作程序标准的超差行为和发动机及飞机部件性能退化，将滑行、起飞、爬升、巡航、进近、着陆等阶段中的速度、过载、姿态等飞行记录参数的状态组合与预设阈值进行比较，以对评估飞行安全进行量化和评估。使用脚本语言配合专用数据处理函数对二进制原始数据中的参数超差进行过滤和判读，并与 Key-Values 对应的监控标准阀值进行对比，最终触发 Key-Values 包线或控制限之外事件。

2）技术指标

译码准确率应达到 100%。

使用不少于 50 个航班的实际飞行数据验证所有记录参数的值域和有效性，并在此基础上，使用边界测试方法调整阈值（Key-Values）来验证超限事件逻辑定义的有效性。参考以上原则，针对交付的 ARJ21 机型 FAP 程序包中的用户自定制监控项目进行测试验证，保证每一个用户自定制监控项目程序逻辑正确，监控结果准确。

3）采用的技术

航空公司及研究机构普遍利用主流软件开发商开发的飞行数据译码与分析软件，例如 AirFASE、AGS、FLIDRAS、GRAF、LOMS 等。其中，美国德立达国际科技公司的 AirFASE 软件、法国萨基姆公司的 AGS 软件被广大航空公司用户及研究机构接受，市场占有率较高。因此，本节介绍这两个主流译码平台，并在 AirFASE 软件平台进行飞行数据译码，简单形象地介绍译码平台操作过程。

（1）AirFASE 软件简介。

AirFASE 软件是目前飞行品质监控软件主流产品，安装部署架构需采用服务器和工作站部署方式。软件安装要求办公计算机设备及网络环境为 Windows XP、Windows 7、Windows 8、Windows 2003/2008 或 Windows 2012。AirFASE 软件主要数据处理功能包括：

a. 将飞机记录器记录的飞行原始数据转换为工程数据。

b. 探测不安全事件及偏差。

c. 飞行航迹的计算。

d. 以数字或图形形式显示飞行参数。

e. 数据的动画显示——飞行及事件回放。

f. 生成所有数据静态报告、趋势报告等。

（2）AGS 软件简介。

AGS 软件是目前飞行品质监控软件主流产品，提供了最全面的记录器记录数据译码分析功能。可自动处理多种媒介的数据：磁带、光盘、PCMCIA 卡、FDR 和无线 QAR 数据。所支持的飞行数据记录格式不仅包含 ARINC 573/717 系列的传统协议格式，还包括最新的 ARINC 767 格式。所支持的机型不仅囊括常见的民航客机机型，还包括具备飞行数据记录能力的直升机、公务机等。

AGS 软件具有强大的自动分析功能，可进行自动译码。用户可按不同条件快捷地检索出所需的航段信息，并查看该航段的触发事件，直接双击便得到事件触发时的工程值、分析图形、驾驶舱仪表、三维仿真，并且在航图显示飞机位置及航向。针对不同的事件，定义默认的剖面，并在判读时能直接自动打开该默认剖面。剖面中一个曲线可针对单个航段进行图形分析，自动标注事件点和飞行操作的关键时刻（收放起落架、建立着陆构型等）。

软件可根据客户需求，找出任意航段进行各种形式的数据统计，可输出 Excel、PDF 等多种格式，也可保存到数据库供专业软件 Business Object（萨基姆定制开发）进行统计分析。例如计算飞机着陆时占用跑道时间和飞行员使用反推的情况，或统计飞机在指定高度的空速、下降率等，从而通过日常测量监控飞行品质。软件还自带报告模板，客户可直接点击生成相对应的周/月/年或任意一时间段内的报告。客户还可自行设计所需的各种报表。

4）技术路径

现以 AirFASE 软件为例，介绍飞行品质监控软件工作的一般流程。AirFASE 软件是软件平台，需要根据机型运行不同机型的 FAP（Flight Analysis Progress），FAP 内集成了对应机型的译码规则和飞行超限事件的监控逻辑。FAP 作为飞行品质监控程序，主要包括译码及超限事件触发功能。FAP 程序包括参数和事件两部分，具体的分类如图 8-8 所示。

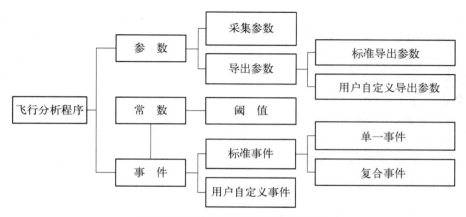

图 8-8　FAP 程序参数和事件分类

采集参数指的是飞机总线上的具体采集值,不包含任何的逻辑计算。其需要通过译码字符文件进行对应,与飞机总线上的输出顺序有关,因此会根据机型的不同而不同。

导出参数是指对采集参数进行一定的逻辑运算而形成的参数,其运算逻辑一般为通用计算逻辑,不会因为机型不同而有区别,因此导出参数受机型的影响较小,除非对应机型根本不具有此类导出参数功能或者需要根据机型进行个性化的逻辑运算。导出参数根据性质不同可以分为标准导出参数与用户自定义参数。

事件是对导出参数的逻辑判断触发的一个逻辑结果。其中逻辑判断严重程度由阈值进行控制,因此可以根据不同阈值触发不同程度的事件等级,一般可以触发高、中、低三个风险级别的事件。事件根据性质不同可以分为标准导出事件与用户自定义事件。

FAP 程序首先将 QAR 内数据通过译码形成不同的采集参数,采集参数经过简单的逻辑运算形成各个采集参数对应的导出参数,再通过事件内定义好的逻辑,对导出参数进行逻辑判断,根据最终判断逻辑,经过阈值的筛选形成高、中、低三个风险级别的事件。FAP 一般的功能流程如图 8-9 所示。

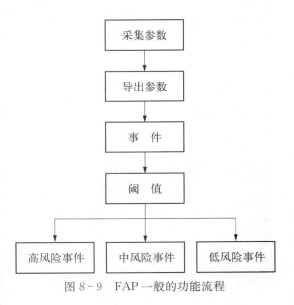

图 8-9　FAP 一般的功能流程

5) 研制成果应用情况

ARJ21-700 飞机 FAP 程序包及 AirFASE 软件已交付客户,用于 ARJ21 商业运行期间的飞行品质监控工作,反映良好。

ARJ21-700 飞机 FAP 在功能可靠性试飞、演示飞行期间有力地支持了现场保障团队在飞行数据分析方面的需求。

8.7.3　飞行仿真再现软件

1) 研制任务与目标

飞行仿真再现软件主要基于 CEFA FAS 软件,CEFA FAS 软件使用译码后的飞行数据来驱动特定的三维飞机模型在三维地形场景中的运动,以及模拟的飞机仪表显示。

为建设飞行仿真再现子系统,需搭建飞行三维模型,构建虚拟的计算机飞行仪表等。选取 ARJ21 - 700 飞机作为验证机型,验证飞行仿真软件的功能完整性,主要针对验证机型的外形、仪表、参数和三维视景等功能模块。

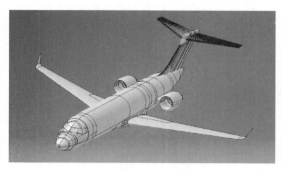

图 8 - 10　ARJ21 - 700 飞机全机数模

2) 技术路径与技术创新点

(1) 飞机外形。

飞机外形数模主要为 ARJ21 - 700 飞机三维结构数模,定义了飞机的三维结构及尺寸数据。提供给开发公司的机型数模如图 8 - 10 所示,取自 CPC 平台 ARJ21 - 700 飞机机型外形数模。

在 CEFA FAS 软件中,需开发飞机关键可动飞行控制面,主要有副翼、方向舵、升降舵、襟翼、缝翼和扰流板等,均提供了三维数模。

在实际交付运行的 CEFA FAS 软件中,飞机软件显示三视图、操纵舵面及起落架如图 8 - 11 所示。

图 8 - 11　飞机视图

经测算软件内飞机尺寸比例,与飞机实际比例一致,舵面、起落架运动轨迹自然,趋势明显。现阶段尚未开发 ARJ21 - 700 飞机反推功能模块,预计在后续中更新。

(2) 飞行仪表。

飞行仪表类包括驾驶舱控制板和仪表,提供 ARJ21 - 700 飞机仪表二维挂图、仪表安装数模和按键外形，收集 FCOM 对 PFD、MFD、ED 页面布局及内容进行描述。收集到数模如图 8-12、图 8-13、图 8-14 所示。

在 CEFA FAS 软件实际显示界面以四屏显示为主，其中左面两个屏幕显示仪表信息，为突出重点信息和利于画面布局，保留了仪表系统、遮光板按钮、主告警和主警告灯等部分，对备用式仪表等部分显示仪表做了删减，并将油门杆、襟缝翼手柄、减速板手柄、起落架手柄、驾驶盘和脚蹬等组件移植到面板中，效果如图 8-15 所示。

其中针对 PFD 下部导航窗口，开发了两种导航方式的切换，针对 MFD 屏幕，开发了燃油、防冰、环控、舱门、飞控、液压、电源等系统和飞行计划等简图页的部分信息显示，以上信息的显示主要受限于飞机记录参数的数量。如图 8-16 所示。

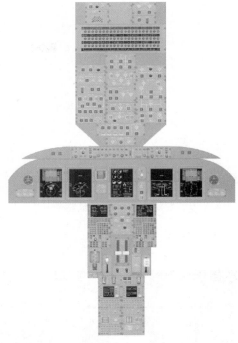

图 8-12　仪表挂图

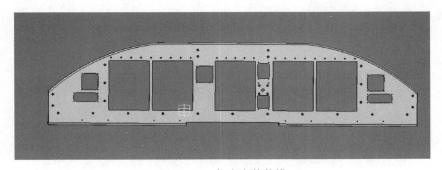

图 8-13　仪表安装数模

（3）飞行参数驱动。

ARJ21-700 飞机飞行仿真再现在 CEFA FAS 软件中导入了相关参数，覆盖 ARJ21-700 飞机多个采集参数和多个导出参数，包括空速、高度、垂直速率、N1、N2、驾驶杆、油门杆、姿态等关键参数，涉及飞机指示记录、通信、导航、发动机、起落架、燃油、自动飞行、电源等章节。可实现对整个飞行过程的仿真再现数据驱动。参数页面如图 8-17 所示。

在实际交付软件中，根据 ARJ21-700 飞机飞行数据参数的记录特点，仿真软件中对部分参数进行整合，以真实还原参数所传输的含义。

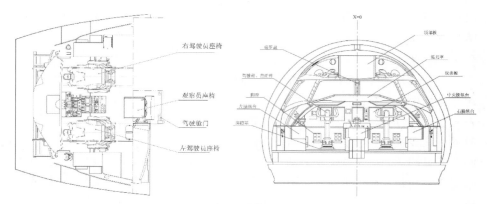

图 8-14 驾驶舱布局图

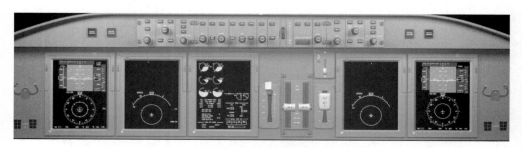

图 8-15 飞机仪表效果

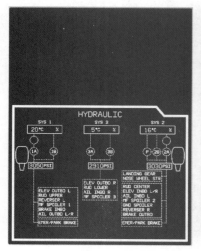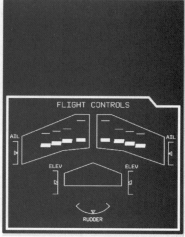

图 8-16 简图页效果图

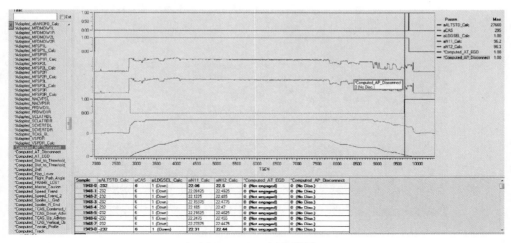

图 8-17 飞行参数图

（4）三维视景。

CEFA FAS 软件中 3D 窗口构建飞行三维环境,主要包括地形地貌信息、天气、机场卫星贴图和三维模型、飞机在视景中的运动、风、光线、关键参数、驾驶盘运动趋势等多个功能,视景可开启一到两个窗口,随仪表协同工作。

视景灵活性较高,除三维地形地势的呈现外,可灵活展现天气、风、光线等多种信息,并有多个视角切换。但清晰度较高地形贴图需依托民航机场获取,不能灵活设置特殊非机场区域的高清卫星贴图。视景设置如图 8-18 所示,效果如图 8-19 所示。

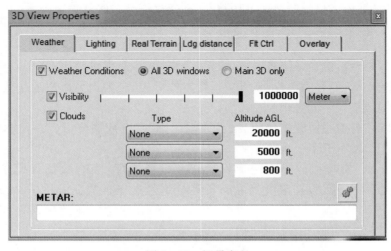

图 8-18 视景定义

图 8-19 视景效果图

3）研制成果应用情况

已广泛应用于型号试飞、运行支援和模拟机培训工作。

8.7.4 飞行数据分析仿真系统

1）研制任务与目标

该系统基于 Internet 建立飞行数据获取渠道，实现航空公司的日常运行数据与中国商飞客服数据分析业务的无缝对接。通过飞行数据集配机制的建立，整合并满足航空公司和生产厂家内部业务对飞行数据的需求，使飞行数据能够为航线维修排故、飞行训练大纲修订以及飞机设计制造的改进提供切实可靠的数据支持。通过该系统，整合飞行数据译码分析、飞行品质监控、飞行仿真再现等关键业务能力，具备对外提供飞行品质监控委托服务的能力，提升客服在运行安全保障方面的附加价值。

2）采用的技术

飞行数据分析仿真系统将以简单易用为宗旨，不但提供易用，符合用户操作习惯的客户端界面，部署简单快捷，维护运营方便可控，极大提高用户工作效率，增进系统的使用效果。

本系统划分为飞行数据接收、飞行数据译码、飞行数据分析、飞行仿真再现以及数据集配与发布五个子系统。

其中，飞行数据接收子系统负责接收数据源文件，飞行数据译码子系统负责解码数据源文件，数据集配及发布子系统将经过飞行数据分析子系统及仿真再现子系统的结果通过 ETL 工具收集，并发布给航空公司及生产厂家的业务部门。

飞行数据接收子系统：航空公司 QAR 部门可在该子系统提供的 Web 站点中上传 QAR、DFDR 原始数据，同时还将接收来自 WGBS 自动推送的 WQAR 数据，并将相应文件上传到外部门户中。

数据集配与发布子系统：以 AirFASE 数据库为基础，重新规划并构建数据仓库来实现所有数据资源的统一存储，并且由专用的 ETL 程序定期抽取或复制这些资源到飞行数据分析仿真系统。

3）技术创新点

（1）飞行数据获取渠道。

该子系统将 DFDR、QAR、CVR 作为主要的运行数据来源。一方面，DFDR、QAR 数据作为最全面的飞行运行信息载体，被波音、空客、湾流等飞机制造商用来向客户提供技术咨询等增值服务。例如，波音公司在 BoeingMyFleet 机队管理门户网站中提供 Flight Recorder Data Services，开放了 DFDR、QAR 数据上传页面，为客户提供数据转录、数据分析等服务。空客公司在与客户签署数据分析保密协议并在客户提交大规模运行数据之后，会定期提供有针对性的专业技术咨询服务；湾流等公务机公司鼓励客户上传 QAR 运行数据，不仅可通过飞行数据为客户解决使用问题，还对设计改进及维护或训练方案完善提供翔实的数据支持。

因此，需要建立从航空公司客户获取飞行运行数据的网络渠道，具备外部的数据获取能力，也提供与 WQAR 数据接收服务器相兼容的数据通道。另一方面，生产厂家内部需购置专用的 DFDR、CVR 下载读取设备，并通过一系列培训及相关规范的建立与完善，在与客户达成一致的基础上使生产厂家具备飞行数据自主获取的能力。

数据获取渠道技术性能指标如下：

a. 对于 DFDR、CVR 数据下载、实验室具备完善的规范手册指导工作人员操作，在记录器完好，配电、数据电缆及下载软硬件工作正常的情况下，能在 30 分钟内完成数据的读取。

b. 航空公司上传飞行数据时，操作界面简单易懂、相应配置界面的必选项不超过五项。

c. 对于临时的数据读取需求，允许航空公司单个用户通过外部门户网站以 Https 网页形式上传飞行数据。为确保外部门户网站宽带不会承载过多的数据上载流量，防止影响其他用户的正常操作，拟限制此类通过 Https 形式上传飞行数据的并发用户总数不超过 20 个，且每个用户在同一时间只能启动一个数据传输任务；对于签约的长期进行飞行品质监控的航空公司用户，开放专用的 FTP 数据接收服务器不限制上载任务的数量。

d. 飞行数据的网络传输支持断点续传，且用户可以进度条的形式观测传输过程，并可取消正在进行的数据传输。对于每次数据传输的状态结果，用户可通过配置邮件或短信的方式获知数据传输成功与否。

（2）飞行数据集配与发布模块。

该模块通过对主要数据源 AirFASE 后台数据库的定时抽取，实现飞行相关数据的集中、统一管理,并且采取按需发布的模式构建数据集配流程(见图 8-20),按照客服、设计、制造部门以及航空公司所需的参数种类和数据格式,提供定制化参数接口服务,满足不同业务部门定制化的飞行数据需求。该子系统也允许用户发起协同分析流程(见图 8-21),通过网络不仅可从运行方(航空公司)获取超限事件

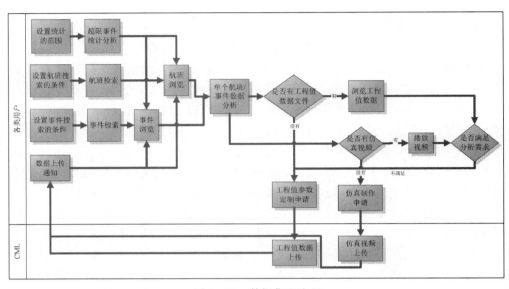

图 8-20　数据集配流程

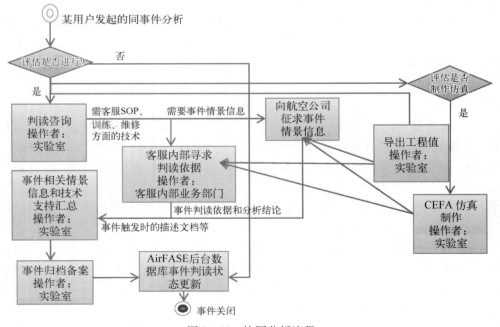

图 8-21　协同分析流程

情景,也可从生产厂家内部的工程技术、训练等部门获取判读依据,从而通过不同领域专家(飞行、维修、译码等专业)收集对特定超限事件或数据异常点的评价和分析。

通过对飞行数据译码分析及仿真再现业务需求的分析以及之前流程架构与技术架构的分析设计,结合本项目实施过程中的一些制约因素,本系统的总体架构设计为如图8-22所示。

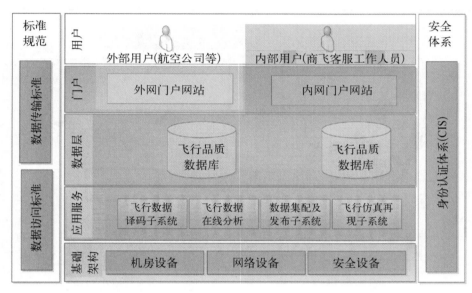

图8-22　系统架构

其中,航空公司用户区域为外网部署区域,包括外网门户网站等内容,主要完成飞行数据接收子系统任务以及外部客户与本系统的交互功能,例如上传 WQAR 数据文件以及下载分析结果等;商飞内部用户区域为内网部署区域,包括内网门户网站、核心数据库、飞行数据译码子系统、飞行数据在线分析子系统、数据集配及发布子系统以及飞行仿真再现子系统,主要完成生产厂家内部用户的访问及工作需求。

8.7.5　飞机译码分析手册

1) 研制任务与目标

编制 ARJ21-700 飞机译码分析手册,用于记录器译码、飞行品质监控(FOQA)以及系统排故分析等工作参考。详细介绍了 ARJ21-700 飞机机载系统所安装的 4 种记录器,并对 ARJ21-700 飞机记录器情况、数据的下载、译码分析涉及的译码参数、飞行品质监控涉及的监控事件和飞行仿真再现技术进行了详细描述和介绍。

2）采用的技术

充分发挥主制造商数据优势，根据飞机参数的物理意义，对传递路径进行了清理，能清晰地展示飞机参数的内涵。

系统参数信号一般从系统传感器产生，经特殊的线路传递，上飞机总线，最终存入记录器中。如图 8 - 23 所示为飞行控制系统驾驶盘输入信号和副翼位置信号参数在飞机内部的传递示意图。

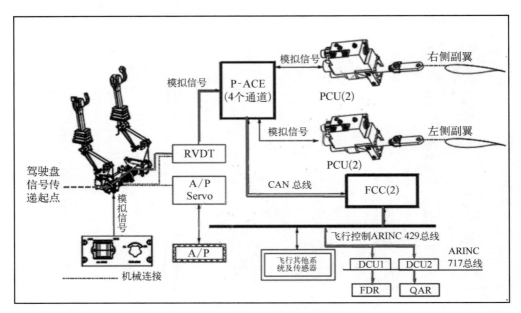

图 8 - 23　飞控系统参数的传递

按此方法，可以研究飞机各 ATA 系统主要参数的信号传递情况。表 8 - 4 为 ATA21 和 ATA27 章部分参数信号传递情况的梳理记录。

另外，监控事件引入图示等手段，便于把复杂的计算监控逻辑展示给读者。图 8 - 24 展示了监控飞机过跑道头高度是否过低的监控事件逻辑图。

3）技术创新点

空客公司关于译码分析的手册有两本，一本为参数定义，一本为事件监控。该手册合二为一，方便用户使用。

另外，本手册创新地引入 ATA 章节划分，用于参数的分类，这样就扩充了参数的应用范围。

根据需要，飞机各系统在设计时即定下了各类参数，包括各系统传感器信号，以及在信号处理过程中产生的中间信号。该手册按照民用航空业通用的 ATA 系统划分方法，按信号产生的源头为根据对参数进行系统划分，如表 8 - 5 所示。

表 8-4　飞机主要 ATA 系统参数传递梳理记录

ATA章节	航电参数名称	参数中文名称	连续量/离散量	参数物理含义	信号来源设备（或信号产生传感器）	数字信号产生单元	信号传输路径	传输说明
21	CABIN ALTITUDE (warning)	客舱高度（警告）	离散量	座舱内部气压所对应大气高度是否能超过警告值	压力传感器（集成在IASC内）	IASC	压力传感器→IASC→DCU	压力传感器（集成在IASC上）得到压力值，由IASC计算出对应座舱高度，判断是否超出警告，并传给DCU
21	CABIN DELTA P (warning)	客舱压力差（警告）	离散量	座舱内外压力差是否超过警告值	压力传感器（集成在IASC内）	IASC	压力传感器→IASC→DCU	压力传感器（集成在IASC上）得到客舱内外压力差，传递给DCU判断是否需要EICAS显示告警
21	EMERG DEPRESS	应急释压	离散量	是否按下应急释压按钮	IASC	IASC	应急释压按钮→IASC→DCU	应急释压按键信息通过IASC传给DCU
21	REF_ECS_ON (REF_ECS_ON_LEFT)	参考左环控系统开	离散量	环控系统是否打开	FADEC	FADEC	FADEC→DCU	FADEC判断环控开启信号，传至DCU
21	REF_ECS_ON (REF_ECS_ON_RIGHT)	参考右环控系统开	离散量	环控系统是否打开	FADEC	FADEC	FADEC→DCU	FADEC判断环控开启信号，传至DCU
27	Left Aileron Position-B	左副翼位置B	连续量	从FCC获取的左副翼位置角度	副翼位置传感器 LVDT（2个）	P-ACE	LVDT（模拟量）→P-ACE（CAN）→FCC（FCC1/2-1）→DCU	从LVDT产生的左副翼位置信号，传输到P-ACE，再传输到右DCU，最后到右DCU（LVDT OB侧传P-ACE 3#到FCC1(FCC2备用)，LVDT IB侧传P-ACE 5#到FCC2(FCC1备用)）

（续表）

ATA章节	航电参数名称	参数中文名称	连续量/离散量	参数物理含义	信号来源设备（或信号产生传感器）	数字信号产生单元	信号传输途径	传输说明
27	Computed Aileron Trim Value	计算副翼配平值	连续量	副翼配平的位移值经计算后转化为配平值	副翼配平作动器位置传感器 RVDT	DCU	RVDT（模拟量）→DCU2	副翼配平开关控制副翼配平作动器 RVDT 作动（模拟量），角位移直接传送到 DCU2。计算后变为配平值
27	L Compensated Body AOA	左机体补偿的攻角	连续量	攻角传感器（风标）角度值经横向加速度补偿修正计算后的机身攻角	左攻角传感器 AOA	SPC1	AOA L（模拟量内关联）→SPC L（L-SPC-1）→DCU 1	攻角传感器产生 VANE AOA，在 SPC 经过低通滤波变为 LOCAL AOA，再经过横向加速度补偿为机身攻角，再通过总线传送到 DCU
27	Left Control Column Position	驾驶杆位置（左）	连续量	从 FCC 获取的左驾驶杆位置角度	左驾驶杆位置传感器（4RVDT）	P-ACE	RVDT（模拟量）→P-ACE（CAN）→FCC（FCC1/2-1）→DCU	左驾驶杆动作带动左升降舵模块里面的 RVDT 产生左驾驶杆位置信号，传输到左 P-ACE，再输到 FCC，最后到左右 DCU（左侧 RVDT 信号传 P-ACE 1# 到 FCC1（FCC2 备用））

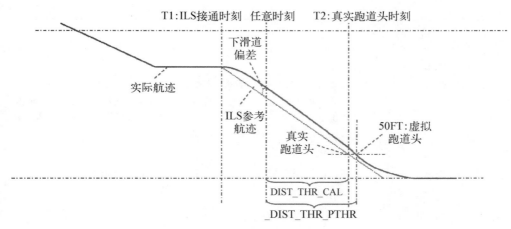

T1:ILS接通时刻　任意时刻　T2:真实跑道头时刻

下滑道偏差

实际航迹

ILS参考航迹

50FT:虚拟跑道头

真实跑道头

DIST_THR_CAL

DIST_THR_PTHR

图 8-24　飞机过跑道头高度过低监控事件逻辑图

表 8-5　飞机主要 ATA 系统及记录参数

ATA	飞机主要系统	参　数　举　例
21	空调系统	座舱高度警告、座舱压力差警告、应急释压、座舱高度等
22	自动飞行	自动驾驶仪开关接通、自动驾驶仪滚转指令、自动油门控制枚举、油门杆角度命令、横向控制枚举、垂直控制枚举等
23	通信	按下送话按钮、甚高频通信备用键入等
24	电源	直流汇流条有电、28 伏重要直接汇流条有电、交流汇流条警告、115 伏单相重要汇流条有电、发动机组合驱动发电机关闭、主蓄电池电压警告、冲压空气涡轮关闭等
26	防火	发动机着火、APU 起火、货舱烟雾、发动机引气导管渗漏过热等
27	飞行控制	副翼位置、副翼配平值、攻角、驾驶杆位置、脚踏板平均位置、升降舵位置、襟翼角度、水平安定面配平位置、多功能扰流板位置、方向舵位置、缝翼角度、缝襟翼控制杆位置、推杆器命令等
28	燃油	燃油切断阀关闭、交输活门关闭、机翼油箱燃油量,燃油直流泵压力低、直流起动泵接通、燃油左泵接通等
29	液压	交流电动泵出口压力低、液压系统压力、液压系统压力低、液压系统温度、发动机驱动泵压力低等
30	防雨/除冰	防冰警告、防冰探测器失效、发动机短舱防冰开、机翼防冰开、机翼防冰构型等
31	指示/记录	高度单位、日期、时间、飞机符号、FDR 事件标注、飞行转换高度层告警、字帧数、VR 参考 BUG 显示、主警戒、主警告、MFD 失效已选定的最低下降高度、已选定的决断高度、PFD 模式选择等
32	起落架	刹车脚蹬位置、机轮刹车压力、起落架手柄放下开关、起落架手柄收回开关、起落架下锁感应器、无轮载感应器等

（续表）

ATA	飞机主要系统	参 数 举 例
33	灯光	一般无
34	导航	导航频率、垂直加速度、横向加速度、俯仰姿态、滚转姿态（坡度）、激活高度类型、大气数据计算机失效、飞行员假定输入温度、气压修正值、计算空速、飞行管理系统导航模式、真航向、横向偏差、导航捕获来源、气压高度、大气总温等
35	氧气	旅客氧气操作等
36	气源	环控系统引气配置、压力调节和切断阀全关、纬度等
38	水/废水	一般无
49	APU	APU 引气阀未关等
52	门	前服务门锁上、登机门锁上等
73	发动机燃油和控制	发动机可变放气活门位置、发动机燃油计量活门位置、发动机燃油低压开关等
74	点火	发动机点火命令、发动机 A 点火、发动机 B 点火等
76	发动机控制	P0、发动机 PS3、发动机油门杆角度、灵活起飞指令、发动机关车开关等
77	发动机指示	低压转速 N1、高压转速 N2、排气温度 EGT、振动值、N2 红线警告等
78	发动机排气	反推展开命令、反推收起命令、反推系统线性可变位移传感器等
79	发动机滑油	发动机滑油压力、滑油压力琥珀色线警告、发动机滑油温度、发动机滑油量等
80	发动机起动	起动机阀门位置等

4）研制成果应用

研制成果应用于 ARJ21 飞机,交付客户后,对客户的飞行品质监控工作和飞机维修排故工作发挥了重要作用。

8.8　本章小结

航线安全分析是为满足民用飞机安全运行的需要而发展起来的技术专业。其主要从民航飞机运营的需求出发,发展飞行数据监控与分析技术,建立相关技术标准,开发相关应用软件系统,从而大大提高了运行支持的效率。

ARJ21 型号是航线安全分析技术在国产民机的初始发展和使用。不管是在试飞阶段,还是在飞机交付运营阶段;不管是在飞行品质监控工作中,还是在飞机系统排故的实践中,航线安全分析技术都发挥了极大的作用。用飞行记录的参数数据或声音数据,既可还原分析单次飞行情况、系统故障,还可以批次分析历史数据的发展趋势,为传统的飞机排故提供了一种新的方法和手段。在数字化技术发展的今天,作为飞机主制造商,发展航线安全分析技术将为客户的飞机运行提供更为强大的支持,将在新一轮的飞机客户服务技术竞争中占得先机。

随着 ARJ21 飞机投入商业运行和机队规模的扩大,航线安全分析的技术队伍也不断壮大,并长期派驻生产技术支援的前线,既为公司的技术支援团队也为飞机客户提供航线安全分析的数据服务。随着技术支援工作的不断深入,以飞行及运行数据为基础的分析工作不断加入,如飞机性能分析、燃油消耗分析、飞行时间统计分析、故障趋势分析、运行经济性分析,技术支援的内涵得到不断的丰富。

9 市场与客户支援

9.1 专业简介

9.1.1 市场与客户支援

市场与客户支援以服务顾客为导向,满足客户全方位、全过程的服务需求,包括建立完善的客户支援体系,准确获取客户需求,制订服务方案和计划,确保客户安全、可靠、高效地运营飞机。注重建立与客户、合作伙伴的良好合作关系,互利共赢,主要工作为获取客户服务要求、评估客户运行能力、制订客户服务标准、开发客户化服务方案、推介客户服务产品、编制与管理 EIS 与持续运行的客户服务计划、编制与发布客户服务产品目录、编制市场行情分析报告、开展客户服务满意度测量、实施担保索赔管理、运行与维护客户关系管理系统(CRM)等。

9.1.2 市场与客户支援技术

市场与客户支援技术包括了客户化需求管理技术、客户支援管理技术、担保索赔管理技术、客户满意度测评与监控分析技术等内容。运行能力需求评估与管理技术是飞机制造商评估目标运营人的运行能力及需求时所运用的管理方法。客户支援管理技术主要包含制订和实施投入运营(EIS)客户服务计划、持续运行客户服务计划以及处理客户需求。担保索赔管理技术主要是接收、判定以及处理客户索赔的管理技术。客户满意度测评与监控分析技术是基于德尔菲法(Delphi)工作规范建立的技术评价体系,借鉴专家咨询法构成权重分配,以提升评价体系的科学性,从而最大化挖掘客户的潜在需求。

9.2 客户化需求管理技术

9.2.1 运行能力需求评估与管理技术

客户运行能力需求评估与管理技术是飞机主制造商评估目标运营人的运行能力及客户需求时所运用的管理方法。

客户运行能力需求评估与管理的目的是了解运营人的实际运行能力,协助飞机主制造商选择飞机销售的目标客户,为目标运营人制订有效的飞机运行支援计划,帮助运营人提高安全运行水平,确保顺畅运行。

客户运行能力需求评估与管理常常分为两个阶段：

（1）在飞机销售意向阶段，对目标运营人运行情况进行评估，以确定目标运营人是否具备安全运行能力。

（2）在飞机确认销售阶段，了解目标运营人的运行支持需求，提出建议的客户化服务方案，形成全面的运行准备与客户服务计划。

9.2.1.1　管理要求

（1）符合国际航空运输协会运行安全审计认证（IOSA）《运营安全审计程序与指南》的要求。

（2）符合中国民航局《中国民用航空安全审计指南》以及《航空公司安全审计手册》的要求。

（3）符合中国民航局《大型飞机公共航空运输承运人运行合格审定规则》（CCAR‑121 部）。

（4）符合中国民航局《民用航空器维修单位合格审定规定》（CCAR‑145 部）的要求。

9.2.1.2　管理要点

1）建立评估管理的组织机构

飞机主制造商建立运行能力需求评估管理机构，制订相关工作标准、流程，指导具体评估工作的开展，审核、批准具体评估工作的总结报告。

2）建立评估专家的队伍

（1）飞机主制造商组建评估专家队伍，评估专家具有民航某专业领域充分工作经验，以及能对航空公司客户进行组织与管理、运行安全、飞行运行、客舱运行、货物运行、运行控制、飞机维修与工程、飞机地面操作、航空公司航线网络与市场营销等专业领域开展评估的能力。

（2）评估专家一般还需满足以下条件：具有良好的沟通能力及团队协作能力；具有技术文件、工作报告编写能力；具有审核、评估工作的技能。

3）制订评估标准

飞机主制造商根据评估目的，参考相关的民航法规和要求、行业标准和惯例，组织编制并修订评估调查的标准问卷，制订评估工作的标准规范和方法以及评估所需的各项作业标准文件。

4）开展评估工作

（1）提出评估需求。

飞机主制造商根据飞机销售工作的阶段性需要，提出对目标运营人具体的评估要求，包括评估对象、评估完成时间等。

在飞机销售意向阶段，评估的主要内容是从目标运营人运行的角度，了解目标运营人的运行能力，以确定目标运营人是否具备安全运行能力，以便为飞机销售提供决策参考。

在飞机确认销售阶段,评估的主要内容是了解目标运营人的运行支持需求,以帮助目标运营人开展运行能力建设,保障安全、高效、经济运行,降低运行与维修成本,提升运行效益为目标,制订有效的客户化服务方案,形成全面的运行准备与客户服务计划,以便为飞机销售建议书的制订和飞机销售合同的谈判提供参考。

（2）准备评估。

飞机主制造商根据具体的评估任务,收集目标运营人所在地相关的民航法规和要求,编制具体评估任务所需的工作准备文件;与目标运营人沟通协调,确定评估内容、地点、计划。通过问卷的形式,预先收集了解目标运营人的信息。

飞机主制造商根据具体的评估要求,对目标运营人的公司概况（航空公司主基地、分基地、目前机队规模等）、组织结构及各专业内部组织结构（组织机构图、高管姓名、年龄和工作经历等）、公司政策（航空公司运行政策规章、燃油政策、当前获得营运人所在国的民航当局认证等）、企业安全管理（运行安全管理、维修安全管理、地面服务安全管理）、飞行运行（飞行运行培训、运行模式、运行时间统计）、维修工程与航材支援（维修人员信息、维修工程与航材支援培训、维修工作流程、航材支援）、其他资源/服务（现有飞机主制造商资源/服务、对中国商飞的需求）、经营计划（公司发展计划、引进 ARJ 计划）等方面进行深入调研和评估。

（3）实施评估。

飞机制造商根据与目标运营人协调一致的评估计划,实施具体评估工作,完成具体评估任务的工作总结报告,并形成汇报机制。

在飞机销售意向阶段,评估总结报告通常应包含以下主要部分:评估背景、目标运营人的组织结构、发展定位与政策、安全管理、飞行运行、维修工程与航材支援、其他资源、经营计划、结论。结论中需要定性地指出目标运营人是否具备安全运行的能力。

在飞机确认销售阶段,评估总结报告通常应包含以下主要部分:评估背景、目标运营人现状与现有运行能力及运行资源的简介、目标运营人需要提升的运行能力、增加投入的运行资源、其他运行准备工作,目标运营人的额外运行支持需求,以及双方协商建议飞机主制造商开展的运行支持工作。结论需要给出建议的运行支持方案、双方的运行准备及运行支持计划。

飞机主制造商根据评估总结报告的建议,按需开展后续工作。

9.2.2　客户支援管理技术

保障首架飞机以及后续飞机顺利交付给航空公司,并实现顺畅运营,飞机主制造商向航空公司提供的以 EIS 客户服务计划、持续运行客户服务计划以及客户需求处理为中心的一系列客户服务活动,称为客户支援。

制订和实施 EIS 客户服务计划、持续运行客户服务计划以及处理客户需求的流程管理,称为客户支援管理技术。

9.2.2.1 管理要求

（1）成立涵盖各专业的客户支援小组，全面对接航空公司，确保首架飞机和后续飞机的顺利交付与顺畅运行。

（2）处理客户需求的时限符合行业公认的相关惯例与规则。

（3）EIS 客户服务计划中涵盖航空公司补充运行合格审定、补充维修合格审定所需的项目，以及飞机销售合同约定的项目。

9.2.2.2 管理要点

1）EIS 和持续运行客户服务计划管理流程

（1）飞机主制造商依据局方规章要求、飞机销售合同约定以及客户化的服务方案和服务要求，组织主要系统供应商、合作伙伴，与航空公司一起，围绕飞机交付和持续运行，协调制订 EIS 以及持续运行的客户服务计划。EIS 计划针对首架机的交付，目标在于帮助客户通过局方的补充运行合格审定，并顺利投入运行。持续运行客户服务计划重点在于帮助客户实现顺畅运营。

（2）飞机主制造商向相关方发布 EIS 计划。客户确认 EIS 计划是否满足补充运行合格审定要求。

（3）飞机主制造商、航空公司、供应商及合作伙伴，各负其责并协调统一，按照计划组织资源，实施计划。

（4）飞机主制造商对计划的实施进行管理，监控服务质量，做好交付记录。

2）客户需求处理流程

（1）飞机主制造商建立多渠道的客户需求接受方式。

（2）飞机主制造商对客户需求的协议符合性进行评估。

（3）根据评估结果，若属于协议内需求，飞机主制造商组织资源实施客户需求；若属协议外需求，飞机主制造商组织开展技术和商务谈判工作。

（4）飞机主制造商向航空公司反馈客户需求处理结果。

（5）飞机主制造商对客户需求的落实情况进行跟踪、管理。

9.3 担保索赔管理技术

担保索赔包含了两个方面的内容，即担保、索赔管理。担保是飞机主制造商、供应商向客户做出的关于飞机、发动机、零部件、工具设备产品以及服务的品质的承诺，包括飞机机身及其安装的发动机、系统和零部件的无缺陷时间、服役寿命、飞机具备某些物理或经济性能、飞机与零部件可靠性承诺等。索赔管理是指当客户认为产品和服务不满足担保的条件时，依据合同约定的担保条件，依照一定的程序向飞机主制造商、发动机制造商、供应商提出补救或补偿的要求，飞机主制造商、发动机制造商、零部件与工具设备供应商对客户的索赔要求进行甄别并实施理赔的过程。

担保索赔管理技术主要是通过协议符合性甄别、工程技术分析、技术鉴定从而判定客户索赔申请是否成立,并按需制订理赔方案和实施理赔。

飞机主制造商提供的担保种类主要包括:

(1) 标准担保:飞机主制造商担保其专有件的设计、材料与制造,以及由主制造商实施的发动机、系统和零部件的装配,在一定的时限内(日历时间/飞行小时/飞行循环)不出现缺陷。对于符合标准担保条件的索赔,飞机主制造商将提供材料和工时费用的补偿。

(2) 服役寿命担保(SLP):飞机主制造商担保其机体关键结构件,在服役寿命期内(日历时间/飞行小时/飞行循环),不会出现因结构件自身原因导致的破坏。对于符合服役寿命政策担保条件的索赔,飞机主制造商将提供部分材料费用的补偿(与客户按比例分摊)。服役寿命担保与标准担保不可兼得。

(3) 飞机制造过程中的让步项目担保:在飞机交付时,客户对产品部分缺陷有限度的接收,飞机主制造商为此给予相应的担保。让步项目包括:① 影响外观的制造缺陷;② 影响物理性能的设计或制造缺陷;③ 影响运行或维修的设计或制造缺陷;④ 已向客户承诺飞机交付前实施但未实施的设计改进;⑤ 其他未满足合同约定而与客户达成一致通过让步处理的项目。

(4) 服务通告担保:飞机主制造商针对因自身质量问题而发布的服务通告与信函的担保,在客户执行服务通告或服务信函时给予相应的补偿。

(5) 供应商担保的管理:飞机主制造商将从供应商处获得的担保条件,转移给客户,并监督和协调供应商履行担保责任。

9.3.1　管理要求

1) 担保种类

提供标准担保、服役寿命担保、让步项目担保、服务通告担保等多种担保,提供的担保种类与行业惯例保持一致。

2) 索赔过程管理

按照与客户签署的合同相关条款,接收客户的索赔请求,确保索赔要求与合同条款相符,且索赔信息真实、有效。

3) 索赔申请判定

根据技术鉴定结果,确定客户索赔是否成立。技术鉴定结果应包含但不限于如下内容:故障或缺陷的产生原因、责任方的确认。

4) 担保的条件与理赔处理速度

应与行业惯例保持一致。

9.3.2　管理要点

1) 客户理赔管理流程

(1) 接收并记录索赔申请。

飞机主制造商接收客户提交的书面索赔申请,完成客户索赔申请的记录,通知客户收到索赔申请,并对每一个索赔案件进行编号。

(2)核查索赔申请。

飞机主制造商对客户提交的索赔申请的内容,如担保期限、实物、数据资料进行核查,包括但不限于以下内容:

a. 相关的缺陷出现在担保期内,或符合相关担保政策。

b. 客户提供了必要的证据,可以证明索赔申请中的缺陷不是由客户因素引起的。

c. 客户及时将缺陷件送到指定的地点。

d. 客户在发现所述缺陷后,在合同规定的时限内,以书面形式提交索赔申请。

e. 如客户提供的数据不完全,不能对索赔申请做出判定,要求客户将材料数据补全,客户索赔的申请时间以材料补全时起算。

f. 按需通知客户提取故障件,供技术鉴定使用。

(3)分析索赔申请。

对客户索赔申请进行分析,分析依据包括但不限于:

a. 飞行记录本或飞行技术记录。

b. 故障报告及排故记录。

c. 合同。

d. 技术鉴定报告。

e. 服务通告内相关信息。

(4)技术鉴定。

飞机主制造商按需进行技术鉴定。对于有服务通告或相似案例的索赔直接进入索赔申请判定流程;对于难以直接判定理赔责任的,飞机主制造商将进行技术鉴定,按需发起工程调查、质量调查,技术鉴定结果应包含但不限于如下内容:故障或缺陷的产生原因、责任方的确认。

(5)申请判定。

飞机主制造商依据索赔分析结果及技术鉴定结果,进行索赔申请结果判定,依据合同规定的时间期限,将客户索赔申请的判定结果书面通知客户。

如确认客户的索赔申请不成立,飞机主制造商向客户进行通报,并按需向客户收取合理鉴定费用。

客户接受主制造商的索赔申请判定,则进入理赔方案制订阶段;如客户不接受飞机主制造商的索赔申请判定,可以重新提出索赔,索赔流程重启。

(6)制订理赔方案。

飞机主制造商根据索赔分析及技术鉴定结果,制订并优选理赔方案。

(7)实施理赔

飞机主制造商根据理赔方案向客户实施财务赔付、航材赔付或维修支援赔付。

财务赔付:以信用额度的方式完成对客户的赔付。

航材赔付:核查所需赔付的航材是否有库存,如有库存则及时进行航材实物准备并发运；如无库存则及时通知客户航材预计交付时间。

2）协助客户向系统供应商索赔

当客户向系统供应商索赔出现困难时，飞机主制造商给予客户必要的帮助。

3）向专有件供应商索赔

飞机主制造商从客户索赔项目中筛选出由于专有件供应商责任造成的项目，整理出该项索赔的相关资料和鉴定结果，按照专有件供应商的索赔要求提出索赔申请。

9.4　客户满意度测评与监控分析技术

客户满意度测评与监控分析技术是基于德尔菲法工作规范建立的技术评价体系，是调查客户服务满意度的重要手段。为合理分配权重，量化评估指标，客户满意度测评与监控分析技术借鉴专家咨询法构成权重分配，以提升评价体系的科学性，从而最大化发掘客户潜在需求，支持飞机主制造商服务水平的提升。

客户满意度是通过问卷调查和客观数据统计等方法得到的反映客户满意程度的指数。

客户满意度测评是飞机主制造商为了研究客户对主制造商所提供的客户服务的满意程度，向客户进行问卷调查，并按需结合相关过程指标所开展的统计分析工作。客户满意度测评分为客户服务综合满意度测量与单项满意度调查。

9.4.1　管理要求

（1）符合《航空、航天和国防组织质量管理体系要求》（SAE AS9100D）的要求。

（2）符合《航空仓储零售组织质量管理体系要求》（SAE AS9120）的要求。

（3）符合《质量管理体系要求》（GB/T19001‑2016）的要求。

（4）符合行业惯例。

9.4.2　管理要点

客户满意度测评与监控分析技术体系下拥有独立的客户服务满意度测量管理程序，以满足和实施客服公司客户服务满意度问卷编制、测量方法、测量报告发布要求。主要技术管理过程如下：

1）建立客户满意度技术评价体系

在查阅文献资料、考虑行业惯例与业务开展实际情况的基础上，选定初步评价指标，然后采用德尔菲法进行指标项目与指标权重的最终确定。

（1）确定评价指标。

广泛征求意见，收集归纳能全面反映客户服务工作的 n 个评估项目作为评价指标，其一一对应的指标体系为 $\{w_i \mid i=1, 2, \cdots, n\}$。其对应的权重体系为 $\{v_i \mid i=1, 2, \cdots, n\}$ 则有：a. $1 < V_i \leqslant 1$；$i=1, 2, \cdots, n$；b. $\sum_{i=1}^{n} V_j = 1$。

（2）确定指标权重。

德尔菲法也称专家调查法,是一种采用通信方式分别将所需解决的问题单独发送到各个专家手中征询意见,然后回收汇总全部专家的意见,并整理出综合意见。随后将该综合意见和预测问题再分别反馈给专家,再次征询意见,各专家依据综合意见修改自己原有的意见,然后再汇总。这样多次反复,逐步取得比较一致的结果的决策方法。

实际应用中,采用数名专家匿名对指标重要性进行打分的方式,使每一位专家独立自由地做出自己的判断。经过几轮反馈,专家的意见逐渐趋同,从而得到评价指标依重要程度的详细权重。

2）量化客户满意度

（1）主观指标量化处理。

按 5 分制对客户主观感受进行量化处理,"很满意"得分 5,"很不满意"得分 1,"不清楚"不计分。确定调查问卷中评估项目、评估项目占调查问卷总分的权重,以及每一项目的具体评估小项、评估小项占该项目分值的权重;客户服务满意度调查的评估需针对每一评估小项由客户给出的等级或原始分数,当客户给出评估的等级时,以该等级对应的中间分数换算成原始分数。

（2）客观指标统计方法。

客观过程指标为服务交付过程中需要监控的关键指标。根据年度工作开展情况,确定 n 个客观过程指标。各客观过程指标得分为年度内多次统计分数取平均值;年度客观过程指标总体得分为各指标得分取平均值。

（3）年度总分计算方法。

年度总分将综合考虑主观指标与客观过程指标得分,总分为以上两部分的加权之和。

（4）单项客户服务满意度测量。

为更好地了解客户对于特定服务的满意程度,根据飞机主制造商实际业务开展情况,按需对个别服务交付进行满意度测量,通过问卷发放和回访的形式,请客户对服务的不同角度进行打分,从而了解服务交付的质量。

（5）客户投诉与抱怨。

在服务交付、业务对接、客户回访等过程中,客户对飞机主制造商服务交付提出意见,其中部分意见经识别可纳入客户投诉与抱怨。飞机主制造商接收、评估客户意见,进行准确的分类,明确相应责任部门,督促相关部门进行整改措施制订和实施,从而消除客户投诉与抱怨对满意程度带来的负面影响。

9.5　技术应用

9.5.1　客户化需求管理

9.5.1.1　运行能力需求评估与管理

目前已经编写《航空公司客户运行能力需求评估和支援方案》《航空公司客户

运行能力需求评估管理程序》《航空公司客户运行能力需求评估调查报告》和《航空公司客户运行能力需求评估调查问卷》等程序和文件,建立专家组,完成评估体系建设。

通过运行能力需求评估,深入了解客户所具备的运行能力,一方面评估客户实现安全、高效运行所需要建设的条件、能力和资源配置;另一方面,掌握客户对所购机型的运行支持需求,以便制订适宜的客户化服务方案,提供针对性的服务。

实际工作中,对非洲及东南亚目标运营人开展了运行能力需求评估,评估任务组通过现场参观、查看资料、调查问卷和现场交流等方式,从飞行运行、运行控制、飞机维修等几个方面,对目标运营人的专业技术人员数量与资质能力、基础设施条件、运行管理体系、业务开展情况等进行调研和分析,评估其运行能力,形成目标运营人的运行能力评估报告。

根据评估结果,进一步明确客户需求,制订客户化服务方案。客户化服务方案总体分为基本服务和拓展服务。基本服务包括商务支援、客户培训、飞行运行支援、工程技术支援、航材支援、技术出版物服务、供应商客户服务、工程数据服务、启动小组服务等类别。拓展服务包括额外数量的基本服务项目,以及根据客户需求而增加的其他服务项目,例如飞行技术支持、航空公司运行咨询、按小时付费的部件支援等。确定每个服务项目所包含的具体内容、数量,以及提供方式、地点等。

9.5.1.2　客户支援管理技术的应用

制订《客户支援管理程序》,规定了飞机用户客户服务协议签署后飞机全寿命周期内客户支援管理过程,涵盖了如下的主要业务:EIS 客户服务计划和持续运行客户服务计划管理、客户需求的接收与处理。成立了成都航空、印尼目标运营人、刚果(布)航、盐商公务机的客户支援小组,根据局方规章要求以及客户化的方案和需求,分别制订 EIS 计划,涵盖了客户运行和客服准备的各个专业。根据成都航空 EIS 后的飞机交付计划,制订了《成都航空程序运行客户服务计划》,持续接收、处理成都航空客户需求。

9.5.2　担保索赔管理

根据行业惯例和中国商飞实际情况,制订并发布了《飞机整机及专有件理赔管理程序》,规定了飞机交付以后,针对客户就中国商飞提供的担保所提出的索赔的处理流程。

9.5.3　客户满意度测评与监控分析

客户满意度测评与监控分析技术已经应用于客户满意度年度调查工作中,持续监测客户对相关业务模块的主观评价以及主要客观过程指标。主要业务模块包括客户关系管理、飞行运行支援服务、工程技术服务、航材支援服务、担保索赔服务、培训服务、供应商管理、数字化客户服务、技术出版物服务等;主要客观过程指标包括工程技术类服务请求一次回复有效率、客户航材需求及时响应率、商务请求及时回复率、服务请求及时响应率、工程技术类服务请求回复率、学员合格率(客户培训)、学员满意度(客户培训)、运行类服务请求及时响应率、运行类服务请求一次回复有效率、CIS 平台运行故障率等。

根据统计结果编制了年度综合客户服务满意度统计报告,分析每一调查评估项目和客户服务满意度的统计结果以及数据升降背后的逻辑原因,对需进行整改或改进的项目提出相应措施和计划,并监控措施和计划的执行。

根据项目研制计划进展和实际业务开展情况,按需识别需进行客户回访的单次服务交付项目,主要涉及客户培训、航材支援、快速响应、工程技术服务等模块。通过发放问卷和电话采访等形式,收集客户意见,并将意见传递至业务实施部门,供其开展服务优化和改进。

9.6　本章小结

(1) 编制《航空公司客户运行能力需求评估管理程序》,对非洲及东南亚客户开展运行能力需求评估。

(2) 组建客户支援小组,制订 EIS 客户服务计划。

(3) 制订了《飞机整机及专有件理赔管理程序》,持续接收、处理客户索赔申请。

(4) 制订了《客户服务满意度测量管理程序》,持续开展客户服务满意度测评与监控分析。

随着 ARJ21 - 700 飞机的交付用户并投入商业运营,ARJ21 项目正由产品研制逐步转向生产经营。确保已交付飞机的顺畅运营将成为中国商飞工作的重中之重,相应的市场与客户支援工作也将越来越繁重。后续将不断完善标准化的客户服务商务文件,包括商务策略、收费价格、工作程序、标准方案与计划、标准的建议书和合同文本等;根据市场与客户的共性要求,加强行业最佳实践的对标研究,不断推进客户服务产品的开发与完善、客户服务质量的提升。

10 供应商客户服务管理

10.1 专业简介

10.1.1 供应商客户服务管理

供应商客户服务是指供应商在项目全寿命周期内(包含项目研制阶段和飞机运营阶段)按照主制造商与供应商之间的协议,向主制造商及其客户提供的服务。

供应商客户服务管理旨在通过管理供应商客户服务,满足主制造商客服研制需要,满足主制造商的客户对供应商客户服务的需要,提升主制造商客户服务竞争力,继而提升型号竞争力。

供应商客户服务管理模式为"主制造商—供应商"模式,即主制造商与供应商联合研制飞机的各大系统,按双方协定的分工联合开展飞机项目研制。

供应商客户服务管理型号任务包括:

(1)制订客户服务供应商招标选择标准及管理文件。

(2)编制供应商招投标文件。

(3)编制供应商客户服务协议,完成协议谈判及签署。

(4)编制供应商客户服务交付标准及交付计划并组织实施。

(5)实施供应商履约管理。

(6)实施供应商客户服务评价管理。

10.1.2 供应商客户服务管理技术

供应商客户服务管理实行项目经理制,指定的项目经理在项目全寿命周期内建立与系统供应商的沟通渠道。供应商客户服务管理技术主要为供应商招标管理、供应商客户服务协议管理、供应商履约管理和供应商客户服务评价管理四个方面。

(1)飞机项目供应商招标选择的全过程包括信息征询、供应商建议书评估、合作意向书或理解备忘录谈判及合同谈判。

(2)供应商客户服务协议管理工作主要是供应商客户服务协议的策略准备、供应商客户服务协议的标准版本编制,而后根据各系统特性形成客户化的供应商客户服务协议,并按业务和商务两大模块进行相应谈判策略准备和谈判执行,最终敲定合同文本双方签字归档。

（3）供应商履约管理主要以供应商产品支援计划为载体，按飞机项目研制节点梳理合同规定的供应商交付物和供应商的客户服务研制工作。

（4）供应商客户服务评价是针对供应商的客户服务履约情况进行量化指标评分，并与供应商共同商讨改进方法。

10.2　供应商招标选择管理

10.2.1　管理要求

10.2.1.1　供应商招标选择标准

（1）在航材支援、培训、出版物编写、快速响应、现场代表、地面支援设备（GSE）和在线服务等方面具备成熟的体系。

（2）具备其客户服务/产品支援组织结构和相应的网络服务系统。

（3）保证一周 7 天、一天 24 小时，为主制造商和客户提供紧急服务响应。

（4）保证对航空公司用户提供协助，或协助主制造商支持航空公司用户的运营。

（5）承诺只要飞机还生产，供应商就须保持其系统的生产，并提供所需的产品和服务。

（6）承诺只要飞机在运营，供应商就必须向客户提供航材和其他产品支援服务。

（7）确保按双方确定的计划实现所有的客户服务要求。

10.2.1.2　供应商招标文件

1）信息征询书（RFI）

RFI 是指向潜在供应商征询信息和建议的文件，即通过对公司、项目和飞机定义等介绍，要求潜在供应商在规定期限内，根据主制造商提出的特定产品及其相关问题的要求，对研制该特定产品给出信息和建议。

2）邀标书（RFP）

RFP 是指向候选供应商发出的用以征求特定产品及服务方案的文件。该文件要求候选供应商在规定的期限内，根据主制造商提出的要求，对特定产品及服务提供综合方案。

3）招标书澄清文件（RFC）

RFC 是针对候选供应商对 RFP 中未回复或回复不明确的条款，要求候选供应商在规定的期限内回复上述问题的文件。

4）供应商评估报告（REP）

REP 是根据潜在供应商在规定期限内对 RFP（或 RFC）文件的回复，将主制造商具体商用飞机项目的研制要求与供应商回复进行量化比较，最终在该报告中对各供应商进行评分排序。

5）谅解备忘录（MOU）

MOU 是指记载交易框架、各方就该交易已达成一致和尚未达成一致的事项、各方下一步应该采取的行动等内容的书面文件。

6）意向书（LOI）

LOI 是指各方通过初步协商，在不具备签署合同的情况下，就特定事项达成共识而签署的书面文件，用于明确未来合作或合同谈判的主要原则或努力方向，作为双方进行下一阶段实质性谈判的基础。

10.2.2　管理要点

供应商招标工作分为三个阶段，要点如下：

1）第一阶段：编写 RFI 客服条款及 RFI 客服评估报告，接受并分派招标任务

（1）接收 RFI 编写任务后发放 RFI 客服条款的编写要求。

（2）编写各专业相关的内容。

（3）整理和编制整体条款。

（4）RFI 客服条款完成编制后，招标办公室组织评审，评审通过后提交给招标领导小组。

（5）如评审未通过则由招标办公室组织修改相关内容，再提交给招标办公室直至评审通过。

（6）招标办公室形成的 RFI 客服条款提交给招标领导小组。

（7）招标办公室收到评标任务后，组织评估 RFI 回复内容并编写 RFI 客服评估报告，完成会签和行政指挥领导批准后最终提交招标领导小组。

2）第二阶段：RFP 客服条款、RFC 澄清件及 RFP 客服评估报告

（1）招标办公室收到 RFP 编写任务后发放 RFP 客服条款的编写要求。

（2）编写各专业相关的内容。

（3）整理和编制整体条款。

（4）RFP 客服条款完成编制后，招标办公室组织评审，评审通过后提交给招标领导小组。

（5）如评审未通过则由招标办公室组织修改相关内容，再提交给招标办公室直至评审通过。

（6）招标办公室形成 RFP 客服条款提交给招标领导小组。

（7）招标办公室收到评标任务后，组织评估 RFP 回复内容，并完成 REP 报告的编写工作。根据系统特性的不同和适用范围的差异，招标办公室有权对评分基本比重做出调整。

（8）编制评估报告过程中，如经评定发现供应商对 RFP 客服条款的回复不满足要求，招标办公室则发放 RFC 客服澄清件编写需求，列出供应商回复不满足要

求的 RFP 客服条款,形成 RFC 澄清件内容,提交给招标办公室,由其整理编制后提交给招标领导小组,收到供应商回复后再走评估报告编制流程。

3)第三阶段：MOU/LOI 客服条款

（1）招标办公室接收 MOU/LOI 编写任务后发放其编写要求。

（2）编写各专业相关的内容。

（3）整理和编制整体条款。

（4）MOU/LOI 完成编制后,招标办公室组织评审,评审通过后提交给招标领导小组。

（5）如评审未通过则由招标办公室组织修改相关内容,再提交给招标办公室直至评审通过。

（6）形成的 MOU/LOI 提交给招标领导小组。

10.3　供应商客户服务协议管理

供应商客户服务协议为主制造商对供应商客户提出服务要求的合同文件,通常以主合同附件形式与供应商签署正式生效。供应商客户服务协议管理包括对在协议编制阶段、谈判阶段、协议修订和更改,以及合同履约阶段的管理。

10.3.1　管理要求

供应商客户服务协议的编制应至少包含以下三个方面的因素：

（1）客户需要：供应商的客户服务对象主要以航空公司为主,在制订供应商客户服务协议之前,要大量进行客户调研,力争合同文本能满足客户的需要。

（2）行业惯例：民机客户服务的发展已经经历多年且形成了一定的惯例,在制订供应商客户服务协议的过程中要遵守行业的惯例,使用行业通用的术语和表达方式。

（3）公司发展：在体现客户需要、遵守行业规范的基础上,应充分体现主制造商的发展战略需要。

描述供应商对主制造商和客户提供的客户服务内容和客户服务期限,主要指标如下：

a. 客户服务期。

b. 客户服务计划。

c. 世界航空公司和供应商指南(WASG)要求。

d. 美国航空运输协会(ATA)规范要求。

e. 次级供应商管理。

10.3.2　管理要点

10.3.2.1　标准协议文本管理

供应商客户服务协议标准文本(简称协议标准文本)为针对重要机载系统、结构件、小设备等不同要求编制的具有一定通用性的协议版本。在协议标准文本的基础上与供应商进行客户服务条款的谈判，最后形成不同系统的客户服务协议。

1）协议标准文本编制及归档

依据《供应商客户服务协议编写规定》编制客户服务协议标准文本各专业内容。完成整理编制后，组织专家评审，评审通过后进行会签，批准，最终完成归档。

2）协议标准文本变更

协议标准文本批准后，如有变更需求，应填写《供应商客户服务协议标准文本更改申请单》、会签申请表并报公司主管领导审批。更新好的协议标准文本和会签好的《供应商客户服务协议标准文本更改申请单》要报领导批准，最后完成归档。

10.3.2.2　谈判及签署

（1）发放协议标准文本。

（2）在协议标准文本中填写具体系统所需要内容。

（3）进行汇总整理。

（4）将汇总整理后的协议提交主制造商合同主管部门，由主制造商合同主管部门向供应商发放或由其授权向供应商发放。

（5）主制造商合同主管部门下发谈判计划，谈判工作小组进行谈判准备，谈判前需明确关键条款和不同层次的谈判底线及决策级别。

（6）如无重大更改，协议谈判完成，则直接进入协议校对和审核、签审单会签、批准和归档流程。

（7）协议谈判中如有重大更改（即协议条款增加和删除，担保值和备件价格等）则统一上报协议谈判领导小组，必要时上报主制造商合同谈判协调小组决策。

（8）依据决策与供应商进行最终协商，待双方就协议最终达成一致后，对协议进行校对和审核。

（9）填写签审单并附重大更改项清单后进行会签（重大更改是指在与供应商谈判的过程中，相对于标准协议产生的会对运营成本、服务水平、技术支持水平等方面可能造成重大影响的条款差异）。

（10）提交校对和审核后的协议、签审单、重大更改项清单给公司领导批准。

（11）将会签完毕的签审单和更新版的重大更改项上传至平台进行归档，批准后的协议提交给主制造商合同主管部门。

10.3.2.3　协议变更

协议执行过程中如涉及协议需要变更的情况，在主制造商系统项目经理组织下与供应商进行协议更改谈判。

10.4　供应商履约管理

供应商履约管理是为保证双方能够达成供应商客户服务协议条款要求，而与供应商签订的合同履约工作计划，包括整个工作的计划、组织、实施，以及管理和控制活动等。

10.4.1　管理要求

供应商作为飞机各系统产品的原厂商（OEM），其系统产品的客户服务是由供应商独立面对客户执行的，供应商客户服务技术主要体现在以下几个方面：

（1）供应商现场代表及技术支持。

（2）供应商工程技术支援。

（3）供应商航材支援。

（4）供应商部件 MRO 执行。

（5）供应商客户培训。

（6）供应商技术出版物。

（7）供应商担保索赔。

供应商履约管理主要以供应商产品支援计划为管理载体，按飞机项目研制节点梳理合同规定的供应商交付物和开展供应商的各项客户服务研制工作。

10.4.2　管理要点

1）供应商交付物交付流程

供应商在提交交付物前，必须经过其内部质量控制流程批准，并确保现行有效。供应商应将数据或文件提交至主制造商协同工作网络平台，经主制造商批准后，方可生效。供应商对其交付物的版本进行修订，应经主制造商批准后进行修订。

2）供应商产品支援计划管理

供应商产品支援计划（Product Support Plan，PSP）是为保证供应商按照签订的客户服务协议要求提供文件和服务而制订的工作计划。根据系统供应商 SCSA 中相关规定，主要机载系统供应商应在合同签署后向主制造商提交产品支援计划。该计划需经过双方共同协商讨论，确立各自的工作团队，明确产品支援计划的主要内容，并制订当年双方协同工作的详细计划。该计划应根据每一年飞机项目的研制进度和供应商产品的研制进度进行相应调整，并于每年年初制订当年双方协调工作的详细计划。

PSP 制订工作流程：

（1）在主制造商与供应商合同签署完成后，发出制订 PSP 的要求。

（2）提交 PSP 年度计划。

（3）依据供应商客户服务协议梳理出重要交付物。

（4）供应商收到 PSP 制订要求后制订 PSP 初稿。

（5）汇总整理 PSP 年度计划，并对需求中的交付途径、格式进行审核。

（6）对供应商提交的 PSP 初稿及收集的年度计划进行汇总整理。

（7）组织与供应商讨论 PSP，协商一致后，对其进行汇总整理。

（8）与供应商签署 PSP 年度计划。

（9）按年度计划执行 PSP。

（10）监督双方 PSP 的执行情况并按需召开协调会，依据协调会结果判定 PSP 年度计划的变更是否影响到项目的研制节点。如不影响，更新 PSP 年度计划并进行内部审批；如影响，更新后的 PSP 需要与供应商签署并上报项目行政指挥批准。

3）供应商部件 MRO 管理

供应商部件 MRO 管理是指指引监督供应商取得部件 CCAR - 145 部维修能力。供应商的部件维修能力 CCAR - 145 部申请主要分为两类：原始申请和添加型号能力更新申请，保证飞机型号的部件有修理渠道和交换服务等保障渠道。

（1）供应商部件 MRO 管理依据。

依据《MD - FS - AEG006 航空器制造厂家运行支持体系建设规范》中规定"航空器制造厂家应当考虑能对所研制型号飞机提供全方位的维修支持服务，并达到以下要求：建立各级飞机定期检修及部件维修能力，并获得 CCAR - 145 部的批准"和供应商客户服务协议要求，组织供应商开展部附件 MRO 网络建设和对应 CCAR - 145 部取证工作。

（2）供应商部件 CCAR - 145 部申请流程规范。

梳理 CCAR - 145 部规章要求，将部件维修 CCAR - 145 部申请工作分解为文件准备、设备准备和人员资质具备情况检查。

供应商部件 MRO CCAR - 145 部维修能力申请步骤：

a. 取得客户 LOI 推荐信及准备其他局方要求的文件。

b. 准备局方要求的修理设备等硬件。

c. 通过内部评估后提交申请至局方网站。

d. 收到局方网站申请受理通知。

e. 供应商按局方要求完成 AM、QM 和 PM 培训。

f. 局方结合年审等节点实施供应商维修站现场审查。

g. 批准颁证。

（3）与局方 CCAR - 145 部管理处建立沟通机制。

主制造商与局方建立了长效沟通机制，为供应商在申请过程中遇到困难和问题找到确实的联系人和解决办法。

（4）供应商部件 MRO 管理流程。

组织供应商提交系统工作包的可修件清单和清单生成原则。根据可修件清单生成原则开展与供应商提交的首批航材推介清单（RSPL）和部件维修手册清单（CMM LIST）开展比对工作。比对之后针对每个系统的情况查漏补缺，与供应商共同确认可修件清单终稿。

根据可修件清单确认的项数跟踪每项的维修机构所属和建设进展直至最终取得局方的批准，最终完成发布供应商部件 MRO 清册。

10.5　供应商客户服务评价管理

10.5.1　管理要求

供应商客户服务评价是对系统供应商的履约情况进行监督和改进。供应商客服项目经理定期收集客服工程研制和客户对供应商的反馈意见,形成供应商客户服务表现评估表。供应商客户服务评估的内容涵盖其在协议中的所有承诺。根据不同的项目阶段,供应商客户服务评估的内容可以不尽相同。针对供应商存在的问题,与供应商共同协商制订改进措施,对改进实施的结果进行评估,直至满足客户服务要求。

10.5.2　管理要点

1)发放供应商客户服务评价任务

供应商客户服务评价工作启动之日(即每年 4 月、7 月、10 月和次年 1 月的第 1 周,遇国家法定节日顺延)发放供应商客户服务评价任务。

2)评价供应商客户服务表现

根据《供应商客户服务评价规范》(GD4034 - 001)对供应商客户服务表现进行评价。

3)完成评价报告

于每年 4 月、7 月、10 月和次年 1 月的第 2 周收集(遇国家法定节假日顺延)评价信息,在当月月底之前完成评价信息的汇总、计算和分析,并完成评价报告。

4)绩效改进

对供应商的客户服务表现绩效进行管理,当供应商出现以下三种情况时,应做绩效改进:

(1)当供应商考核结果为 60 分及以下时。

(2)当供应商单项关键绩效指标在 3 分以下时(不包括 3 分)。

(3)当供应商在连续三个或以上考核周期内呈现连续下降趋势时,相关工作人员应引起重视并进行沟通协调;当连续三个或以上考核周期内,每个周期下降幅度均大于或等于 10 分时,应做绩效改进。

5)供应商提交绩效改进表

当供应商出现需要绩效改进的情况时,供应商应提交《供应商绩效改进表》,绩效改进表流水号的编号规则为 4 位年份加 3 位顺序号。

6)实施改进方案

跟踪落实供应商提交的绩效改进计划。

10.6　供应商客户服务管理技术运用

10.6.1　供应商招标选择管理

在项目启动初期,按照项目总体对于客户服务的要求,编写信息征询书客户服务章节内容,并对潜在供应商的回复进行初步评估,评估结果确认是否需要向潜在供应商发放客服方案征询书,评估结果提交决策候选供应商。确定候选供应商名单后,编写客户服务方案征询书,并对候选供应商的回复方案进行评估,可根据需要对候选供应商的实际客户服务表现进行问卷调查,并将问卷调查的结果作为方案评估结果的参考,评估结果提交决策目标供应商。目标供应商名单确定后,按照项目行政指挥的要求编写合作意向书或理解备忘录客服部分条款和供应商客户服务协议,并与目标供应商开展合同谈判。

10.6.2 供应商客户服务协议管理

供应商客户服务协议从整个客户服务周期界定了主制造商与供应商的分工合作,共同为飞机客户提供产品客户服务。供应商客户服务协议的谈判通常与主制造商和供应商的主合同谈判同步展开,并作为主合同的附件与主合同同时签署。客户服务协议中约定了供应商针对主制造商及客户应该承担的责任及义务,其对客户的责任及义务大部分情况下由主制造商通过与客户签订的客户服务协议、运营支持协议等进行转让。这个原则适用于除动力装置供应商外的其他系统供应商及部分小系统及成品件供应商。动力装置供应商及机体结构、原材料、耗材等供应商通常不适用以上原则。

对于系统供应商,如航电、起落架、燃油、内饰等,其依照客户服务协议的要求需要承担的责任和义务通常基于确保飞机顺利交付,确保飞机持续适航,确保运营安全、经济、可靠等原则,因此主要分为以下几个部分,即技术支持、航材支持、维修支持、出版物支持、培训支持、飞行运行支持、担保索赔支持及地面设备支持等。供应商对于飞机客户的支持工作,也将基于客户服务协议中约定的以上几大类责任及义务,围绕项目计划,结合客户实际需求有序地展开。

动力装置在适航体系中属于单独取证的系统,与飞机需按 CCAR-25 部取得型号合格证不同,发动机取证的依据为 FAR-33 部。从商务上来讲,发动机及动力装置系统供应商与主制造商对客户的地位类似,都属于型号合格证持有人并集成了大量子系统,因此需要单独面对客户并与客户就发动机运行支持签订通用协议及补充协议。当然,动力装置系统供应商与主制造商签订的客户服务协议也约定了动力装置供应商在发动机级和飞机级的各个研制阶段对于客户的责任及义务。

对于非重要系统中需要进行售后服务的,主制造商或客户通常与其签订简化版的客户服务协议,常规客户服务协议中的部分条款将视情况应用于上述协议。

机体结构类供应商的产品的客户为主制造商,在产品交付给主制造商后,其产品将被视为飞机取证构型的一部分,由主制造商承担客户服务的责任及义务。

对于标准件、耗材、航化品等,由于其产品的市面可得性以及不可维修的特点,通常此类供应商不承担售后服务职能。由客户根据自身需求与对应供应商签订单独的服务合同。

10.6.3　供应商履约管理

根据与供应商签署的供应商客户服务协议，与供应商协商制订《供应商产品支援计划》，监督供应商履行客户服务责任与义务，并落实供应商交付物计划和客户支持计划。

1）供应商航材支持

在飞机正式交付客户前与各系统供应商召开首批推介会，在首批推介会召开之前与供应商确认初始航材推荐清单，在会上按每个系统工作包逐一对接讨论，最终确定推荐数量。首批推介会结束后，按照首批推介清单（RSPL）中既定的价格和交付周期向供应商采购订单，并跟踪到库情况。按供应商客户服务协议约定，到飞机投入运行前，初始航材清单中一部分要及时到位，影响飞机放行的航材备件均已到位。事实证明，在新机型投入运行初期，由于排故程序的不完善等原因，部件拆换间隔小于其理论设计值，因此为新机型 EIS 准备的初始航材是十分必要的。

2）供应商维修支持

供应商管理团队牵头，联合适航、质量、维修工程等团队，一直着力于推动供应商维修站取得 CCAR-145 部维修资质，并将 ARJ21 飞机装机部件纳入其维修能力清单。至 ARJ21 飞机投入载客运行时，超过 90％的机载系统件均可保证至少有一处符合 CCAR-145 部规章的供应商维修站进行修理。飞机载客运营后，随着 ARJ21 飞机机队规模的扩大和部件维修需求的增长，越来越多的第三方维修机构对将 ARJ21 飞机部件纳入其 CCAR-145 部维修能力清单表现出了浓厚的兴趣，供应商管理团队仍将继续与供应商、局方以及主制造商其他团队密切配合，推动更多的 ARJ21 飞机部件维修站建设，让客户能够更方便、经济地对机载系统件进行维修和检测，保障 ARJ21 飞机的安全顺畅运营。

3）供应商出版物支持

按照项目计划及客户服务协议的要求，供应商在客服工程研制阶段，对技术出版物提供了数据模块、系统原理图等输入。在 ARJ21 飞机载客运营前后，供应商管理团队协调供应商客服工程团队，对于飞机级技术出版物缺失的程序和标准进行了补充，并以起落架减震支柱内筒密封圈更换为契机，协调供应商支持了技术出版物中部分程序的机上验证工作，取得了良好的效果。

4）供应商技术支持

供应商的客服工程团队已在 EIS 阶段建立全天候、高效、准确的工作对接机制。主制造商的快速响应工程师负责判断客户反馈的技术问题的性质并对问题进行跟踪、关闭和回访。

当内部或外部客户通过生产厂家快速响应系统或其他方式提出服务请求时，

通常接口为主制造商或动力装置供应商的快速响应/客户服务技术平台。这两个平台接收到服务请求后,会首先要求问题提出者明确一些关键信息,如飞机尾号、航班号、故障描述、故障件件号、序列号及装机时间,事件发生的时间、地点、飞机状态、注册号、航班号及问题提出人联系方式等。

随后,服务请求接收人会根据工作流程、手册以及自身经验判断问题的紧急程度、答复形式,并按需请求生产厂家内部其他团队或供应商的协助。对于影响飞机放行的超手册问题,在双方客服工程团队的协调下,双方工程部门可直接进行讨论。讨论的结果,仍通过客服工程团队反馈到生产厂家快速响应中心,由快速响应中心直接答复客户。供应商管理项目经理需要及时知晓涉及系统供应商的技术问题,确保双方客服工程团队按问题处理流程解决问题,并在出现沟通障碍时给予必要的协助。

技术支援的另一个很重要的方面是供应商技术服务代表的驻场服务,即对客户提供现场技术支援。ARJ21飞机投入正式运营时,几家重要系统供应商都派驻现场代表,其中动力装置供应商较为特殊,按行业惯例,其在客户运营基地通常有常驻现场代表。这些供应商现场代表均由行业经验丰富的工程师担任,熟悉ARJ21机型及相应机载系统,部分现场代表拥有CCAR-147部基础机务执照,能承担部分需实际操作的工作。同时,供应商现场代表拥有良好的沟通技巧,能很好地完成相应的工作,并在其期满撤离客户运营基地后,能按照与主制造商及客户建立的良好沟通机制,继续开展客服技术支援工作。

5) 供应商培训支持

除按客户服务协议提交飞机机载系统Ⅱ类培训材料,以便通过主制造商执行对客户相关人员的ARJ21飞机系统熟悉性培训外,部分供应商还应客户需求,在客户服务协议中承诺,并实施了专项培训,包括了动力装置系统的发动机维护培训、孔探培训、导航系统的导航数据库培训等。此外,应客户请求,经供应商管理团队协调,主要机载系统的供应商在飞机投入运行后,对客户的维修工程师、机务及放行人员进行了系统特性及维护经验分享。客户航材维护人员、系统工程师等都参与了该培训。这也是供应商管理团队充分了解供应商资源的前提下,积极响应客户需求,灵活协调供应商对客户服务协议以外的临时客户需求做出响应的一个很好的范例。

6) 供应商飞行运行支持

供应商按客户服务协议的相关要求,对于客户航务、运控、飞行等部门提供必要的技术支持。这类支持在飞机正式投入运营阶段有两个亮点。第一是动力装置供应商派出团队,向客户讲解了ARJ21飞机减推力起飞的必要性,并直观地展示了合理执行减推力起飞程序在降低燃油消耗、减少发动机时寿件超负荷运行,进而降低维护成本上的作用。在客户要求下,主制造商与通用电气公司(GE)一起进行了ARJ21减推力起飞程序的验证试飞,试飞数据将被进一步分析,最终落实在FCOM

及 AFM 等手册中,成为飞行员标准操作程序的一部分。二是航电系统供应商与导航数据包供应商对于导航数据库系统的优化。

7)供应商担保索赔支持

正常情况下,客户对其故障装机件拆卸后,应送至供应商指定维修站进行修理,部件尚在担保期内的,由供应商担保经理确认后,进行索赔修理,已经超过担保期的,进行 CCAR - 145 部管辖修理。供应商对于修理周期也有保证时间,预计修理时间超出保障时间的,供应商通常会免费提供交换件供客户运营使用。

8)供应商地面设备支持

供应商在飞机交付客户前提供了 P 类 GSE 的图纸、清单及使用说明,协助主制造商 GSE 团队完善了 ITEM 手册,并支持了部分 GSE 的机上验证及设计优化工作。在飞机正式投入商业运行前,所有 GSE 均为可用状态。

10.6.4   供应商客户服务评价管理

10.6.4.1   KPI 设置原则

为了使 KPI(以下简称"指标")能够更全面、客观、真实地反映供应商的客户服务绩效,在设定供应商客户服务评价指标和指标等级时应遵循以下原则。

1)指标动态可调

指标体系中的所有指标及指标权重动态可调。调整包括指标的增加、删除及指标权重的更改、指标等级定义的更改。调整应在评价周期开始前提出。指标的调整由相关业务部门提出、供应商管理部会签,供应商管理部主管公司领导批准。流水号编号规则为 4 位年份加 3 位顺序号。

2)指标分类

指标分定量指标和定性指标。定量指标由相关业务部门根据评价指标定义中的计算公式计算出数值,再根据等级定义确定单项等级。定性指标由相关业务部门根据评价指标和等级定义确定本季度供应商在该项指标上的单项等级。

3)指标不适用情况

若该季度某项指标没有数据或信息支持导致该项不适用,则填写"N/A"。在计算最终分数时,无须计入该项得分,该项指标的权重也不列入计算。

4)备注

若该季度某项指标得分为小数,则采取四舍五入原则得出分数。

5)指标权重

指标权重以数字 1、2、3、4、5 表示。数字越大,代表该项指标重要性越高。

10.6.4.2   指标体系

1)指标层级

供应商客户服务评价指标分为三个层级。一级指标为质量、交付、服务。质量下设可靠性、符合性两个二级指标。交付下设交付绩效二级指标。服务下设工程支持、培训支持、航材支持、项目支持四个二级指标。

2）供应商考核结果计算方法

相关业务部门确定单项指标等级。

供应商得分＝∑（单项指标权重×单项指标等级）×100/（∑ 单项指标权重×5）。

供应商得分总分为 100 分，按照供应商得分确定考核结果，如表 10-1 所示。

表 10-1　考核结果表

得　　　分	考 核 结 果
［90，100］	优秀
［80，90］	良好
［60，80］	及格
＜60	不及格

供应商客户服务协议上的指标大都建立在一定的机队运营规模基础上，才能进行相应的计算和衡量，以检查供应商的指标是否达到合同规定的要求。如有不合乎要求的指标则按照规定令其整改，并在双方商讨一致的周期内完成改进。持续改进是进行供应商评价管理的主要目的。

10.7　本章小结

本章所述，可以实施型号研制过程及交付运行过程供应商客户服务管理，供应商客户服务管理技术包括：

（1）制订客户服务供应商招标选择标准及管理文件。

（2）编制供应商招投标文件。

（3）编制供应商客户服务协议，完成协议谈判。

（4）编制供应商客户服务交付标准及交付计划并组织实施。

（5）实施供应商履约管理。

（6）实施供应商客户服务评价管理。

主制造商客服工程团队通常按照业务划分，以客户服务协议作为具体交付项目输入，以工作说明书作为交付指标输入，以客户反馈作为修正及优化交付物清单的输入，直接与供应商客服工程体系中的对应团队进行直接对接和定期讨论，讨论将进一步明确供应商客户服务交付物的项目、清单、交付标准，并作为供应商评价工作的参考。客户服务交付物梳理的输出产品通常为直接交付客户的实物（航材、地面设备等）、手册及基于其他载体的技术资料、培训课程等，以及对主制造商运行支持体系的有力补充、能力提升等无形交付物。

供应商管理项目经理对供应商客服工程研制的输入输出关系、沟通渠道等项目要素进行有效管控和积极干预,做到盯人、盯项目、盯节点、盯落实,并及时收集和分析客户和内部客户的反馈,做好项目经理的工作,确保交付物合理、合格、按时交付。在此过程中,供应商管理项目经理通过组织定期例会、组织内部需求讨论会的形式确保需求合理并得到双方确认,并通过CCM、看板等工具监控交付物准备进展,并在项目层面承担承上启下的职责,要及时发现双方沟通中的问题并与对方客服项目团队协调,对于超出职责范围的风险及分歧,需要及时向团队领导及项目领导进行汇报。供应商管理项目经理要确保供应商客户服务的最终输出物,既能满足主制造商需求、供应商能够运用合理的资源实现,又能支持客户安全、顺利地运行国产民机。

11　数据管理与服务

11.1　专业简介

11.1.1　数据管理与服务

客户服务数据管理全面负责客服相关工程数据、试飞数据、客服产品数据和运营数据的管理和分析,通过建立数据和构型管理体系,为飞行工程、维修工程、运行工程等客服工程相关研制方和客户提供数据支持和服务。

数据管理贯穿整个产品生命周期内的数据版本和构型管理、BOM管理和制造等。同时,作为民机主制造商(OEM)和运营商的数字化服务接口,通过构建数字化服务平台,提供一站式的信息服务、技术服务和商务服务。

数据管理与服务专业的主要目标和核心任务是利用产品数据管理方法和工具缩短客服工程研制周期,通过构建不同领域的产品视图,实现产品数据的记录和关联,保证产品设计和产品实物之间的符合性和可追溯性,同时加强信息交换,提升产品研制协同。型号运行支持主要任务是:

（1）实施运营数据采集与管理。

（2）构建客户服务单一数据库。

（3）构建客户服务在役数据库。

（4）实施客户服务产品构型控制。

（5）建立数字化客户服务平台,提供网络客户服务。

11.1.2　数据管理与服务技术

数据管理与服务技术是指对研制工程数据、产品数据、试飞数据和运营数据进行分类、编码、存储和维护的技术,同时还包含数据挖掘和分析技术。

数据管理与服务包括数据管理技术和服务技术两大类。其中数据管理技术包括产品数据管理技术、数据集成和交换技术,主要用于解决数据的协调获取、数据的分散存储、数据版本控制、数据有效性控制和数据共享等问题;数据服务技术包括大数据分析技术、数字化服务技术等,主要用于解决数据处理和数据分析利用等问题。

11.2 数据管理技术

11.2.1 产品数据管理

产品数据管理工作围绕的对象主要是飞机产品,基于飞机产品整个生命周期过程展开。客服工程开展产品数据管理工作同样关注飞机产品,只不过相比于设计、制造等领域,除飞机以外,客服工程还关注飞机系统的保障支持子系统。具体而言,客服工程产品数据管理工作所关注的范围包括飞机产品、飞机产品的保障支持系统以及相关服务产品。

产品数据管理的核心工作主要包括数据管理机制建立、数据管理相关规定制定、客服工程数据管理对象分析定义、客服工程数据管理系统平台及工具设计以及项目全寿命周期内的数据协调跟踪和维护工作。客服产品数据管理体系如图 11-1 所示。

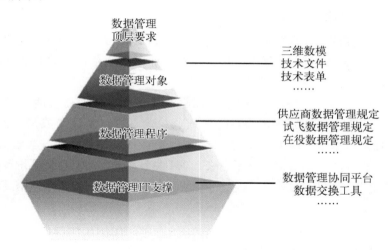

图 11-1 客服产品数据管理体系

客服产品数据管理体系将包含数据管理顶层要求、数据管理对象、数据管理程序以及数据管理 IT 支撑四大部分。从产品数据管理对象来说,基本由文件和图样构成。

1) 管理要求

(1) 应明确项目在业务顶层规划时包含数据相应要求,包括数据管理职责、数据管理组织架构等相关要求。

(2) 应明确数据管理对象的类型、来源、用途等相关内容。

(3) 应根据不同的数据管理对象制定相应的管理规定,用于规范相关业务人员的数据获取和处理流程。

(4) 应统一协调各业务系统的设计架构,以保障客服工程研制过程中数据的同步更新、数据的版本可控、数据的唯一有效和数据的可追溯性。

2) 管理要点

数据分析作为产品数据管理的前期核心工作,通过对大量的初始数据进行分析,按照相关要求对数据进行预处理等工作,提取重要数据信息,从而使各业务能够快速准确的定位和使用其需要的数据,根据客服各业务需求开展数据分析与定义工作,主要包括:

(1) 掌握各业务所需具体数据类型、数据来源、数据载体、数据用途。

(2) 清晰定义各类数据如供应商数据、工程设计数据、试飞数据等受控清单。

(3) 基于设计工程、制造等数据,分析并重构客服数据产品结构,建立客服单一源数据库。

(4) 基于工程数字样机,装配建立客服维修数字样机基本框架,并提供相应轻量化数模。

11.2.2 数据集成和交换

在项目全寿命周期内,客服业务(如技术出版物、航材备件、飞行/机务训练、维修工程分析等)需要大量的数据来开展工作且各业务活动是相互关联的,即各业务之间存在输入、输出关系。

数据交换技术旨在实现产品数据在各业务之间及时准确高效地流转,降低数据冗余度,减少人为数据采集错误,建立安全、稳定、可靠、便捷的数据交换及数据共享机制,保障数据唯一性及数据及时准确地流通。数据交换将以客服数据总线为基础,通过总线实现各数据管理平台、SBOM 业务系统、维修工程业务系统、技术出版物业务系统、航材支援业务系统、飞行训练业务系统之间的数据通信。

1) 管理要求

(1) 应预留数据集成接口。

(2) 应具有循序统一的数据标准。

(3) 应确保各系统间数据的实时同步性。

(4) 应确保数据的唯一性。

(5) 应保持数据的可追随性,通过可追随性实现数据的更新源,从而为确保数据的唯一性、一致性打下基础。

(6) 应实施交换历史数据管理,借以提供历史数据查询、数据过程追踪、数据一致性检查等功能。

2) 管理要点

数据集成与交换应基于明确的业务数据流,同时各业务的数据形式应以结构化数据为主。

各业务在系统开发过程中应遵循相应的数据交换标准(如 ASD 1003X 等),并根据实际业务,对标准进行裁剪,从而制定公司统一的数据交换规范和业务规则。

11.3 客服工程构型管理技术

11.3.1 客服工程构型管理

1) 管理要求

(1) 在设计优化更改中全面评估更改对客服业务的影响,保障设计更改有益于客服工程或更改妥协中从负面最小限度地影响客服工程。

(2) 在工程分析或实际运营过程中发现有必要改善提高维修性、飞行可操作性等方面的需求时主动发起设计更改,经设计方同意后,由设计方提出可行的更改方案并在飞机上贯彻。

2) 管理要点

对于涉及客服产品的工程更改,飞行操作、航材工程、维修工程等专业需评估更改方案的内容是否完整,明确客服的航材备件及航材订单情况、涉及的航材成本、在役飞机老构型航材支援、对客户造成的成本影响,是否更改 GSE 相关设备,对模拟机的硬件设备影响、软件逻辑影响和在役飞机的贯彻方式等。详细评估准则如表 11 - 1 所示。

表 11 - 1　客服各专业更改评估准则

客服专业	评估内容	评估要求
飞行操作专业	工作负载	是否影响飞行工作负载和增加飞行负担等
	操作程序	是否涉及操作程序的变更,是否增加操作程序的复杂性等
	驾驶舱操作理念	是否符合驾驶舱操作理念
航材工程专业	库存情况及成本	是否存在已入库或正在入库的航材备件、审查设计方是否给出航材库存件的处置意见(当涉及供应商谈判时,要求一并考虑上飞公司和客服公司意见)、库存件的成本
	订单的影响	是否已发出订单,订单内容可否修改
	在役飞机老构型航材支援	新构型的航材采购或旧航材的升级周期是否满足航线要求
	SB 件的成本	对于 SB 件的成本估算
	SB 件的采购周期	对于 SB 件采购周期的估算,是否满足航线运营
维修工程专业	维修任务	工程更改是否导致 MSG - 3 分析产生任务的新增和删除
	维修成本	定性分析
	GSE 设备与工具	工程更改是否导致 GSE 设备与工具的新增、删除或更改

客 服 专 业	评 估 内 容	评 估 要 求
改装方案专业	外场实施方案可行性	在役飞机更改方案是否满足外场实施
培训设备专业	FFS	设备硬件、逻辑软件、试飞数据、经费
	F/MTD	设备硬件、逻辑软件、试飞数据、经费
	IPT	设备硬件、逻辑软件、经费
	乘务训练器（客舱、舱门、灭火等）	设备硬件、逻辑软件、经费

11.3.2　客服产品与飞机构型符合性管理

保证客服产品与飞机构型的一致性是客服工程构型管理的核心工作，也是客服产品在航空公司工作中可用、好用的根本前提。建立起一套行之有效的客服产品符合性管理方法和与之相匹配的软/硬件系统工具，是保证客服产品的构型高符合率的重要前提，也是保障客服工程各项工作有序、高效开展的前提。

1）管理要求

（1）应从客服工程顶层至各客服专业建立一套完整的构型更改（包含设计更改与制造偏离）落实管控程序体系文件。

（2）应制订一套成熟有效的构型比对审核方法，定期对客服产品进行比对审核，对不符合项监督专业进行整改，闭环关闭审核工作。

（3）应形成一套符合管理要求与流程的信息化系统，高效、可靠地开展客服产品构型符合性管理工作。

2）管理要点

从繁多的客服产品中梳理出与飞机构型有关联的客服产品，明确受控对象，对受控对象开展控制要素、构型基准、构型文件清单、有效版本、受控途径、落实载体、构型控制要求等方面的分析。

做好对客服产品源数据管理。首先，对源数据类型（技术文件、装配安装图纸、零件图、原理图、线路图等）、源数据标识（图纸、文件编号）、源数据更改载体（EO、DEO、FRR、代料单、SB等）进行有效的梳理、管控。其次，需明确以上源数据的来源（提供方）、存储位置和输入输出关系。

客服产品构型更改管控是多级管控的综合结果，应制订客服各级、各专业的更改控制流程与更改落实程序，明确各级、各专业管理要求，包括更改落实活动中的职责分工、更改对象、工具途径、方式方法以及标准法规。

通过制订客服产品构型审核规定，明确需构型符合性审核的客服产品、符合性审核的方法、审核流程和整改措施，定期在一些项目里程碑节点（如单架机交付、TC构型的更新等）开展符合性审核比对工作，确保交付客户时客服产品的构型符合性。

11.4 数字化客户服务技术

目前,国际主流民机主制造商均采用网络平台为客户提供数字化服务,如波音公司有 MyBoeingFleet 网站,空客公司有 AirbusWorld 网站,且其网络平台在客户服务中发挥着举足轻重的作用。

数字化客户服务实际上是客户服务支撑体系在网络上的延伸,主要用于向特定对象(包括民用飞机客户、供应商、合作伙伴)及时传递各类个性化信息,同时也涉及民用飞机用户和制造商之间的数据交互。通过该技术的应用,客户可以随时查阅服务通告、飞机维护文件、飞机操作资料、GSE 图纸、飞行运营信息、培训信息、备件信息、构型信息、供应商信息等,同时还可以完成在线文档修订、SB 执行反馈等客户与主制造商之间的信息交互。理论上来说民用客户制造商向客户提供的服务项目在网络平台上都应该得到体现。

1) 技术要求

(1) 应改善用户体验(服务数字化)。

(2) 应提高服务处理效率(流程的自动化)。

(3) 应提高信息获取速度和分析能力(无纸化)。

(4) 软件即服务提供电子化增值服务(SaaS 模式)。

(5) 应开放标准及服务导向架构加强对合作伙伴和客户的管理。

2) 技术要点

具体提供以下数字化服务:

(1) 数字化培训:提供培训课程、培训计划相关资料和文件的查询与下载,以及培训学员信息、课程信息和成绩的查询;提供学习管理系统的接入服务。

(2) 数字化航材支援:提供航材供应相关资料、文件的查询与下载;提供航材管理系统的接入服务。

(3) 数字化市场与商务:提供客户服务目录等商务资料、供应商信息的查询与下载,发布客户 EIS 计划及进展,进行客户关系管理、担保索赔管理以及满意度调查和报告。

(4) 数字化手册:提供技术出版物的查询、下载、客户修订申请等服务,以及供应商手册、文件的查询和下载。

(5) 数字化维修与工程:提供维修相关资料、文件的查询与下载,提供 SB、SL、FTAR、OIC 等工程技术文件的查询、下载和反馈等服务;提供快速响应系统和机队可靠性管理系统的接入服务。

(6) 数字化飞行运行支援:提供飞行运行相关资料、文件的查询与下载,提供 FCOMB、FOT、OEB、ROEB 等飞行运行文件的查询与下载。

(7) 数字化监造与交付:提供 ARJ21 飞机监造与交付文件的查询与下载,航空公司飞机信息查询和客户输入项的录入;提供客户疑问处理系统的接入服务。

11.5　数据管理与服务技术应用

11.5.1　运营数据库

1) 研制任务与目标

ARJ21 运营阶段过程中除了运营数据,各工程环节对飞机仍会产生大量的工程数据,包括设计人员提供的技术文件,制造车间提供的工艺数据,客户服务工程中的维修工程分析、技术出版物编制、航材工程、培训工程等产生的客服产品数据,以及签派数据、维修指令、可靠性数据和运营保障等数据,其中大部分数据仍以传统的文本形式进行编制,且针对试飞研制过程中的特殊工作环境,仍大量地采用纸质数据记录方式。上述方式对于数据的提取、录入等数据采集工作造成较大的工作量,且人为差错率较高,同时也制约着后续各数据的集成与交互工作开展。

通过对运营中产生的半结构化、纸质文件等结构化处理分析工作,同时基于各业务数据需求以及结构化数据规则,架构结构化数据库,建立数据间实际关联关系,实现数据集成整合工作,并与 SBOM 进行系统集成,包括数据定义、数据审批及发放、数据分类及数据权限等控制。该系统的目标是数据管理颗粒层级进一步细化,通过对数据的结构化定义、捕捉到数据整合,真正意义上实现数据层面的集成和交互,并采用获取、访问、管理、保护和使用等措施,确保数据能够准确反映技术状态管理的过程和结果。该平台的主要功能如下:

(1) 实现数据结构化模板自定义和数据结构化功能。

(2) 实现 PDF、图片以及扫描件等数据的捕捉功能。

(3) 建立结构化数据库,实现各数据间关联。

(4) 实现运营数据反馈机制。

2) 采用的技术

由于运营数据产生过程的业务特性,大部分数据为现场记录数据,故在数据提取方面存在较大的人工量,因此运营数据库将主要采用 OCR(文字识别)技术对扫描数据进行数据提取,同时通过采用结构化数据技术,通过分析对数据进行结构化分析与模板建立,为后续数据的调用、集成、反馈等奠定基础。

3) 技术创新点

运营数据库的创新点主要包括手写 OCR 数据识别、运营数据结构化分析与处理、运营数据反馈机制的建立。

11.5.2　客服单一源数据库

1) 研制任务与目标

构建 ARJ21 客服单一源数据库,主要工作目标是从客服工程研制与运营保障角度出发,基于设计工程物料清单(EBOM)、制造物料清单(MBOM)和故障拒收单(FRR)等系列数据进行数据集成,从而创建 SBOM,为后续客服各业务的开展提供有效的数据依据。

ARJ21 飞机客服工程 SBOM 的整体架构如图 11-2 所示,服务 BOM(SBOM)从工程 BOM(EBOM)中获取全架次飞机的设计构型数据,包括但不限于产品结构、图号、成品件号、标准件号、生效架次、对应 EO 版次和客服工程所需的技术报告等;制造 BOM(MBOM)为 SBOM 的重构提供相应的数据参考,包括但不限于超差偏离数据、装配指令等。SBOM 为 ARJ21 项目客服工程研制提供上游的设计和制造源数据。此外,客服产品属性数据,包括维修工程分析数据和航材属性数据等,将反馈至 SBOM 中集成,以满足客服工程各专业间的数据流转与共享。

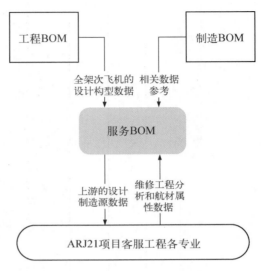

图 11-2   ARJ21-700 飞机客服工程
SBOM 的整体架构

2)采用的技术

ARJ21 项目 SBOM 基于 ARJ21 工程设计的《新型涡扇支线飞机项目文件和工程设计图样管理制度》构建,SBOM 应能从设计继承相应的产品数据结构与相关属性信息,并以全架次进行管理,同时具备单架次产品数据的查询与导出功能,且能体现维修产生的相应属性信息。

ARJ21 项目 SBOM 作为客服各专业所需数据的单一源,由于数据类型与数据量较为复杂和庞大,在数据库的建立上主要采用数据库技术,用于组织和存储数据,并依据专业数据结构特点建立相应的数据库,从而实现数据的增加、删除、处理、分析等数据管理和数据挖掘功能。

3)技术路径与技术创新点

结合 ARJ21 项目中客服产品的实际研制情况,ARJ21 项目的 SBOM 采用的产品结构的示意图如图 11-3 所示。其中系统视图中的产品结构树的系统/分系统/分分系统/单元体的划分依据采用 ARJ21 项目统一编号规则;下载视图中的顶层图/零件图来自对《ARJ21-700 飞机主要图样清册》的重构。

为向 ARJ21 项目客服工程各专业提供准确、完整的源数据,SBOM 需具备以下业务功能:设计图样及工程更改指令等数据的搜索与下载功能、产品结构的编辑功能、属性数据的集成功能和技术文件包功能。

ARJ21 项目 SBOM 的创建将最大程度地解决客服数据管理中出现的数据不匹配、数据冗余、数据使用接口复杂等问题,从底层确保各业务顺利开展。

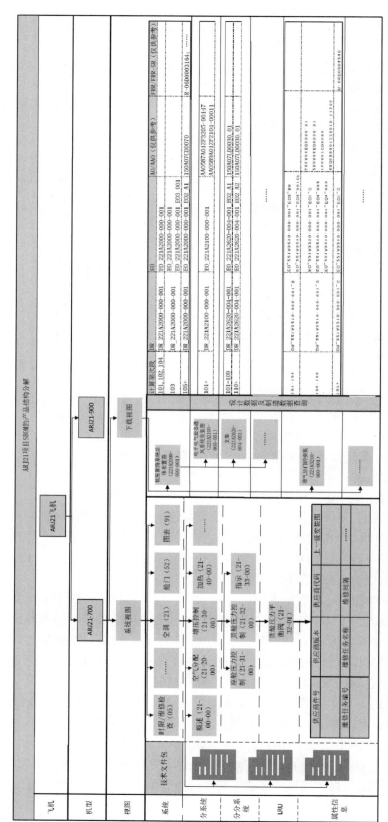

图 11-3 SBOM 的产品结构示意图

11.5.3 客服产品构型控制

1）研制任务与目标

建立一套完整的客服产品构型控制机制、可行的构型控制方法、有效的工具系统软件,实施客服工程范围内的客服产品及业务(含手册、航材、培训资料及设备等)的构型管控,以保障客服产品与飞机构型的符合性。

2）采用的技术

(1) 受控客服产品分析。

梳理与飞机构型强关联的客服产品,作为客服产品构型管控对象,并对管控对象开展控制要素、构型基准、构型文件清单、文件版本、受控途径、落实载体、构型控制要求文件等方面的分析。

(2) 飞机构型定义指令文件梳理与客服产品工程输入源数据管理。

梳理出定义飞机构型的指令性文件,如工程构型的图纸 EO、制造偏离的 FRR 代料单、在役飞机的 SB 执行情况等,明确客服产品管控的构型输入。对客服产品开展源数据管理,对源数据类型(技术文件、装配安装图纸、零件图、原理图、线路图等)、源数据更改载体(EO、DEO、FRR、代料单、SB 等)、源数据所在平台(CPC、M 立方、CIS)、源数据提供方、源数据图样编号或者文件编号、输出产品类型进行梳理管控。

(3) 落实构型更改的管控。

制订顶层落实控制管理规定与各客服专业级管理要求,明确客服产品落实构型更改的正式载体、落实周期、管控工具与系统。

(4) 客服产品构型更改落实软件系统。

该系统是客服中心开展客服落实飞机构型更改的核心系统,是一套集落实任务自动触发、管理人员分发、工程师处理、负责人审核、管理人员确认关闭的闭环管理平台。系统应界面简洁、操作使用便利、所有流程节点信息状态全部可查、所有更改落实情况均可以通过报表形式导出。

3）技术创新点

民机领域已具有完整的构型管理理论,但通常仅限于设计工程领域,并不包括客服工程领域的构型管控。本书所涉及的构型管理工作可定义为民机构型管理理论首次在客服工程的实践和应用。重点开展对客服工程与设计工程、制造工程进行协同和并行研制工作的研究。

通过研究国际规范 EIA649 及国外民机主流主制造商相关构型管理资料,形成了一套完整的客服工程构型控制要求和流程,并将其应用于客服工程领域,同时开发了客服工程构型控制实施平台,保障了服务构型与飞机构型的一致性、可追溯性和可控性,保障了客服构型数据之间的协调性。

4）研制成果应用

构型符合性管理方法已全面应用于 ARJ21 项目客服工程研制,并且形成了相应的质量程序文件与相关管理规定文件。构型符合性管理系统正式上线，可实施工程更改落实和审核，并可定期导出工程更改落实任务汇总清单，定期审核各专业不同阶段性任务完成情况，该系统的运行有力保障了飞机运营阶段客服构型与飞机构型的符合性。

11.5.4　客服在役数据库

1) 研制任务与目标

建立全寿命周期的带产品结构树的单机构型数据库，用于快速、准确地确定飞机构型状态。构建该系统的目标是使系统既可供中国商飞公司内部查询单机构型状态又可作为提供客户的服务产品，为客户支援提供构型数据支持。

2) 技术指标

数据库对全生命周期对应的设计构型、制造构型和在役飞机构型共 3 段构型状态进行跟踪记录，可完整清晰地展示飞机完整生命周期的构型状态。针对不同架次构型状态不同的情况，数据库采用单架机独立记录构型信息。针对影响在役飞机构型状态的服务文件部分，对已发布的服务文件和客户已反馈的服务文件贯彻情况均进行存储记录。

3) 采用的技术

(1) 数据库建设方法。

以工程 EBOM 为单机构型数据库的视图基础框架，对 LRU 级零组件补充分解至 LMP 级的设计构型定义；在视图基础框架产品结构树件号节点上关联制造产生的构型偏离；在单机交付时冻结飞机交付构型，飞机服役阶段在交付构型基础上关联在役飞机发生的构型更改；数据库存储所有对飞机构型状态有潜在影响的工程类与飞行类服务文件。

(2) 系统框架。

ARJ21 飞机客服单机构型数据库需具有以下功能模块：

a. 产品结构树显示模块。

b. 工程信息、机载软件信息、制造偏离、在役飞机构型信息显示模块。

c. 产品结构树编辑模块。

d. 客服业务属性创建编辑模块。

e. 服务文件存储库模块。

系统产品结构树界面如图 11 - 4 所示。

服务文件存储库界面如图 11 - 5 所示。

11.5.5　数字化客户服务平台

1) 研制任务与目标

民用飞机数字化客户服务系统(Customer Integrated Service of Civil Aircraft, CIS)是将"互联网＋"理念与传统民机客户服务领域结合形成的数字化、网络化、智

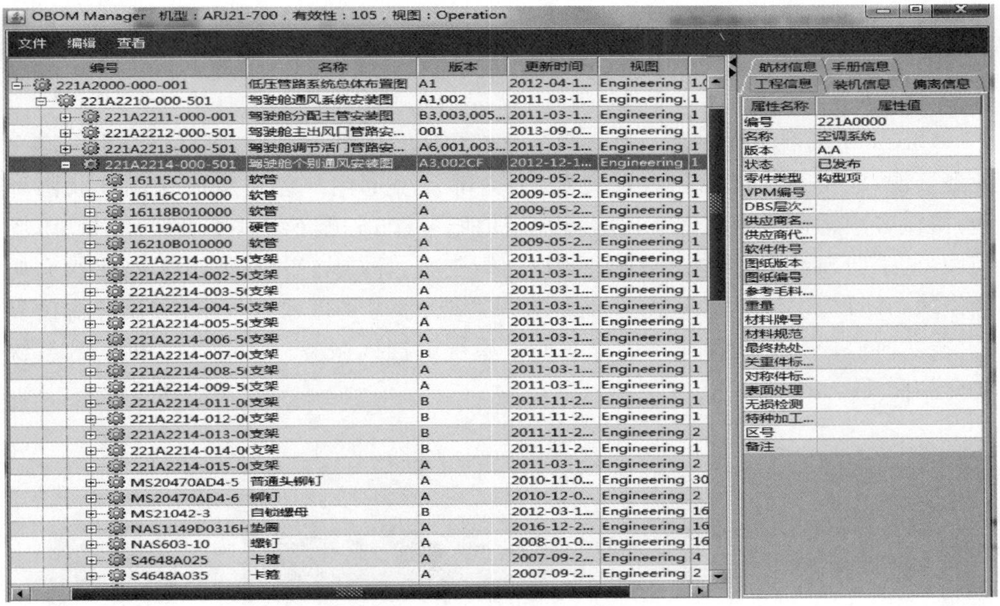

图 11-4 系统产品结构树界面

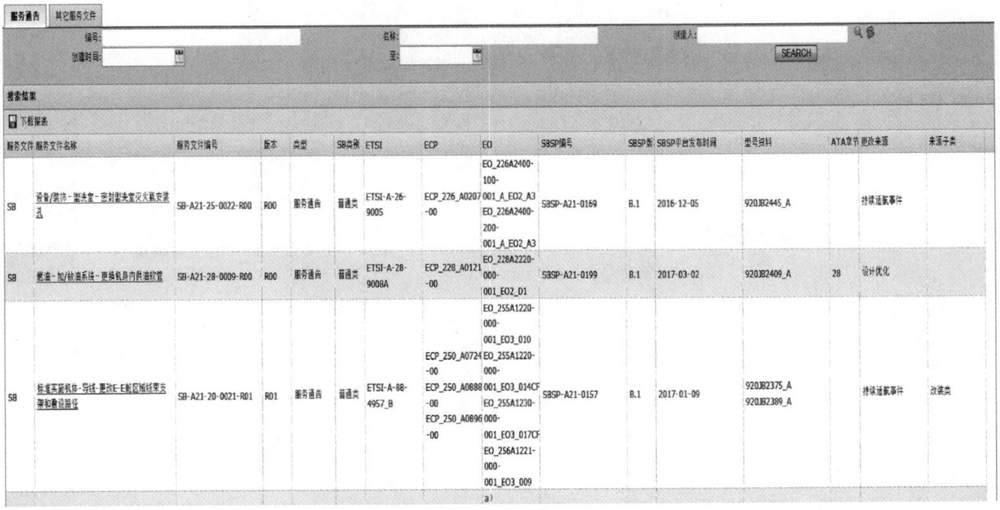

图 11-5 服务文件存储界面

能化载体,是中国商飞向航空公司、供应商、局方及合作伙伴等客户提供 ARJ21 飞机相关信息服务、技术服务、商务服务的互联网平台,为 ARJ21 飞机运营人提供快速、高效、安全的数字化服务。

CIS 的主要目标是为航空公司客户提供一站式、全天候、7×24 小时的在线客户服务。客户通过 CIS 获取各类客户服务信息,并向中国商飞提交客户服务需求及处理客户服务相关事务。合作伙伴/供应商通过公共服务平台获取各类信息及处理各类与中国商飞的事务。适航管理部门也通过公共服务平台获取飞机信息及处理相关事务。

CIS 是中国商飞面向客户提供数字化客户服务的核心系统，通过整合中国商飞业务资源、应用系统资源和数据资源，为内部及外部用户创造集成化的互联网环境，提供客户运营所需的数字化服务及增值服务；CIS 已经建设了培训、航材、市场与商务、手册与数据、维修与工程、飞行运行支援、监造与交付、电子文档库八大功能模块，并且提供快速响应系统、航材管理系统、学习管理系统、飞行数据分析仿真系统、实时监控与健康管理系统等业务子系统的接入服务。ARJ21 飞机 CIS 系统简介如图 11-6 所示。

图 11-6　CIS 系统简介

2）采用的技术

CIS 是由一个门户系统与一组为客户提供服务的业务系统组成。整个 CIS 的定位是一个数字化客户服务集成平台，由门户系统集成了后台其他异构的业务系统统一为客户提供服务。CIS 通过数据共享和协同工作机制将后台的业务系统集成为一体，建立面向飞机全生命周期的单一数据源的客户服务业务应用集成系统，为客户服务各部门、各环节的业务提供一体化的支持和数据集中管理。

据此设计目标设计的 CIS 架构如图 11-7 所示。

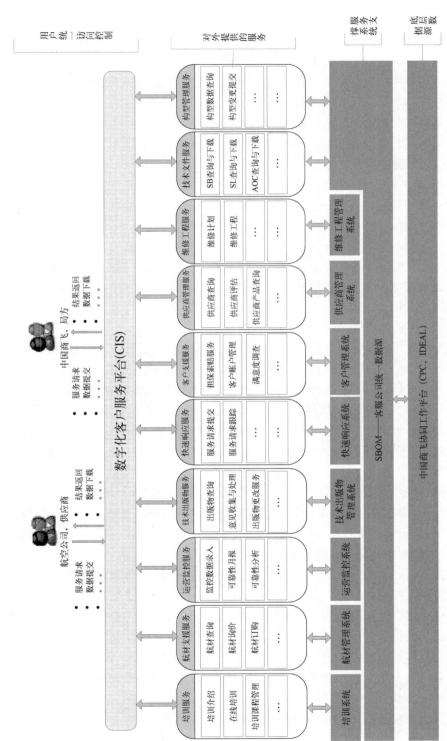

图 11-7　数字化客户服务系统架构

　　底层的数据源：在为客户提供客户支援的数据中，最重要也是最基础的数据是工程数据，这些数据主要存放在中国商飞协同工作平台（CPC、IDEAL）中。

　　服务支撑系统：学习管理系统、航材管理系统、技术出版物管理系统、快速响应系统、客户管理系统、机队可靠性管理系统、运营监控系统等为客户提供服务的后台业务系统构成了CIS的服务支撑层。

　　对外提供的服务：CIS系统的综合服务门户平台接受用户的在线请求，通过各种方式集成后台服务支撑系统的数据以及业务功能，从而把用户需要的各种数据和资源提供给用户。

　　用户访问控制层：通过门户网站授权向各种角色的信息访问发布准确有效的数据。从而使得用户可以通过CIS轻松地获得自己需要的信息和数据。

　　3）技术创新点

　　（1）CIS数据管理系统设计。

　　CIS门户系统为客户提供海量的维修文档、工程图纸等数据，需要有一个非结构化数据管理子系统，以便于管理海量的文件。但考虑到CIS门户系统未来将面临提供海量文档的需求及文档子系统的独立性，需要独立开发CIS文档管理子系统并集成至CIS门户系统中。

　　CIS门户的数据管理系统实现了与中国商飞内部数据管理平台（CPC平台）的集成，CPC平台中的数据在完成签署流程后，自动启动工作流表达式，调用FTP服务进行文件的传输，调用Webservice服务接口将文件的基本信息和文件的ftp地址传输到CIS文档平台的数据库中保存（同时后台进行文档对象的创建操作；初始生命周期状态设置为"准备"，属性按照下面的属性列表的"CIS平台IBA属性"获取），同时给CIS操作员发送消息通知。数据在CPC平台与CIS数据管理系统间的同步如图11-8所示。

　　数据的同步有效避免了人工拷贝、上传数据带来的版本控制风险，大大提升了CIS门户进行数据发布、数据更新、数据修订的效率，也很好地解决了内网向外网的数据发布、请求调用等难以解决的问题。

　　（2）CIS机队权限管理模式设计。

　　在数据管理系统中，引入了机队管理模式来进行数据对象权限控制。传统的数据对象权限控制模式是将数据与用户群组一一对应，每次数据的发布和变更行为需要进行用户权限的设置。而数据管理系统在实现与中国商飞内部数据管理平台的集成和数据自动同步之后，内部数据管理平台的数据发布人员并不了解所发布数据的具体用户权限情况，无法正确地设置数据对象权限。因此，数据在同步后还需要CIS门户的管理员再重复进行数据对象权限设置，极大地影响了数据管理业务的效率，同时也带来了一定的安全隐患。

　　机队管理模式将用户角色划分与数据发布分离开来，通过机队与用户角色的相互匹配来解决数据权限控制问题。机队将作为用户的固有属性存在，用户在建

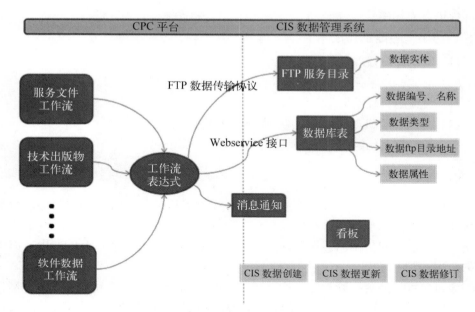

图 11-8 CIS 数据管理系统设计

立的同时就被赋予了相应的机队属性。

　　内部数据管理平台在进行数据发布操作时,只需要设置数据适用机队。数据在同步到 CIS 门户后,与用户管理中的角色控制进行匹配,同时满足机队属性和角色的用户才能具备数据的相关权限。机队管理模式的权限控制模式如图 11-9 所示。

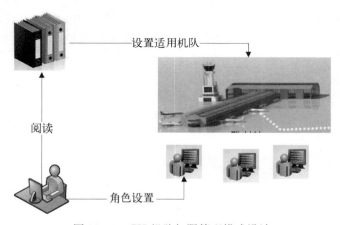

图 11-9 CIS 机队权限管理模式设计

　　通过机队管理模式,数据的权限管控由 CIS 门户角色管理层控制,提升了数据管控的效率,降低了数据管控存在的风险,同时也为后续发展、建立二级用户管理模式提供有力保障。

11.5.6　主要工作成果

（1）构建客户服务单一数据库。

（2）构建客户服务在役数据库。

（3）实施运营数据采集与管理。

（4）实施 ARJ21-700 飞机客户服务产品构型控制。

（5）基于数字化客户服务平台，提供网络客户服务。

11.6　本章小结

　　民用飞机客服数据管理与服务专业通过研究通用的数据管理、数据集成、数据分析和客服产品构型管理等技术，结合民机客服工程研制工作特点和要求，形成适用于民机客服工程研制的数据管理和服务技术，并在 ARJ21 型号上得到广泛而深入的应用。

　　通过应用产品数据管理技术建立运营数据库，全面收集来自主制造商（OEM）、客户、维修单位（MRO）和供应商的在役数据，确保了在役数据的完整性，同时以结构化方式存储数据，为进一步的数据交换和数据分析工作奠定基础；通过应用产品数据管理技术创新性地建立起客服单一源数据库，以客服工程研制角度重构产品视图，建立起飞机数据和客服产品数据的关联；应用构型管理技术完成民机客服产品构型控制机制建立，并开发构型控制实施平台；应用数字化客户服务技术，完成 ARJ21 数字化客户服务门户平台开发，集成了体系内的业务资源、应用系统资源和系统资源，为客户提供集成化的服务内容。

　　随着 ARJ21 飞机投入商业运行和机队规模的增大，数据管理和服务技术将得到更为深入的应用，技术的内涵也将得到不断完善，技术成果通过实战检验将更为完整和丰富，为后续国产民机研制提供技术支撑和系统支持。

12 适航技术与管理

12.1 专业简介

12.1.1 适航管理

申请人旨在提升过程及交付物局方要求符合程度的系列管理活动,称为申请人适航管理(简称为"适航管理")。客服工程研制过程适航管理对象为申请人航空器评审项目研制过程适航符合性及交付物适航符合性,借以提升(航空器评审)交付物局方要求的符合程度。

适航管理要素包括综合管理、符合性管理及联络与沟通管理。

1) 综合管理

基于适航管理目标,明确适航要求及适航管理要求,编制适航管理计划并组织实施、识别并控制风险进而确保适航管理目标实现。主要管理工作包括管理审定基础、管理评审政策、管理关键交付物等。

2) 符合性管理

识别并掌握局方适航要求,组织开展符合性工作及管理,提升评审交付物局方要求符合性程度。主要管理工作包括管理符合性要求、管理符合性方法、管理符合性验证、管理符合性审核、管理符合性表明等。

3) 联络与沟通管理

建立局方联络通道并保持良好协助关系,协调并解决过程适航问题。主要管理工作包括管理联络与沟通计划、管理适航会议、管理适航问题、管理适航信息等。

型号任务包括:

(1) 确定航空器评审项目及其审定基础。

(2) 制订并实施航空器评审方案和计划、联络与沟通计划。

(3) 开展局方评审政策、评审方法及流程管理。

(4) 提出符合性要求、建议符合性方法,实施符合性验证及审核,向局方表明符合性。

(5) 实施适航问题管理及适航信息管理。

（6）为航空器运营人提供适航技术支持。

12.1.2　适航管理技术

适用于适航管理过程的科学方法及方法原理称为适航管理技术。适航管理技术用以支持型号研制过程及交付运行过程的确定航空器评审项目及管理关键交付物、确定审定基础、管理评审政策；还用以管理评审过程及关键交付物的符合性，实施局方联络与沟通，发现并解决适航问题。

适航管理技术包括综合管理技术（含审定基础管理、评审政策管理、关键交付物管理）、符合性管理技术（含符合性要求管理、符合性方法管理、符合性验证管理、符合性审查管理及符合性表明管理）以及局方联络与沟通技术（含联络与沟通计划管理、适航会议纪要管理、适航问题管理及适航信息管理）等。

适航管理实践经验表明在型号适航管理活动中，坚持下述管理原则是确保交付物满足适航符合性的关键措施。

（1）刚性管理原则。适航规章是航空器最低安全要求，是航空器产品和服务进入民机市场的最低门槛，在研制工作中应予以强制执行。

（2）主动适航原则。树立全员安全意识和主动适航意识，确保航空器研制和服务全过程、全寿命期满足适航规章要求。

（3）闭环控制原则。定期检查并评估适航规章的符合性程度，按期完成整改，实现闭环管理。

除此以外，为确保完成适航管理任务，提出了下述关于人员、文件及过程要求。

1）管理人员要求

（1）应掌握局方规章要求。

（2）应掌握局方（对申请人的）适航管理要求、局方评审政策及流程。

（3）应具备必要的技术基础，熟悉管理对象过程及交付物要求。

（4）应具备基本的项目管理、技术管理知识，熟悉需求管理、质量管理及标准化管理基本流程及管理工具和技术。

2）管理文件要求

（1）应基于适航过程及适航管理过程要求，规划并定义合宜的适航管理文件，编制适航管理文件清单。

（2）应基于适航管理文件清单编制适航管理文件，所编文件应具备操作性及完备性，并满足组织关于文件的相关要求。

（3）应基于管理实践实施管理文件持续改进，使之持续满足型号管理要求。

3）管理过程要求

（1）应严格按照管理文件实施适航管理。

（2）应及时发现并处置管理过程问题。

（3）应实施管理过程持续改进。

12.2　综合管理技术

申请方适航管理工作包罗万象,管理要素间相互渗透、相互制约,某一管理要素状态变更势必引起其他要素状态的变更,抑或可能引起可交付成果的变更。综合管理旨在综合识别、定义、组合、统一和协调各适航管理要素的各种过程与活动并实施必要的管理,识别并控制风险进而确保适航管理目标实现。

综合管理技术主要包括审定基础管理技术、评审政策管理技术和关键交付物管理技术等。

12.2.1　审定基础管理

审定基础是局方航空器评审所依据的标准(评审标准),也是申请人工作标准。审定基础包括适用的适航规章及环境保护要求、咨询通告及管理规范,也可以是专用条件、豁免和等效安全结论。

对审定基础提出与确认、应用及变更等过程所实施的系列管理活动,称为审定基础管理。

12.2.1.1　管理要求

(1) 审定基础是申请人最低安全工作标准,必须予以贯彻执行。

(2) 应基于型号预计运行环境谨慎确定审定基础。

(3) 审定基础一经确定则必须执行。

(4) 任一对审定基础的偏离,皆应事先获得局方认可或批准。

12.2.1.2　管理要点

1) 确认审定基础

(1) 确定评审项目的同时,申请人应组织技术人员逐一评估、确认局方建议审定基础的适用性,按需提出修订建议(提出"专用条件""豁免"和"等效安全结论"),并报局方审查、确认。

(2) 审定基础一般基于局方相关文件确定,但申请人可以提出建议的审定基础及其相关支持文件,报局方审查同意后作为审定基础。

(3) 局方确定审定基础(评审标准),并以航空器评审问题纪要形式告知申请人。

2) 管理问题纪要

(1) 如果对局方确定的审定基础适用性有异议,应在航空器评审问题纪要"申请人立场"栏目中表明,同时提出申请人相关意见和建议(如"不适用""豁免""等效安全"等),并报送局方。

(2) 参照《航空器型号合格审定程序》(AP－21－AA－2011－03－R4)实施航空器评审问题纪要管理。

3) 应用审定基础

应逐条落实审定基础,并作为型号需求基线管理。

4）实施变更与控制

（1）发生下述情况，需变更审定基础：

a. 适用的适航规章修订。

b. 适用的其他表述审定基础的文件修订。

c. 局方要求。

（2）应及时跟踪、评估、落实局方对审定基础的修订，及时评估审定基础变更对关联工作的影响，并修订符合性文件。必要时应制订相应的工作计划。

（3）申请人提出的审定基础修订，需充分准备支持材料以说明修订理由，并及时报送局方审批。未经局方批准前，仍按照原有审定基础开展工作。

12.2.2　评审政策管理

局方（为实现评审目标）（以权威形式标准化地）制订的（局方）行动准则称为评审政策。这些行动准则规定（局方）某一时间区间内：

（1）应该达到的目标。

（2）遵循的行动原则。

（3）完成的明确任务。

（4）实施的工作方式。

（5）采取的一般步骤和具体措施。

评审政策具备下述内秉特性：

（1）评审政策代表局方意志和利益。一般而言不存在申请人"讨价还价"的余地，除非申请人提出更具说服力且已经被证实切实有效的路径或办法。

（2）评审政策具有"时效性"特征。仅在某一时间区间适用，申请人必须注意其时效性。

（3）评审政策具有"个性化"特征。仅对某一特定对象适用，不能无限外延至其他对象。

对评审政策需求、评估、确认、贯彻等过程所实施的系列管理活动，称为评审政策管理。管理评审政策时应深刻理解并准确把握局方评审政策的内涵，与局方充分沟通并达成一致。切忌仅凭片面理解而发生贯彻偏离现象。

12.2.2.1　管理要求

（1）必须准确理解并把握局方评审政策，以便"有的放矢"地开展工作，避免发生偏离。

（2）下列情况应咨询局方评审政策：

a. 局方发布新规章或提出新要求，尚未配套相应文件以说明局方评审政策。

b. 局方已经发布的规章及其配套相应的说明性文件中无明文规定。

c. 其他适用情况。

（3）下述情况申请人宜暂缓相关工作：

a. 局方评审政策未出台。

b. 申请人对局方评审政策把握不准。

c. 其他适用情况。

12.2.2.2　管理要点

1）提出需求

基于评审项目研制或持续改进过程发现问题，按需向适航管理干系人提出评审政策需求。适航管理干系人实施需求管理，确定正式的评审政策需求并提交局方，征询局方评审政策。

2）评估政策

局方评审政策出台之前，申请人按需对其初拟的评审政策开展必要且充分的研究，分析并确定申请人配合工作需求，按需向局方提出申请人立场，与局方充分沟通并达成一致。

3）确认政策

应深刻理解并准确把握局方评审政策的内涵，与局方充分沟通并达成一致。

4）贯彻政策

局方评审政策出台之后，申请人应制订相应的措施确保局方评审政策得以贯彻执行。

5）实施审核与监督

按需实施专项评审计划的变更。实施评审政策跟踪与管理，并及时将执行情况反馈局方。

12.2.3　关键交付物管理

按照审定基础及评审过程局方要求，由申请人完成、由局方评审的评审项目过程交付物与/或最终交付物，称为关键交付物。关键交付物是申请人用以向局方表明符合性的重要符合性表明材料，局方通过对关键交付物的评审，确认其符合性进而发布评审项目的评审结论。

对关键交付物实现过程（规划阶段、草稿阶段、初稿阶段、定稿阶段以及持续改进阶段）所实施的系列管理活动，称为关键交付物管理。其管理要点在于识别关键交付物及其交付标准，并获得局方认可。完成关键交付物符合性管理，向局方表明符合性。

12.2.3.1　管理要求

（1）一般情况下，应在总装制造阶段完成草稿初始编制，研发试飞阶段完成初稿初始编制，功能和可靠性试飞阶段完成定稿初始编制，市场表演阶段完成定稿并获得局方认可或批准（特例除外）。

（2）关键交付物的交付标准应获得局方认可。

（3）关键交付物报送局方评审之前，应完成申请人符合性验证及适航符合性审核。

（4）应注意关键交付物与符合性表明方案的协调。一般而言，关键交付物应作为符合性表明方案中的符合性表明材料与/或支撑材料。

（5）关键交付物实现过程中应实施局方联络与沟通，及时向局方报告进展及存在问题，以期获得局方支持，提升交付质量。

12.2.3.2　管理要点

1）识别关键交付物

（1）应基于评审项目审定基础、符合性方法，组织相关人员识别该评审项目过程一般交付物及关键交付物，其中关键交付物应与局方充分协调并获得其认可。

（2）关键交付物应列入专项评审计划予以管理。

2）确定交付标准

（1）对于局方与/或行业有明确要求的关键交付物，应将局方与/或行业要求作为关键交付物交付标准。

（2）对于局方与/或行业没有明确要求的关键交付物，应提出关键交付物符合性要求并（按需）获得局方认可后，作为关键交付物交付标准。

3）管理草稿

（1）申请人完成草稿初始编制后，应完成必要的设计审核，并将其提供给预计使用人员使用与/或验证，并实施验证管理。

（2）申请人应重复上述过程，确认草稿可被正确理解与/或具备操作性后，完成初稿初始编制并提交局方评审。

4）管理初稿

（1）应持续开展初稿符合性验证，协调局方审核初稿、配合局方验证。

（2）应按照符合性验证结果、局方审核结论及要求实施初稿的持续改进，确认初稿可被正确理解与/或具备操作性后，完成定稿初始编制并提交局方评审。

5）管理定稿

（1）应按照局方审核意见完成定稿修订，直至获得局方初步认可或批准。

（2）协调局方评审定稿，直至局方认可或批准。

6）管理持续改进

（1）应实施关键交付物设计更改影响管理，确保修订内容满足要求。

（2）应实施关键交付物持续改进，不断提升其交付质量，使之持续满足要求。

12.3　符合性管理技术

航空器产品及服务固有特性满足适航规章要求的程度，称为适航符合性，简称为"符合性"。航空器产品及服务固有特性满足使用要求的程度，称为适航适用性，简称为"适用性"。为简便计，将上述"符合性"及"适用性"统称为"符合性"。后续关于"符合性管理"的相关描述同样适用于"适用性管理"，除特别情况外不再加以区别。

借以提升(局方规章)符合程度的系列管理活动,称为适航符合性管理,简称为符合性管理。符合性管理旨在识别并掌握局方适航要求,组织开展符合性工作及管理,提升评审交付物局方要求符合性程度。

符合性管理是适航管理的核心要素,是航空器全寿命周期的管理活动,自航空器立项阶段即应开展符合性管理工作直至航空器退役为止。符合性管理包括管理符合性要求、管理符合性方法、管理符合性验证、管理符合性审核、管理符合性表明。

12.3.1 符合性要求管理

符合性要求系指带有能够满足顾客的那些特征才能够满足顾客的各种要求。符合性要求应包括:

(1) 明示的要求。可以理解为"规定的",其特征是"显含",而这些指标、准则是双方可以事先协商后确定、得到双方一致认可的。局方咨询通告(AC)、航空公司的使用要求及客户服务要求等一般属于明示的要求。

(2) 通常隐含的要求。可以理解为要求方或其他相关方的惯例或一般做法,所需要考虑的需求或期望是不言而喻的。其特征是"隐含",需要按照业内成文或不成文的规范加以考虑并作为要求的构成部分纳入要求基准。业界(包括民机主制造商及航空公司、供应商及第三方机构)的惯例可以理解为通常隐含的要求。

(3) 必须履行的要求。可以理解为法令法规、标准规范强制满足的,其特征是"强制",不存在任何讨价还价的余地(这与"明示的"存在差异)。局方法令法规(如CCAR、FAR 以及适航指令 AD 等)通常就是必须履行的要求。

关于符合性要求捕获、分析及评估、确认等过程实施的系列管理活动,称为符合性要求管理。

12.3.1.1 管理要求

1) 确定的符合性要求应满足下述要求。

(1) 完备性要求。符合性要求应涵盖确定的(补充合格)审定基础全部(含局方已经确认的豁免、等效安全、偏离等)、行业规范及客户需求,同时考虑型号研制要求。

(2) 正确性要求。符合性要求应该是正确的。每个需求应精确描述交付物功能,其功能应符合常规。应由相关方代表参与确认、检查,决定需求的正确性。

(3) 可行性要求。符合性要求应该在有限的资源(已知的能力、有限的系统及其环境)下是可实现的。核心技术人员应参与需求分析,确定技术可行性以及所需要的额外资源保障等。

(4) 必要性要求。符合性要求的每个需求都应该有相应的出处,这些出处来源于内外部顾客需求、界面或标准。

（5）明确性要求。符合性要求定义及理解不应有歧义。应采用业内规范化术语表述符合性要求，每写一个需求都应简洁、明了。符合性要求提出者应解释并确保相关方正确理解。

（6）可测量/验证性要求。符合性要求应可定性/定量测量/验证，相关方应基于符合性要求提出符合性方法，并明确测量/验证方法。符合性方法应确保其有效性。

2）基本管理原则

（1）刚性管理原则。应将符合性要求纳入型号需求基线予以管理。符合性要求文件一旦形成，任何一方皆不得轻易修订或更改以确保其严肃性。

（2）闭环管理原则。应实施必要的符合性审核/符合性验证并解决发现问题，以确保符合性要求得以落实。未满足符合性要求的产品或服务是不合格的。

（3）动态管理原则。应基于进程对产品或服务生命周期实施动态管理，及时跟踪需求变化、实施需求控制和变更管理。

3）解释权限规则

（1）局方规章、要求或建议由局方与/或适航管理部门解释。

（2）符合性要求由适航管理部门解释。

（4）符合性要求应获得局方认可。且符合性要求一经确定不得任意变更。任何关于符合性要求的变更皆应获得相关方的同意并获得相应的批准或认可。

12.3.1.2　管理要点

1）制订管理计划

应基于型号研制目标及要求，制订符合性要求管理计划（可以与型号需求管理计划合并）并直接纳入型号研制计划管理，借此实施符合性要求管理。

符合性要求管理计划是描述型号全寿命期内符合性要求收集、分析、确认、落实、审查、记录等过程管理活动准则的文件。符合性要求管理计划应切实可行且具可操作性。符合性要求管理计划一般包括下述内容：

（1）确定收集、分析及定义的技术及工具。

（2）确定需求文件编制及输出形式。

（3）确定排序规则。

（4）确定跟踪和变更、审查与监督、验收及持续改进规则。

（5）确定管理责任人及联络与沟通规则。

2）捕获需求信息

应基于下述需求信息源捕获需求信息：

（1）局方要求。包括由适航规章、咨询通告、管理程序、管理文件、适航指令等表达的明示要求；局方评审过程提出的相关要求，包括审定信函、适航会议纪要及记录等。

（2）经验与教训。包括行业最佳实践经验与教训、申请方技术或管理经验与教训、其他行业可借鉴经验与教训等。

（3）意见与建议。包括局方及行业专家意见与建议、其他内外顾客意见与建议等。

（4）行业标准或惯例等。

3）实施分析与评估

（1）应组织业内专家如飞行专家、运行专家、维修专家以及项目管理、适航管理、质量管理及标准化管理专家对归集的符合性要求信息进行分析、评估，制订符合性要求文件（草稿）。

（2）符合性要求文件应记载下述内容：所有者/来源、要求表述、优先级别、版本控制。

4）确认需求

（1）应按照下述优先权级别考虑符合性要求的优先确认权。

a. 高优先权。必须在本阶段成果中予以落实的要求。例如局方要求、国际通行行业要求、保障安全运行的客户要求等。

b. 中优先权。虽然是必须的要求，但可以推延至后续产品版本中予以落实。例如非国际通行行业要求、优化服务的客户要求、某些研制要求等。

c. 低优先权。非必须的要求，但不会给产品或服务带来品质上的质量提升，如果没有充足资源予以保障，可以放弃。例如某些"锦上添花"的客户要求及研制要求等。

（2）应考虑关系人的优先确认权。优先权由高到低分别是局方、用户（必要时）、适航管理部门、技术部门、其他管理部门。

（3）只有明确的（可测量或可测试的）、可跟踪的、完整的、相互协调的且主要干系人（含局方及相关内外顾客）愿意认可的需求，才能够作为符合性要求。

（4）应由适航法规专家、用户代表（必要时）、适航管理部门、技术部门及项目管理部门共同确认符合性要求（初稿）。

（5）符合性要求（初稿）应报请局方审查，经由局方认可或批准后形成符合性要求（定稿）。

5）实施变更与控制

（1）应将符合性要求的全部作为型号研制计划编制输入，进而作为产品（服务）研制的输入，并作为其验收标准。

（2）应按照符合性要求管理计划（需求管理计划）实施基于符合性要求的交付物符合性验证/符合性审核，确保符合性要求得以落实。

12.3.2 符合性方法管理

申请人借以向局方表明与/或证明产品（或服务）适航规章符合性的方式，称为符合性方法。应该指出的是：

（1）局方没有任何文件规定申请人必须采纳的符合性方法（即使有也仅仅是推荐），故申请人可以结合型号实际情况确定适用的符合性方法并获得局方认可即可。

（2）申请人选定的符合性方法可以是一种，也可以是若干种符合性方法的组合，取决于具体项目的特定需求。

（3）任何一种符合性方法的应用都有其局限性，应充分注意其适用场合。

关于符合性方法选择、确定、应用及其后续变更与控制等过程所实施的系列管理活动，称为符合性方法管理。

12.3.2.1　管理要求

（1）一般要求。

a. 选定的符合性方法应能充分且正确地演示局方规章要求符合性。

b. 选定的符合性方法及其变更应获得局方认可。

c. 选定的符合性方法应具备相应的手段或方法（可以称为符合性验证方法）以验证其（基于该符合性方法所获得的）结果的符合性，相关要求符合性的验证管理。

（2）应制订包括符合性方法的名称、适用范围及限定、使用说明等在内的文件，确保选择者正确选用。

（3）应实施符合性方法有效性管理。申请人提出的符合性方法必须与局方协调沟通，借此获得局方对符合性方法有效性的确认。

（4）符合性方法的变更应获得局方认可。

12.3.2.2　管理要点

1）归集符合性方法

（1）应基于国内外行业最佳实践、局方相关要求或推荐的符合性方法，归集适用的符合性方法，形成符合性方法库。

（2）应注明每一种符合性方法的适用性及限制、使用场合。

（3）应同时考虑每一种符合性方法使用结果的符合性验证方法。

2）遴选符合性方法

（1）应按照航空器评审项目审定基础逐条明确适宜的符合性方法。

（2）如果一种符合性方法无法满足要求，则应选择若干符合性方法的组合借以满足要求。

（3）推荐使用局方或行业通用的符合性方法，除非申请人有更为有效的符合性方法。

3）制订符合性方法表

（1）应制订符合性方法表并获得局方认可。

（2）符合性方法表应包括下述内容：

a. 适航条款。

b. 适用性说明。

c. 适用的符合性方法。

d. 基于符合性方法的符合性文件清单。

e. 责任人。

4）实施变更与控制

（1）发生下述情况应及时变更符合性方法，获得局方认可并记载于符合性方法表。

a. 局方规章、要求发生变更。

b. 型号要求发生变更。

c. 所确定的符合性方法不能满足要求。

d. 其他适用情况。

（2）应记载符合性方法变更，使之可溯源。

12.3.3　符合性审核管理

采用各种手段和方法，旨在检查、分析、核对并评定（审核对象）是否正确、妥当的系列活动，称为符合性审核。符合性审核旨在通过发现问题、解决问题、预防问题发生等手段提升审核对象局方规章的符合性程度。

对符合性审核准备、审核实施及发现问题整改等过程所实施的系列管理活动，称为符合性审核管理。

符合性审核方式包括下述两种：

（1）文件审核/会议审核。

（2）现场操作审核。

12.3.3.1　管理要求

（1）符合性审核应遵循下述基本原则：

a. 航空器评审交付物提交局方之前，必须经过内部审核且完成整改。

b. 凡需提交局方批准或认可的交付物，必须经过由 FTC 和 MTC 组织的评估并按需完成整改后方可提交局方（详见关键交付物管理）。

（2）应编制内部审核计划，组织审核、跟踪纠正不符合项。

（3）审核标准应为局方相关适航及运行规章与行业标准规范和符合性要求。

（4）发现问题处置参照执行。

（5）被审核人不得自行关闭建议项和不符合项。

12.3.3.2　管理要点

1）制订审核计划

（1）审核计划应结合型号计划、局方审核计划或要求制订，并纳入型号计划管理。

（2）审核计划应包括下述内容：审核对象、审核依据及标准、审核时间及地点、责任人。

（3）应实施审核计划变更与控制管理。

2）准备审核

（1）应基于适用适航及运行规章/符合性要求确定审核对象、审核依据及标准、提出审核要求、审核组成员名单。

（2）应编制符合性审核单，并提前向相关评审工作干系人发出审核通知。

3）实施审核

（1）应按照审核依据、审核要求实施审核，并填写审核记录。

（2）应根据审核情况与相关评审工作干系人进行沟通，反馈审核结论并提出问题项清单。

（3）应与被审核人逐一澄清问题项，进而确定建议项和不符合项。

4）实施整改

（1）应基于确定的建议项和不符合项清单制订纠正计划并获得认可。

（2）应将建议项和不符合项整改计划纳入型号计划管理。

（3）应实施纠正计划变更与控制管理。

5）关闭不符合项

整改交付物应提交审核人验证、认可并关闭不符合项。

12.3.4　符合性验证管理

旨在检查和确认关键交付物实现过程的输出满足要求程度的系列活动，称为符合性验证。关于规划符合性验证、准备验证、实施验证、应用验证结果等过程实施的系列管理活动，称为符合性验证管理。

12.3.4.1　管理要求

（1）符合性验证方法应获得局方认可。

（2）验证实施人员应具备必要的专业背景和经验。

（3）应明确验证结果评估规范及准则，借此保证验证结果有效性。

（4）应明确验证总体要求，确保验证过程受控，并保证所有内容均能得到合理的验证。书面验证对象应包括全部交付物，操作验证对象应包括全部维修操作程序和飞行运行操作程序。

（5）应明确基于验证方法和验证对象要求的工作标准、规范和流程。

a. 应由具备相应资质人员实施验证，以确保验证结果有效性。

b. 应明确验证结果评估规范及准则，应明确评估人员的要求。

c. 应与局方确认验证方法及验证结果评估准则的有效性，并监督实施。

d. 验证方案与验证方法选择应获得局方认可。

e. 应明确验证报告编制要求及管理程序，做好全部验证记录并归档。

（6）应组织业内专家实施必要的验证结果抽查，必要时协调局方参与验证现场目击，以便及时发现并解决问题，确保验证有效性。

（7）持续开展局方联络与沟通，及时了解并把握局方关于验证的要求，按需协调局方解决存在问题。

12.3.4.2　管理要求

1）规划验证

应以验证方案形式规划符合性验证并用以指导符合性验证。典型的验证方案包括下述内容：

（1）机构及人员要求。应明确验证管理机构及人员、验证实施机构及人员、验证（技术）保障机构及人员的职责、所需人员数量及工作标准。

（2）验证方法要求。应明确验证方法及选取原则。应明确验证方法适用的验证对象。应编制符合性方法表或等效表单，描述验证项目与验证方法之间的对应关系。应基于验证方法编制符合性检查单或等效表单，逐一列出验证内容，进而实施验证工作。

（3）验证项目及验证内容要求。应明确验证对象所执行的（对应）相关局方规章要求、行业指导文件或标准。应明确所有验证项目所对应的验证内容及验证要求，其中验证内容应包括（但不限于）适用标准、规章、豁免、等效安全及专用条件等。

（4）验证数据管理要求。应明确包含收集、分析处理、应用、记录、保存等环节在内的数据管理标准、规范和流程。应明确验证记录的内容及管理要求。

（5）验证保障条件要求。应明确验证所需保障条件，包括（但不限于）验证对象、验证环境、验证设备设施、工具及软件；技术保障、时间保障等。应给出试验对象、试验设备设施、工具及软件清单。应事先确定验证设备设施、软件的校准和批准程序。

（6）进度要求。应基于型号计划制订验证进度计划。

2）准备验证

（1）组建验证团队。按照机构及人员规划，完成机构设置，确保相关人员（管理人员、实施人员及技术保障人员）到岗。制订验证团队组织手册及验证人员工作手册，明确各个岗位职责及工作标准并做宣传贯彻，确保每个成员明确各自的职责。按需完成相关人员培训，使之满足要求。

（2）明确验证任务。按照验证要求及验证方案，明确验证任务并按需完成工作分解，相关验证任务应落实到岗位。编制详细的验证工作计划并做宣传贯彻，确保每个成员明确各自的任务。

（3）准备验证资源。按照验证工作计划，分别确定试验对象、所需试验设备设施、工具及软件清单，以及验证环境保障、后勤保障、时间保障等要求清单。相关清单应明确标准、数量及时间要求，并将其纳入型号计划统筹考虑。

3）实施验证

（1）实施验证管理。管理机构及人员应按照验证工作计划实施验证管理，及时发现并解决验证过程问题,确保验证进度及质量满足计划要求。

(2)组织实施验证。验证机构及人员应按照验证工作计划实施验证,评估验证结果有效性,并做好相关验证记录,确保验证进度及质量满足计划要求。

(3)实施验证(技术)保障。保障机构及人员应按照验证工作计划实施验证保障,及时提供各类资源保障、发现并解决各类技术问题,确保验证进度及质量满足计划要求。

4)应用结果

(1)应组织相关人员评估验证结果,按照验证结果评估意见完成相关验证对象整改及修订工作。

(2)按需对整改结果组织必要的验证,以确保验证结果应用的有效性。

5)总结和归档

(1)应组织编制验证报告。

(2)应保证验证记录的完整性和准确性。

(3)验证记录不得遗失或事后补录。

(4)应将全部验证过程所涉及的记录归档。

12.3.5　符合性表明管理

申请人以局方接受的方式向局方展示(演示)与证明(申请人)(过程或最终)产品(或服务)适航规章及运行要求符合性的系列活动,称为符合性表明。

符合性表明旨在协调局方批准或认可(申请人)(过程或最终)产品或服务,继而为评审项目通过局方评审打下基础。

对编制符合性表明方案、准备符合性表明材料、实施符合性表明等过程实施的系列管理活动,称为符合性表明管理。

12.3.5.1　管理要求

(1)应及时了解局方评审政策及要求、程序及方法,研究最佳实践表明方式及经验教训,借此提高符合性表明能力及局方接受概率。

(2)符合性表明方案、符合性表明材料清单及其表明方式应获得局方认可。

(3)适航管理干系人作为局方唯一接口,归口管理并组织实施所有符合性表明工作。未经许可,任何组织或个人不得擅自向局方表明符合性。

(4)研制工作干系人作为符合性责任人,应确保符合性表明材料内容满足适航规章要求,其版本应满足相关管理要求。

12.3.5.2　管理要求

1)制订表明方案

(1)应基于局方联络与沟通结果,明确符合性表明材料要求、表明方式与方法及时间节点等要素,基于专项评审计划和型号计划组织制订符合性表明方案。

（2）符合性表明方案一般应包括：

a. 基于不同研制阶段的符合性表明材料清单。

b. 局方可接受的符合性表明方式与方法。

c. 联络与沟通方式。

d. 符合性表明责任人、时间节点等。

（3）符合性表明材料清单应满足《航空器制造厂家运行支持体系建设规范》（MD－FS－AEG006）等局方规章相关要求，并获得局方认可。

（4）符合性表明方案应报局方备案。

（5）符合性表明方案应适时更新并处于可控状态。

2）准备表明材料

（1）应按照符合性表明方案要求，组织编制符合性表明材料，并实施版本控制，对其质量负责。

（2）符合性表明材料交局方之前，应完成符合性审核并（按需）完成整改，获得相应级别批准。

（3）符合性表明材料遇到（但不限于）下述情况时应及时予以修订，并将最新版提交局方：

a. 局方发布新要求（如涉及）。

b. 当前版本所含内容发生变更。

c. 其他需要修订的情况。

（4）符合性报告除满足前述要求外，还应满足下述要求：

a. 应基于规章要求及符合性表明材料编制。

b. 应涵盖局方全部关注点，表明对规章要求的符合性。

c. 应如实反映申请方工作状态及结果，包括遗留问题解决方案和计划。

d. 应给出明确的结论。

3）表明符合性

（1）应按照符合性表明方案约定方式和方法，预先将符合性表明材料报送局方审查。

（2）应充分做好符合性表明准备（如必要的汇报材料及其附件准备），由专业/专职人员汇报并参与交流与讨论。

（3）应认真听取局方要求、意见和建议，由专业人员以专业语言回答局方质询。

（4）当申请方立场与局方立场不一致时，应及时且明确地表明申请方立场，按需启动问题管理程序。

（5）应密切跟踪局方审查、评估结果，及时完成不符合项/建议项整改。

12.4　联络与沟通管理技术

确保适航信息及时、正确且恰当地在干系人间传递并最终得以处置的系列活动,称为联络与沟通。联络与沟通旨在建立局方联络通道并保持良好协助关系,协调并解决过程适航问题。

联络与沟通的目的在于发现并及时解决适航问题,故联络与沟通过程应以"遵循适航规律、遵守适航标准、尊重局方意见"为基本原则,以满足适航要求为目标,确保局方要求及意见、建议得以贯彻、落实,确保适航(管理)工作顺利开展。

关于联络与沟通计划、适航会议及其会议纪要、发现问题与解决问题、适航信息传递等联络与沟通过程实施的系列管理活动,称为联络与沟通管理。联络与沟通管理主要包括联络与沟通计划管理、适航问题管理、适航会议管理、适航信息管理等。

12.4.1　联络与沟通计划管理

旨在规范局方与申请人之间的联络与沟通活动而制订的工作方案和进度计划,称为联络与沟通计划。

关于联络与沟通计划编制及发布、执行及控制、报告绩效等过程实施的系列管理活动,称为联络与沟通计划管理。

12.4.1.1　管理要求

(1)联络与沟通计划是申请人与局方联合工作计划,应获得局方认可并严格执行。

(2)联络与沟通计划应与研制工作干系人、局方干系人协调一致,并获得局方认可后发布。

(3)应实施联络与沟通计划变更控制,确保干系人获取最新信息。

(4)应按照实施问题处置。

(5)应编制绩效报告并告知航空器评审干系人。

(6)联络与沟通的内容。

a. 适航规章、运行要求等文件的理解及应用。

b. 航空器评审政策、评审要求、评审方式及流程的理解。

c. 申请人符合性要求及方法、符合性验证及符合性表明方案或计划的协调与处置。

d. 涉及豁免、偏离、等效安全等范畴的重大问题。

e. 干系人的工作进展、分工界面、存在问题及解决办法。

f. 信息生成、收集、发布及处置方式。

g. 其他适用情况。

(7)联络与沟通方式。

a. 口头方式:如沟通信息的严格性和持久性要求较低且无须永久记录,可采取口头沟通方式,包括但不限于当面交流(非正式会议)、电话沟通等。

b. 书面方式：如沟通信息涉及处理大量细节问题（非重要事项）且需要保存，可采取书面沟通方式，包括但不限于正式或非正式报告、电子邮件、传真，或其他干系人认可的信息传递方式。

c. 会议方式：如沟通信息涉及讨论并决定重要事项，可采取会议沟通方式，一般应形成会议纪要或记录。

（8）联络与沟通语言。

a. 国内局方沟通语言为中文，所提交的书面沟通材料需用中文或英文编制。

b. 国外局方沟通语言为英文，所提交的书面沟通材料需用英文编制。

（9）联络与沟通人员。

a. 适航管理干系人作为与局方唯一接口，负责局方联络与沟通。

b. 研制工作干系人不得直接与局方单独联络与沟通，除非事先得到许可。

12.4.1.2　管理要点

1）编制及发布

（1）联络与沟通计划编制应基于下述依据编制：

a. 局方要求。

b. 航空器型号评审专项计划。

c. 干系人联络与沟通需求。

（2）联络与沟通计划应包括下述内容：

a. 联络与沟通方式。

b. 联络与沟通语言。

c. 联络与沟通人员。

d. 问题管理及升级程序。

e. 联络与沟通进度安排等。

（3）应根据编制依据，列出年度局方沟通交流内容、交流时间等信息，与局方充分沟通协调后，发布联络与沟通计划。

（4）联络与沟通计划应分发至所有航空器评审干系人。

2）实施执行与控制

（1）应严格按照联络与沟通计划实施局方联络与沟通。

（2）应按照研制进展按需变更计划，并将变更情况通报相关干系人。

3）报告绩效

（1）应定期（含每月、每季度、半年及全年）编制适航工作绩效报告，并报送相关干系人。

（2）绩效报告要求按照公司相关规定执行。

（3）应归集、整理沟通过程中形成的资料、数据、会议纪要或记录等文档，并按照公司相关要求归档。

12.4.2　适航问题管理

需要研究解决的矛盾或障碍/造成(应有状态与现有状态之间的)差距的因素或障碍,称为问题;局方及其相关组织(如 ISC、WG 等)适航工作交流或审查过程中发现的问题,称为适航问题(以下简称为"问题");导致航空器研制困难与运营困难的问题,称为重大问题。

问题按照不同的问题测量标准分为下述两类:

(1) 不满足(对于经过确认的、具备客观测量标准)(明示的、隐含的或必须履行的)"要求"(规定要求、使用要求)的问题,称为不符合项问题。

(2) 不满足(对于经过确认的、仅具备主观的测量标准)"意见"(专家意见、审核人意见等)的问题,称为建议项问题。

对挖掘与发现问题、确认问题、解决问题过程实施的系列管理活动,称为问题管理。

12.4.2.1　管理要点

1) 一般原则

(1) 以"遵循适航规律、遵守适航标准、尊重局方意见"为基本原则处理问题,确保问题及时解决。

(2) 应解决根源性问题,切忌"治标不治本"。正确地解决问题,切忌"病急乱投医"。简单有效地解决问题,切忌"简单问题复杂化"。

(3) 应由局方决定问题关闭与否,申请人不得擅自关闭问题。

2) 问题解决规则

(1) 一般问题应在较低层面解决。

(2) 较低层面无法解决的问题应逐级上报。

(3) 重大问题应及时上报。

(4) 凡涉及局方评审政策、方法等方面的问题,应及时报适航主管部门协调解决。

3) 问题升级程序

(1) 应事先约定问题处置方式并获得干系人认可。

(2) 应规定下层员工无法解决问题时的上报时限和上报路径。

12.4.2.2　管理要点

1) 发现问题

经由局方审查发现问题。

2) 确认问题

(1) 应充分了解问题背景、问题表象等素材,并加以判断与确认:

a. 如对问题存在异议,则应做出必要解释直至与局方达成共识。

b. 如果对问题无异议,则应与局方确定问题关闭准则。

（2）应确认问题表述及其理解皆达成一致，不存在偏差。

（3）应以书面形式确认问题及其关闭准则。

3）确定解决方式

如局方明确以"问题纪要"方式解决，则按照《航空器型号合格审定程序》（AP - 21 - AA - 2011 - 03 附录 C）规定的程序或其他局方规定程序开展工作，否则按照局方认可的方式解决问题。

4）制订解决方案

（1）问题解决方案包括但不限于以下内容：

a. 问题背景及描述。

b. 问题产生原因分析。

c. 问题解决措施及办法。

d. 问题责任人。

e. 问题关闭准则。

f. 进度计划。

（2）问题解决方案及其变更应获得局方认可。

5）解决问题

（1）应严格按照问题解决方案实施问题解决。

（2）如果过程或过程交付物发生偏离，应及时与局方沟通，直至双方再次达成一致意见。

（3）应完成交付物的内部验证，确保满足验收标准与问题关闭准则；应持续跟踪监控问题解决过程，及时发现存在问题。

（4）相关研制工作干系人每月向适航管理干系人提交进度计划执行情况，适航管理干系人每月向局方报送进度计划执行情况。

6）关闭问题

（1）交付物需事先提交局方审核，听取局方意见及要求。

（2）如果局方认为交付物不满足问题关闭准则，应根据局方要求完成纠正，直至局方认可交付物并关闭问题。

12.4.3 适航会议管理

旨在解决适航问题而召集的会议，称为适航会议。

关于适航会议发起、会议准备、会议过程及后续跟踪等过程实施的系列管理活动，称为适航会议管理。

12.4.3.1 管理要求

（1）应建立适航例会制度。

a. 每年至少召开 2 次局方评审政策年度协调会。

b. 每月月底按需召开月度例会，每年年底召开年度例会。

c. 按需召开工作会议。

（2）必须有明确的会议目的、会议议题及要求，尽量不开可有可无的会议，降低沟通成本。

（3）确保相关干系人立场和意见得以充分表达，基于沟通与协调确保有关适航问题获得统一认识，相关问题解决措施能有效推进工作。

（4）参会各方意见、立场及观点应准确记录在案。会议决议与行动项目应按期贯彻执行，并将结果反馈至参会各方。

（5）局方参会的会议文件须获得批准，会议发起人应指定专职、专业人员参会以解释、说明会议与评审文件及支持材料。

（6）会议纪要是与会者共同意志的体现，是以整个会议的名义表述的，必须概括会议的共同决定，反映会议的全貌。凡没有达成一致意见的问题，则需要分别论述并写明分歧之所在（各方立场）。会议纪要应满足下述要求：

a. 纪实性。会议纪要必须是会议宗旨、基本精神和所议定事项的概要纪实，不能随意增减和更改内容，任何不真实的材料都不得写进会议纪要。

b. 概括性。会议纪要必须精其髓，概其要，以极为简洁精炼的文字高度概括会议的内容和结论。既要反映与会者的一致意见，又可兼顾个别有价值的看法。有的会议纪要，还要有一定的分析说理。

c. 条理性。会议纪要要对会议精神和议定事项分类别、分层次予以归纳、总结，使之条理清楚。

12.4.3.2　管理要点

1）准备会议

（1）发起会议。

a. 会议发起人按照专项评审计划、联络与沟通计划、相关会议任务发起会议。协调确定会议主持人及参会人员。

b. 会议发起人提出会议目的、会议时间和地点、会议议题要求、会议议程初稿，报会议主持人批准或认可。

c. 会议主持人决定是否需要召开预备会议。

（2）确定会议议题。

a. 会议发起人向参会各方征求会议议题。

b. 会议议题申请人应事先给出关于议题的详细说明，以及基于该议题期望获得的会议成果。

c. 会议议题由议题申请人商会议主持人决定，且经会议主持人认可后方可提交会议发起人纳入会议议题。

（3）准备会议材料。

a. 会议发起人提出会议材料要求，相关参会人员负责会议材料编制并按照会议材料要求将材料报送会议发起人。

b. 会议发起人应将会议材料提前发给参会各方。其中局方参会的会议材料应事先获得批准,且报适航管理干系人审核认可后方可发给参会各方。

(4) 发布会议通知。

a. 会议发起人应事先确认参会人员名单,并提前将会议通知和会议材料发至参会各方。

b. 重大会议须提前至少 3 个工作日将会议通知(含会议议题及议程)和会议材料发至参会各方。

c. 会议通知发布后,会议发起人应以各种合宜的方式保持与参会人员的联络,确保相关信息准确、及时传递。

2) 管理会议进程

(1) 会议主持人一般应按照既定议题管理会议进程,可按需临时增加会议议题。

(2) 会议主持人应指定会议记录人全程记录参会各方发言。会议记录应按照会议议题顺序逐项详细记录参会各方意见和立场、会议主持人最终意见。

(3) 应在会议上由行动项目提议人直接与行动项目责任人充分沟通,确保责任人明确工作要求,并由会议主持人当场决定行动项目。

(4) 会议所列行动项目应明确责任人/配合人、工作内容及要求、完成时间节点、交付物、交付状态/验收标准等内容。

3) 管理会议纪要

(1) 会议纪要一般包括下述内容:

a. 会议时间、地点。

b. 会议背景及议题。

c. (基于会议议题)参会各方立场、达成一致的结论。

d. 行动项目(如果有)。

e. 参会各方人员名单(应包括请假人员名单,并予以标识,避免会后引起不必要的麻烦)。

f. 发起人、主持人、记录人、联络人信息。

g. 会议材料清单(如果有)。

h. 纪要分发信息。

(2) 会议主持人(按需)征求各方意见形成会议纪要后,(按需)提交参会各方代表签字确认,会议纪要由会议主持人签发。

(3) 会议纪要由记录人商会议主持人确定分发对象,并在会议纪要中予以记载。

4) 实施会后跟踪管理

(1) 会议纪要分发。

记录人按照会议纪要中载明的分发对象分发会议纪要。

（2）行动项目管理。

a. 会议纪要列明的行动项目由研制工作干系人（项目管理）纳入型号计划跟踪管理。

b. 行动项目完成情况应及时反馈至相关组织（人员）并获得其认可。

（3）会议资料归档。

a. 会议发起人负责归集并归档会议相关资料（含会议通知、参会各方上会材料、支持材料、会议记录纪要、议题申请、行动项目资料等全部材料）。

b. 会议发起人关闭会议计划。

12.4.4　适航信息管理

适航信息管理是航空器评审过程中所产生的、（局方或申请人）与适航技术及管理直接相关的数据或文件。

适航信息包括但不限于：

（1）局方审定基础/评审标准及其变更、局方评审政策或评审办法及其变更、局方立场或要求、局方评审/评估意见或建议、局方评审计划及其变更等。

（2）申请人（适航/研制）工作规划/方案（计划）及其变更、申请人管理/技术规程（规范、标准等）及其变更、申请人（适航/研制）工作进展及交付成果状态/绩效报告、申请人立场或要求、局方要求的其他信息等。

（3）适航会议纪要或记录、问题解决计划及进展、行动项目或会议决议执行情况等。

关于适航信息生成、收集、发布；存储、调用并最终处置实施的系列管理活动，称为适航信息管理。

12.4.4.1　管理要点

（1）应确保适航信息正确、准确且有效，并及时传递至相关干系人，确保信息得以处置。

（2）应以文字方式或其他合宜的方式记载、传递适航信息。

（3）应确保信息的真实性和完整性，不允许传递未经核实的信息。

（4）应确保适航信息准确、及时传递至相关干系人，确保信息得以处置。

（5）应实施信息版本控制，保证信息接收人所获得的信息是最新版本。

（6）应以合宜的方式或局方认可的方式向局方提供适航信息。

（7）应记载适航信息管理过程。

12.4.4.2　管理要求

1）生成及收集

（1）适航管理干系人生成适航管理相关适航信息，收集局方相关适航信息。

（2）研制工作干系人生成研制工作相关适航信息。协助收集局方相关适航信息，并将所收集的局方相关适航信息及时传递至适航管理干系人。

2）发布及存储

（1）适航管理干系人按照信息类别及可能的用途确定适航信息接收人并发布适航信息，并以公认的、最为便捷与直接的方式通知信息接收人。

（2）发布需处置的适航信息时，应明确信息处置人。

（3）适航管理干系人（必须）和研制工作干系人（按需）负责存储与归档适航信息。

3）调用及处置

（1）调用、应用适航信息之前，应与信息提供者确认信息的有效性。

（2）信息处置人应本着"忠实于原著"的原则处置适航信息，确保适航信息发挥应有的作用。

（3）应发掘适航信息所携带的深层次"信息"，并以合宜的方式处置。

（4）如果对信息理解有困难，应与信息提供者进一步确认信息"本意"。不得任意加入个人理解或立场，或片面理解信息，偏离信息源本意或信息自身属性。

12.5 适航管理技术应用

ARJ21‑700 飞机研制过程中，利用前述适航管理技术积极开展适航管理，圆满完成包括型号航空器评审、运行支持体系建设以及持续适航体系相关工作，取得良好成绩。现以 ARJ21‑700 飞机航空器评审申请人相关工作为例予以说明。

为保证航空器能够顺利交付并投入运行，航空器制造厂家需要根据航空器用途及客户需求选择增加相应的机载设备以及更改布局、制订运行文件和维修文件、确定驾驶员和其他运行人员训练标准等一系列工作，并通过局方在航空器型号合格证审定过程中开展的相关运行评审，这个过程称为航空器评审。

ARJ21‑700 飞机研制过程中，基于前述适航技术与管理成果，开展 ARJ21‑700 飞机航空器评审申请人工作，实施适航综合技术管理、符合性技术管理和联络与沟通管理，完成局方要求的全部评审交付物并通过局方评审。

12.5.1 管理工作回顾

1）确定评审项目及审定基础

向局方提出评审申请，与局方确定具体评审项目和审定基础。协调局方发布 ARJ21‑700 飞机航空器评审补充合格审定基础。

2）组建申请方工作团队

组建 ARJ21‑700 飞机航空器评审申请方工作组，开展航空器评审项目研制。编制《ARJ21‑700 飞机航空器评审申请方工作手册》，明确团队中各评审项目工作的分工、职责与权限要求、相关管理要求及管理程序，为后续工作打下坚实基础。

3）明确符合性要求及方法

按照研制计划和局方要求，明确各评审项目需求及向局方提交的评审材料清单。分别制订各个评审项目专项计划,汇总、发布《ARJ21-700 飞机航空器评审专项工作计划》。组织开展工作。

4)实施局方联络与沟通

与局方 AEG 接轨,持续开展局方联络与沟通工作。协调局方评审政策与方法、流程,确保申请方工作满足局方要求。及时向局方反馈工作中遇到的问题,寻求局方的帮助与支持,根据局方意见及时调整工作政策和工作计划。先后组织多次局方协调会、审查会,确保了局方要求得以满足。

5)实施内部审核及验证

根据局方要求和各评审项目的实际工作情况,编制/修订各评审项目的内部评审工作流程,对各个评审项目的评审物(评审材料)开展必要的内部符合性审核及验证工作,同时协调局方参与审查。先后组织完成 ARJ21-700 飞机运行文件、持续适航文件、主最低设备清单及运行符合性清单审查,以及运行和持续适航文件管理规范审查、符合性报告审查等工作。协调局方审查相关管理文件、符合性报告及材料、验证工作。

6)实施符合性表明

按照不同评审项目的审定基础要求,组织编制符合性报告及其支撑材料。包括持续适航文件符合性报告及验证报告、运行文件符合性报告及验证报告等材料、应急撤离演示符合性报告,以及驾驶舱观察员座椅符合性声明、运行符合性声明等文件。

将编制好的符合性表明材料按照事先约定递交局方。按照局方要求组织各小组参与符合性表明工作,及时按照局方要求完成整改;协调局方批准或认可评审项目,发布航空器评审报告。

7)开展持续的航空器评审

协调局方签署《ARJ21-700 飞机 AEG 持续评审合作计划》,并按照该计划要求组织制订后续工作计划并协调局方认可,开展全寿命期航空器评审。实施局方评审前置内部符合性审核并及时关闭问题,关注局方问题处置进程并持续跟踪,直至问题解决。

12.5.2　主要工作成果

1)研制工作完成情况

(1)协调局方确定 ARJ21-700 飞机航空器评审项目。

(2)协调局方确定 ARJ21-700 飞机航空器评审项目审定基础。

(3)制订并实施航空器评审方案和计划、联络与沟通计划。

(4)开展局方评审政策、评审方法及流程管理。

(5)提出 ARJ21-700 飞机相关符合性要求、建议符合性方法,实施符合性验证及审核,向局方表明符合性。

（6）实施适航问题管理及适航信息管理。

（7）为航空器运营人提供适航技术支持。

2）交付使用情况

（1）协调局方签署《ARJ21-700 飞机航空器持续评审合作计划》并组织实施。

（2）协助局方开展持续的航空器评审。

（3）实施 ARJ21-700 飞机航空器评审结论持续改进适航符合性管理。

（4）实施 ARJ21-700 飞机运行支持体系业务流程符合性评估。

（5）实施适航技术支持与管理。

3）审定或鉴定项目

（1）ARJ21-700 飞机航空器评审项目获得局方批准、认可。

（2）相关适航管理规定获得局方认可。

（3）运行和持续适航文件编制方案、验证方案符合性要求获得局方认可。

（4）运行和持续适航文件符合性验证要求获得局方认可。

（5）运行和持续适航文件符合性验证方法获得局方认可。

（6）运行和持续适航文件符合性报告编制要求获得局方认可。

12.6 本章小结

作为国内首架喷气式民用运输机，ARJ21-700 飞机严格按照中国民航史上最严格的适航规章、运行规章设计、制造并提供全寿命期运行支持。ARJ21-700 飞机通过航空器评审，是我国航空史上重要里程碑。ARJ21-700 飞机航空器评审过程所获取的经验与教训，对后续民机研制具有指导和借鉴意义。

为完成 ARJ21-700 飞机运行支持研制过程适航管理工作，适航技术管理人员借鉴其他型号研制适航技术与管理经验，积极探索适用于 ARJ21-700 飞机的适航管理技术，总结提炼出适航技术管理要素、管理标准及管理要求，归纳并提出适航技术管理两大核心管理技术为符合性管理技术和联络与沟通管理技术。

为完成符合性管理，提出了"明确符合性要求、建议符合性方法、开展符合性验证、实施符合性审核、向局方表明符合性"的符合性管理思路并应用于管理实践；积极开展局方联络与沟通活动，明确局方评审政策与要求、配合局方开展审查与监督、基于局方问题及建议规划纠正及持续改进工作。第一次完整地按照国际惯例完成航空器评审申请方工作，8 个航空器评审项目通过局方评审。与局方签署了持续评审合作计划，为后续工作提供便利。主要收获为：

（1）基于综合管理技术，建立了中国商飞关于评审项目及审定基础、局评审政策以及关键交付物的管理模型、管理程序及相关管理标准规范。

（2）基于符合性管理技术，建立了中国商飞航空器评审符合性管理模型、管理程序及相关管理标准规范。

（3）基于联络与沟通管理技术，建立了局方与中国商飞关于航空器评审的联络与沟通渠道、方式、方法及工作模式，以及适航会议管理、适航问题管理、适航信息管理的管理模型、管理程序及相关管理标准规范。

（4）基于前述工作成果，验证了中国商飞关于运行支持的适航管理技术及其相关管理流程，为后续型号的适航管理打下坚实基础。

除此以外，笔者认为 ARJ21‐700 飞机运行支持适航管理工作中，中国商飞下述经验值得后续型号研制借鉴。

（1）以符合性管理为抓手，确保局方要求得以落实。

识别并掌握局方适航要求，组织开展申请方符合性工作，是落实局方要求、通过航空器评审的制胜武器。申请方狠抓符合性管理，掌握并解释局方规章要求，提出针对局方审查要求的制造商符合性要求；基于符合性要求提出符合性（验证）方法（解决方案）并满足局方要求；基于符合性方法组织编制符合性验证大纲、组织实施验证、判别验证结果符合验证要求与否并提交验证报告；基于局方适航要求、申请方符合性要求开展（内、外部）适航审查，进而提出（正确的）改进意见、给出（正确的）审查结论；提出符合性表明文件需求，评估符合性表明材料；基于报批材料，以合适的方式向局方表明（对适航要求的）符合性。

基于符合性管理思路，明确了各个阶段的工作目标、任务和进度计划，有效推进申请方工作进展，缩短了宝贵的研制周期。因为目标明确，思路清晰，获得了局方最大限度的支持和帮助。

（2）强化局方联络与沟通，知晓局方评审政策和方法。

申请方及时了解局方评审政策、方法和流程，把握局方评审要点；及时向局方通报申请方工作进展、存在问题及解决措施，征求局方意见；持续开展局方信息交流，确保局方要求和意见、建议得以及时准确地落实。

申请方以"遵循适航规律、遵守适航标准、尊重局方意见"为基本原则，以满足适航要求为目标，开展局方联络与沟通，"稳扎稳打、步步为营"。从工作手册及计划，到各个评审项目的每一个重要节点、每一项过程/最终交付物都会多次召开局方对口会议，听取局方意见和建议，确保局方要求在正确的时间内、以正确的方式和通道传达至申请方得以及时落实，并及时将申请方工作信息及时传递给局方，大大提高了工作效率。

在今后的工作中，应持续开展局方联络与沟通，确保适航工作信息及时、正确且恰当地在申请方与局方之间传递并最终得以处置，避免偏离局方要求的情况发生，确保局方要求得以落实，确保适航（管理）工作顺利开展。

（3）建立问题管理机制，确保问题及时得以解决。

高度重视局方及其专家评审意见和建议，建立健全问题管理机制，是推进申请方工作的重要法宝，也是符合性管理所要求。

工作实践中建立问题清单，对局方所有问题、意见和建议都纳入管理并予以必要的评估，"由点到面"归纳、总结、提升，确定其起因与"症结"所在，按照"举一反三"的原则提出解决方案和计划,待局方认可后即付诸实施,相关解决结果报局方认可后才能关闭。

问题管理机制形成了"会议主旨就是解决问题""制订整改措施重要,但落实更重要""人人献计献策解决问题"的良好风气,极大提高了工作效率,得到了局方的赞许。

13 附录：运行支持与
航空器评审

13.1 航空器评审背景

按照中国民用航空局规章要求，为确保航空器适航要求得以落实，航空器自设计至投入运行需通过局方组织的三次审定/评审，即型号合格审查组（Type Certificate Team，TCT，CAAC 适航审定司主责）执行的"型号合格审定"[颁发型号合格证（Type Certification，TC）]、航空器评审组（Aircraft Evaluate Group，AEG，CAAC 飞行标准司主责）执行的"航空器运行符合性评审"（颁发航空器评审报告）以及民航地区管理局执行的"运行合格审定"（颁发运行合格证、运行规范）。

1）型号合格审定

以航空器安全为关注重点，通过验证航空器设计对于适航规章的符合性，证明其设计符合最低安全要求。航空器取得型号合格证（TC），仅证明其设计满足最低安全要求，是航空器投入运营的前提条件。

2）航空器运行符合性评审

以航空器运营安全为关注重点，通过验证航空器制造厂家（关键）运行支持对运行规章的符合性，证明航空器在不同运行条件、环境、标准和程序下均能安全运营，是航空器投入运营的必要条件。

3）运行合格审定

亦以航空器安全运营为关注重点，通过验证航空器运营人基于航空器制造厂家提供的运行支持所做的运营准备对运行规章的符合性，证明航空器在给定的运行环境、标准和程序下均能安全运营。航空器评审结论为运行合格审定奠定基础，支持航空公司申请运行合格审定（一般申请 121 部、135 部），飞机获得运行合格证、运行规范后即可投入航线运行。

由此可见，航空器取得型号合格证仅仅表明航空器满足了相应类别的适航标准，而适航标准是最低的安全标准，仅仅初步考虑了运行要求（如运行符合性设计）。因此航空器取得型号合格证仅仅表明航空器具备投入运行的基本资格（通过资格赛）；还需要通过航空器运行符合性评审才能拿到"入场券"，方可以交付航空器运营人；最终通过运行合格审定，才能拿到航空器运行合格证。由此不难看出：

基于运行要求的限制，没有通过航空器运行符合性评审的航空器不得投入运行。

13.2 航空器评审概述

1）航空器评审定义

（局方）旨在评价、审核申请人型号航空器运行支持准备及（航空器全寿命周期）运行支持效果满足运行要求的能力的系列活动，称为航空器运行符合性评审（以下简称为"航空器评审"）。

2）航空器评审必要性

如前所述，未通过航空器评审的航空器无法投入运行。由此不难看出航空器评审的必要性在于：

（1）航空器评审是判定航空器设计及其服务产品能否满足安全运行要求的有效且必要手段。

（2）航空器评审是保障民用航空器持续适航和安全运行的必要审查环节。

3）航空器评审意义

航空器评审为适应航空器制造业和运输业的发展而诞生，是民用航空器研制与运行之间的桥梁、联结航空器初始适航和持续适航的纽带。实施航空器评审的意义在于：

（1）支持航空器持续安全运行。

（2）支持航空器运营人提升运行经济性。

（3）支持航空器进入商用飞机市场，实现市场成功、商业成功。

4）航空器评审特点

与其他适航审定活动相比，航空器评审还具备下述特点：

（1）始于型号立项阶段，贯穿于航空器的全寿命周期。

（2）以书面评审为主，辅以必要的操作验证。

（3）以维修、运行及飞行专家为主组成的委员会实施评审，其结论主要源自委员会专家意见。

5）航空器评审项目

航空器评审项目由必选项目和评审项目包括必选项目和局方认为必要的其他项目两大类。

（1）必选项目：驾驶员资格规范、维修人员执照和培训规范、主最低设备清单、计划维修要求、运行和持续适航文件、型号设计对运行规章要求的符合性（运行符合性清单）等。

（2）其他项目：驾驶舱观察员座椅、机组睡眠区、电子飞行包、客舱应急撤离程序演示等。

6）航空器评审标准

航空器评审标准由局方按照不同的评审项目确定，并以颁发《航空器评审问题纪要》的形式予以发布并实施管理。

7）航空器评审政策

航空器评审政策由局方按需发布，旨在就具体项目的评审过程存在问题给出代表局方意志和利益的解决措施或办法，以便推进评审进程。

8）航空器评审结论

完成全部航空器评审项目的评审后，局方基于各个评审项目的评审结论，以颁发型号航空器评审报告的形式，发布航空器评审结论，并基于运行要求或环境的变化实施修订。

9）航空器持续评审

航空器评审结论颁布后，为确保航空器持续满足不断变化的运行要求，局方将开展持续的航空器评审，直至航空器退役为止。

13.3　航空器评审阶段

基于型号阶段的划分规则及其航空器评审条件的变化，航空器评审划分为初始评审阶段及持续评审阶段。

1）初始评审阶段

（1）定义。

航空器自立项阶段至投入航线运营前的航空器评审，称为初始评审，相关时间区间称为初始评审阶段。

（2）阶段区间。

初始评审阶段始于型号立项阶段，终止于功能与可靠性试飞阶段或市场表演试飞阶段。

（3）主要任务。

a. 申请人基于局方确定的评审项目和审定基础要求，完成评审项目研制，交付成果通过局方评审。

b. 申请人制订航空器评审专项计划（又称评审准备计划），明确职责及相关要求，并与局方一起开展工作，直至局方颁发型号航空器评审报告。

（4）结束标识。

完成初始评审的标识是局方颁发型号航空器评审报告。

2）持续评审阶段

（1）定义。

航空器取得标准适航证及运行许可，投入航线运营后直至退役的航空器评审，称为持续评审，相关时间区间称为持续评审阶段。

（2）阶段区间。

持续评审阶段始于交付运行阶段，终止于退役。

（3）主要任务。

航空器投入运行后,局方将根据下述信息实施持续的航空器评审,并贯穿于航空器型号运行的全寿命。持续评审的主要任务包括:

a. 收集并处理使用信息、设计更改信息以及规章修订信息,评审这些信息对航空器运行进而对航空器评审结论的影响。

b.(按需)按照前述评审结果完成航空器评审结论的修订与发布。

(4)合作计划。

申请人运行支持体系经过局方评估确认其有效运行后,局方将与申请人签署持续评审合作计划,明确局方与申请人职责及相关工作要求,规范持续评审过程。

13.4　相互关系

运行支持 22 项工作包及其与航空器评审项目之间的关系如表 13 - 1 所示。

表 13 - 1　运行支持与航空器评审项目关系

运行支持任务	运行支持工作包	航空器评审项目
运行要求符合性设计	型号设计对运行需求的考虑	运行要求符合性清单
人员训练	飞行训练大纲	驾驶员资格规范
	飞行训练设备	
	飞行训练机构	
	维修培训大纲	维修人员培训规范
	维修培训设备	
	维修培训机构	
	乘务训练大纲	客舱应急撤离程序演示
	乘务训练设备	
	乘务训练机构	
运行和持续适航文件	主最低设备清单编制	主最低设备清单
	运行文件编制	运行文件
	维修大纲编制	计划维修要求
	持续适航文件编制	持续适航文件
交付运行支持	飞机性能分析和载重平衡控制软件工具	电子飞行包
	航线带飞准备	
维修支持	航材供应准备	
	专用工具设备供应准备	

（续表）

运行支持任务	运行支持工作包	航空器评审项目
维修支持	维修服务准备	
	工程技术支援准备	
使用信息收集与处理	快速响应中心准备	
	可靠性数据管理	

由局方运行支持要求和运行支持任务的定义，以及前述航空器评审要求和申请人工作定义不难看出：

（1）运行支持申请人工作和航空器评审申请人工作目标一致。都是作为航空器设计制造与航空器运行之间的桥梁，为航空器投入运行及持续适航提供支持。

（2）运行支持所涵盖的范围比航空器评审所涵盖的范围更广。运行支持的 22 个工作包交付物包含了航空器评审必选项目的全部以及部分可选项目。航空器评审项目是运行支持产品的核心部分。

（3）就局方运行支持管理文件内容而言，对所涉及的航空器评审项目提出了更为翔实的要求，为申请人更好地开展相关工作提供指导。

（4）局方将申请人运行支持体系的建设、局方对运行支持体系的评估结果与颁发航空器评审报告、签署持续的航空器评审合作计划有机结合起来，将其作为后者的必要条件。

13.5　ARJ 飞机航空器评审

2015 年 11 月 22 日，中国民用航空局飞行标准司签发《ARJ21 - 700 飞机航空器评审报告》，表明 ARJ21 - 700 飞机通过了航空器评审。这标志着在中国商飞干部职工的努力下，ARJ21 - 700 飞机航空器评审工作画上圆满句号，为 ARJ21 - 700 飞机交付运行打开通道。

ARJ21 - 700 飞机航空器评审历经 12 个年头。本次航空器评审是国内第一次完整地按照国际标准和通用审定方法开展的评审，对局方和中国商飞而言，都是一次巨大的挑战。中国商飞作为申请方配合局方的航空器评审工作，取得了不少成功的经验，也换得了不少失败的教训。

作为国内首架喷气式民用运输机，ARJ21 - 700 飞机严格按照中国民航史上最严格的适航规章、运行规章进行设计、制造并提供全寿命期运行支持。ARJ21 - 700 飞机通过航空器评审，是我国航空史上重要的里程碑。ARJ21 - 700 飞机航空器评审过程所获取的经验与启示，对后续民机研制具有指导和借鉴意义。

（1）与时俱进转换理念，"重研制"更要"重运行"。

局方明确指出："除了设计和制造满足相应适航标准外，根据用途和使用环境，其运行和维修还要满足相应运行规章的要求，以保证持续飞行安全的要求。"

"重设计制造轻运行支持"的理念导致 ARJ21 - 700 飞机在设计之初直至研发试飞阶段轻视局方关于在设计、制造及试飞过程中落实运行支持的要求，飞行及维修人员参与飞机设计的要求贯彻不彻底，导致航空器评审项目"一波三折"，付出一定的代价。

ARJ21 - 700 飞机实践表明，民机研制应彻底改变"重设计制造轻运行支持"理念，按照局方运行支持体系建设要求，建立健全运行支持体系，确保自飞机立项之日起即将运行支持要求落实到设计制造中去，飞机设计与运行支持工程研制工作同步进行，并按照体系规定流程和节点同步完成。

运行支持工作的好坏，是决定市场与商业成功与否的重要衡量标准。高度重视运行支持工作，才能真正实现"飞机翱翔蓝天且商业成功"的梦想。

（2）建立运行支持机制，确保运行支持任务落实。

建立运行支持机制旨在保证航空器在符合适航标准的基础上，达到型号设计符合预期的运行环境和运行管理要求，为航空器运营人或所有人的训练、维修、航材、地面设备等方面提供基本保证，并在全部使用寿命周期内采取必要的持续改进。

运行支持工作应与设计、制造及试飞等工作一起纳入公司规划和管理层面，明确各部门、各中心的运行支持职责和任务，积极参与到运行支持工作中去。

自型号立项开始，就考虑运行支持需求，并将其作为设计输入加以控制。在型号各阶段按照局方规定的任务及流程同步完成运行支持产品研制，避免因运行支持准备不及时而拖交付运行的后腿。

（3）加强管理体系建设，实施标准化规范化管理。

加强运行支持管理体系建设，尤其是航空器评审相关工作的管理流程、管理标准及规范的建立，以体系管理型号，进而确保运行支持各项要求落实，是确保运行支持工作顺利开展的要点之一。

这些管理要素包括工作及管理流程管理、体系文件管理、关键交付物管理、关键人员队伍管理，以及适航问题管理、适航符合性管理、局方联络与沟通管理等。特别关注过程符合性以及关键交付物符合性。

这些管理不仅仅限于对管理程序（流程）的符合性，更重要的是对管理标准及规范的符合性，也就是管理过程每一个子过程输出物对标准规范的符合性。过程的流程及工作程序建立固然重要，但每个子过程所必须执行的标准规范也同样重要。因此应加强过程标准规范编制工作，实施真正意义上的标准化规范化管理。通过标准化规范化管理，形成核心能力。

（4）加强局方联络沟通，确保局方要求得以落实。

局方联络与沟通的主要内容包括：局方民航规章、运行要求等文件的理解及应用；局方评审政策、方式及流程的理解；申请方符合性要求及方法、符合性验证及符合性表明方案或计划的协调与处置；申请方与局方之间存在争议的重大问题等。

局方联络与沟通的主要工作包括：制订联络与沟通计划，形成定期沟通机制；积极主动向局方汇报工作信息，并征求局方意见和建议；发现问题应及时与局方联络，以便获取局方立场、要求等信息，寻求问题解决方案并获得局方认可。

因此应以"遵循适航规律、遵守适航标准、尊重局方意见"为基本原则，以满足适航要求为目标，积极开展局方联络与沟通，确保适航工作信息及时、正确且恰当地在申请方与局方之间传递并最终得以处置，避免偏离局方要求的情况发生，确保局方要求得以落实，确保适航（管理）工作顺利开展。

14 附录：关键人员队伍建设

14.1 背景

为确保运行支持工程研制及运行支持满足客户要求，《航空器制造厂家运行支持体系建设规范》(MD‐FS‐AEG006)提出了"关键人员"的概念，并提出了关键人员队伍建设的要求。

"关键人员"系指与运行支持工程研制及运行支持相关的技术及技术管理人员。关键人员直接参与型号研制过程及运行支持过程。

为完成运行支持相关任务，运行支持关键人员包括飞行技术人员、运行技术人员、运行法规专家、维修工程师，以及航材工程师、培训教员、飞行模拟设备工程师、维修及维修管理人员等。航空器制造厂家应配置上述"专业、专职"人员，且应该配置必要数量的关键人员，以满足机队规模或研制任务需求，借以确保运行支持准备及运行支持得以圆满完成。

14.2 一般要求

关键人员应满足如下专职、专业的要求：

（1）专职是指具体工作有明确的责任人，而这项具体工作同时也是该责任人的主要工作职责。

（2）专业是指具体工作的责任人有满足该工作需要的相应专业背景和工作经历，并经过合适的培训。

关键人员还应满足下述要求：

（1）关键人员应具有满足负责具体工作需要的相应专业背景和工作经历，并经过合适的培训。

（2）关键人员数量应能满足业务需求。

（3）关键人员应参与项目研制过程，提升专业技术能力，为开展后续运行支持工作做好准备。

（4）型号研制中应考虑关键人员参与研制，以便充分考虑运行支持工作需求及客户需求。

14.3　人员要求

1）飞行技术人员

（1）设计过程中提供运行要求和客户需求的输入。

（2）参与型号设计，提出飞行运行需求和改进建议，参与评估局方、客户等提出的飞行运行技术要求，参与审核型号驾驶舱及相关系统的运行符合性。

（3）参与飞行运行相关的符合性验证方案制订和验证实施工作。

（4）负责飞行技术研究，运行文件的编制和验证。

（5）负责支持试飞和客户训练，提供飞行技术支援和航线带飞。

（6）运行新技术跟踪和研究。

2）运行技术人员

（1）参与评估局方、客户等提出的运行技术要求，制订飞机运行要求文件。

（2）负责运行支持类软件的研制。

（3）负责客户运控航务工作的技术支持，包括签派、性能、配载、情报等专业。

（4）负责客户运行标准、安全监察工作的技术支持。

（5）负责编制运行支援类客户服务文件。

（6）负责跟踪和处理使用问题，提供设计反馈意见。

（7）负责航行新技术的研究与运行支持服务产品的研发。

3）维修工程师

（1）提出维修要求、客户需求和改进建议，参与型号设计，参与维修性设计与评估。

（2）负责维修工程分析、持续适航文件编制、修订及验证。

（3）负责飞机使用信息收集与处理及管理可靠性。

（4）负责地面专用工具设备的设计、验证。

（5）负责提供客户维修支援方案，提供飞机抢救、AOG 抢修等服务。

（6）负责编制工程技术类客户服务文件。

（7）负责跟踪和处理使用问题，提供设计反馈意见。

（8）负责维修新技术跟踪和研究。

4）航材工程师

（1）负责制订初始航材推荐清单、库存计划和航材目录等技术资料。

（2）负责开展航材（含 GSE）采购、销售、租赁、修理、交换等航材支援活动。

（3）负责航材库存相关管理工作。

5）运行法规专家

（1）负责局方适航审定、航空器评审、运行规章等的研究，并提出是否适用公司具体型号的结论。

（2）负责计划、组织和实施内部的适航、运行法规培训。

（3）为客户提供适航、运行法规和运行批准支持。

（4）参与局方适航、运行法规文件的制订或修订，代表制造厂家提出意见或建议。

（5）代表制造厂家参与国际适航、运行法规讨论、制订等相关活动。

6）培训教员

培训教员包括飞行培训教员、维修培训教员、签派培训教员及客舱培训教员。

（1）负责培训实施和推荐考试。

（2）负责修订教材。

（3）负责培训设备研制过程中的技术支持。

7）飞行模拟设备维护与管理工程师

（1）负责飞行模拟设备的日常维护和检查。

（2）负责飞行模拟设备的故障排除与记录。

（3）负责飞行模拟设备鉴定中的技术支持。

8）维修及维修管理人员

（1）依据维修要求制订维修实施方案。

（2）组织实施现场维修支援工作。

参 考 文 献

［1］ 交通运输部. CCAR－21－R4 民用航空产品和零部件合格审定规定［S］. 中国：北京,2017.

［2］ 中国民用航空局. CCAR－25－R4 运输类飞机适航标准［S］. 中国：北京,2013.

［3］ 中国民用航空局. CCAR－43 维修和改装一般规则［S］. 中国：北京,2005.

［4］ 中国民用航空局. CCAR－60 飞行模拟设备的鉴定和使用规则［S］. 中国：北京,2005.

［5］ 中国民用航空局. CCAR－61－R4.民用航空器驾驶员和地面教员合格审定规则［S］. 中国：北京,2014.

［6］ 中国民用航空局. CCAR－62FS.中国民用航空飞行人员训练管理规定［S］. 中国：北京,1998.

［7］ 中国民用航空局. CCAR－65FS－R2民用航空飞行签派员执照管理规则［S］. 中国：北京,2010.

［8］ 中国民用航空局. CCAR－66－R1 民用航空器维修人员执照管理规则［S］. 中国：北京,2010.

［9］ 中国民用航空局. CCAR－91 一般运行和飞行规则［S］. 中国：北京,2007.

［10］ 中国民用航空局. CCAR－121－R4.大型飞机公共航空运输承运人运行合格审定规则［S］. 中国：北京,2010.

［11］ 中国民用航空局. CCAR－135 小型航空器商业运输运营人运行合格审定规则［S］. 中国：北京,2005.

［12］ 中国民用航空局. CCAR－142 飞行训练中心合格审定规则［S］. 中国：北京,2004.

［13］ 中国民用航空局. CCAR－145－R3 民用航空器维修单位合格审定规定［S］. 中国：北京,2005.

［14］ 中国民用航空局. CCAR－147 民用航空器维修培训机构合格审定规定［S］. 中国：北京,2005.

［15］ 中国民用航空局. CCAR－395－R1 民用航空器事故和飞行事故征候调查规定［S］. 中国：北京,2000.

［16］ 中国民用航空局. AC－91－10R1.国产航空器的运行评审［S］. 中国：北京,2014.

［17］ 中国民用航空局. AC－91－11R1 航空器的持续适航文件［S］. 中国：北京,2014.

［18］ 中国民用航空局. AC－91－24 航空器的运行文件［S］. 中国：北京,2014.

［19］ 中国民用航空局. AC－91－26 航空器计划维修要求的编制［S］. 中国：北京,2014.

［20］ 中国民用航空局. AC－121－FS－2011－39 飞行签派员训练机构合格审定程序［S］. 中国：北京,2011.

［21］ 中国民用航空局. AC－121－FS－006 飞机航线运营应进行的飞机性能分析［S］. 中国：北京,2014.

[22] 中国民用航空局. AC-121-FS-2014-123 飞机起飞一发失效应急程序和一发失效复飞应急程序制作规范[S]. 中国：北京,2014.

[23] 中国民用航空局. AC-121-FS-2016-127 航空承运人航空器追踪监控实施指南[S]. 中国：北京,2016.

[24] 中国民用航空局. AC-121-FS-006 飞机航线运营应进行的飞机性能分析[S]. 中国：北京,2014.

[25] 中国民用航空局. AC-121/135-49.民用航空器主最低设备清单、最低设备清单的制订和批准[S]. 中国：北京,2006.

[26] 中国民用航空局. AC-121-54.可靠性方案[S]. 中国：北京,2005.

[27] 中国民用航空局. AC-121-58R2.合格的航材[S]. 中国：北京,2016.

[28] 中国民用航空局. AC-147-04-R1 民用航空器机型、部件修理项目培训大纲[S]. 中国：北京,2011.

[29] 中国民用航空局. MD-FS-AEG001 驾驶员资格计划编制指南[S]. 中国：北京,2009.

[30] 中国民用航空局. MD-FS-AEG002 MMEL 建议项目政策指南[S]. 中国：北京,2009.

[31] 中国民用航空局. MD-FS-AEG003 MSG-3 应用指南[S]. 中国：北京,2009.

[32] 中国民用航空局. MD-FS-AEG004 运行符合性清单的编制和应用[S]. 中国：北京,2014.

[33] 中国民用航空局. MD-FS-AEG005 航空器制造厂家建议的维修人员执照机型签署及培训规范[S]. 中国：北京,2014.

[34] 中国民用航空局. MD-FS-AEG006 航空器制造厂家运行支持体系建设规范[S]. 中国：北京,2014.

[35] 中国民用航空局. MD-FS-AEG007 基于培训需求分析的机型飞行训练规范[S]. 中国：北京,2014.

[36] 中国民用航空局. 我国境内国际国内民航班机飞行航线和飞行高度层配备规定[S]. 中国：北京,2017.

[37] 中国民用航空局. 机场使用细则[S]. 中国：北京,2017.

[38] 中国民用航空局. 航路图[S]. 中国：北京,2017.

[39] 国际航空运输协会. Airport Handling Manual[S]. 2017.

[40] 国际民航组织. ICAO DOC 9613-AN/937 基于性能导航(PBN)手册[S]. 加拿大：蒙特利尔,2013.

[41] 国际民航组织. ICAO DOC 8168-OPS/611 空中航行服务程序-航空器运行[S]. 加拿大：蒙特利尔,2014.

[42] 国际民航组织. ICAO DOC 9905-AN/471 要求授权的所需导航性能(RNP AR)程序设计手册[S]. 加拿大：蒙特利尔,2009.

[43] 国际民航组织. ICAO DOC 9368-AN/911 仪表飞行程序设计手册[S]. 加拿大：蒙特利尔,2002.

[44] 国际民航组织. ICAO DOC 9859 安全管理手册(SMM)[S]. 加拿大：蒙特利尔,2013.

[45] Air Transport Association of America. INC. ATA Spec 2200 Information Standards for Aviation Maintenance[S]. 1301 Pennsylvania Avenue, NW-Suite 1100, Washington, DC 20004-1707 USA, 2016.

[46] Air Transport Association of America. World Airlines and Suppliers Guide[S]. Revision 2000.1. Air Transport Association of America, 2000.

［47］ Air Transport Association of America. ATA Spec 2200 Information Standards for Aviation Maintenance［S］. Revision 2009. 1. Air Transport Association of America，2009.

［48］ Air Transport Association of America. MSG - 3 Operator/Manufacturer Scheduled Maintenance Development［S］. Air Transport Association of America，2007.

［49］ 孙智斌，王超. 波音飞机数据记录系统及其应用［J］. 中国民航学院学报，2002，20(7)：25 - 27.

［50］ 宋西民. 飞行数据记录器译码数据处理技术研究［J］. 西飞科技，1997(3)：13 - 15.

［51］ 舒平. 舱音记录器译码系统的改进方法究［J］. 航空工程与维修，2005(2)：43 - 45.

［52］ 李学龙，龚海刚. 大数据系统综述［J］. 中国科学：信息科学，2015，45(1)：1 - 44.

［53］ 骆涛. 面向大数据处理的并行计算模型及性能优化［D］. 合肥：中国科学技术大学，2015.

缩　略　语

缩略语	原　文	中　文
AC	advisory circular	咨询通告
ACARS	aircraft communication addressing and reporting system	飞机通信寻址和报告系统
ACAP	aircraft characteristics for airport planning	用于机场计划的飞机特性手册
ACMF	aircraft condition monitoring function	飞机状态监控功能
ACMS	aircraft condition monitoring system	飞机状态监控系统
ACN	aircraft classification number	航空器等级序号
ADCC	Aviation Data Communication Corporation	民航数据通信有限责任公司
ADDIE	analysis design develop implement evaluate	分析 设计 开发 实施 评估
AEG	aircraft evaluation group	航空器评审组
AFM	airplane flight manual	飞机飞行手册
AFDX	avionics full-duplex switched ethernet	航空电子全双工交换以太网
AICC	Aviation Industry CBT Committee	航空工业计算机辅助训练委员会
AIPC	aircraft illustrated parts catalog	飞机图解零件目录
ALI	airworthiness limitation instruction	适航限制项目
AM	accountable manager	责任经理
AMM	aircraft maintenance manual	飞机维修手册
AMTOSS	aircraft maintenance task-oriented support system	飞机维修任务定向支持系统

AOC	aircraft operations center	运行指挥中心
AOC	airplane operational control	飞机运行控制
AOG	aircraft on ground	飞机停场
APM	aircraft performance monitoring	飞机性能监控
APU	auxiliary power unit	辅助动力装置
ARINC	aeronautical radio inc	航空无线电公司
ARINC	Aeronautical Radio Inc	美国航空无线电设备公司
ASDA	accelerate stop distance available	可用加速停止距离
ATA	Air Transport Association of American	美国航空运输协会
AQP	advanced qualification program	（型别等级）高级训练大纲
AV	avionics	航空电子
BITE	built in test equipment	机内测试设备
CAAC	Civil Aviation Administration of China	中国民用航空局
CAS	crew alert system	机组告警系统
CAT Ⅱ	category Ⅱ	Ⅱ类盲降
CBT	computer based training	计算机辅助训练
CCAR	China Civil Aviation Regulation	中国民用航空规章
CCM	customer coordination memo	客户协调备忘录
CCM	customer service coordination memo	客户服务合作备忘录
CD	coefficient of drag	阻力系数
CDL	configuration deviation list	构型偏离清单
CDU	control display unit	控制显示器
CG	center of gravity	重心
CIS	customer integrate service	数字化客户服务系统
CMCF	central maintenance computing function	中央维护计算功能
CMM	component maintenance manual	部件维修手册
CMS	central maintenance system	中央维护系统
COP	climb-out program	运行航迹模块
CPC	collaborative product commerce	协作产品商务平台
CPU	central processing unit	中央处理单元

CPM	consumable product manual	消耗品手册
CRM	customer relationship management	客户关系管理
CVR	cockpit voice recorder	驾驶舱舱音记录器
CRS	change request system	面向技术出版物全寿命周期的构型控制和更改管理系统
CSA	customer service agreement	客户服务协议
DDAT	digital display auto-calibration tool	数字式自动校准显示工具（软件）
DATAC	digital autonomous terminal access communications	数字式自主终端存取通信
DDG	dispatch deviation guide	放飞偏离指南
DIF	difficulty importance frequency	难度、重要性及频度
DSP	datalink service provider	数据链通信服务提供商
EASA	European Aviation Safety Agency	欧洲航空安全局
ECAM	electronic centralized aircraft monitoring	飞机中央电子监控
EFIS	electronic flight instrument system	电子飞行仪表系统
EIS	entry into service	投入运营
EBOM	engineering bill of material	工程物料清单
EICAS	engine indicating and crew alerting system	发动机指示和机组告警系统
EM	engine manual	发动机手册
EPR	engine pressure ratio	发动机压力比
ETOPS	extended-range operations	延程运行
FAA	Federal Aviation Administration	（美国）联邦航空局
FCOM	flight crew operation manual	飞行机组操作手册
FDDI	fiber distributed data interface	光纤分布式数据接口
FDR	flight data recorder	飞行数据记录仪
FHA	functional hazard assessment	功能危害分析
FFS	full flight simulator	全动飞行模拟机
FFTH	fuel flow for theory	理论燃油流量值

FIM	failure insulate manual	故障隔离手册
FMGS	flight management guide system	飞行管理引导系统
FOEB	Flight Operations Evaluation Board	飞行运行评估委员会
FOQA	flight operation quality assurance	飞行品质监控
FRR	failure rejection report	故障拒收报告
FS	flight standard	飞行标准
FSB	Flight Standards Board	飞行标准化委员会
FTA	fault tree analysis	故障树分析
FTC	Flight Technique Commission	飞行技术委员会
FTD	flight training device	飞行训练器
GDMC	guaranteed direct maintenance cost	直接维修成本担保
GMTBUR	guaranteed mean time between unscheduled removal	平均非计划拆换间隔时间担保
GMTBF	guaranteed mean time between failure	平均失效间隔时间担保
GSE	ground support equipment	地面支援设备
GTAT	guaranteed turn around time	周转时间担保
GTBO	guaranteed time between overhauls	大修间隔时间担保
IEEE	Institute of Electrical and Electronic Engineers	电气与电子工程师协会
IATA	International Air Transport Association	国际航空运输协会
ICAO	International Civil Aviation Organization	国际民航组织
IOSA	Iata Operation Safety Audit	国际航空运输协会运行安全审计认证
ISC	Industry Steering Committee	工业指导委员会
IP	initial provisioning	首批推介
IPL	illustrated part list	图解零件清单
IPT	integrated program team	综合项目团队
ISA	international standard atmosphere	国际标准大气
ISR	integrated service request	服务请求协调单

KPI	key performance indicator	关键绩效指标
KSA	knowledge skill ability	知识、技能及能力
LCMS	learning component management system	学习内容管理系统
LLP	life limited parts	时寿件
LMP	line maintenance part	航线可维护零件
LOI	letter of intent	意向书
LRU	line replaceable unit	航线可更换件
LSB	least significant bit	最低有效位
MCDU	multifunction control display unit	多功能控制显示组件
MCL	motion & control loading	运动与控制载荷
MD	management document	管理文件
ME	machine electrical	机电
MEL	minimum equipment list	最低设备清单
MMEL	master minimum equipment list	主最低设备清单
MOC	mean of compliance	符合性方法
MOU	memorandum of understand	谅解备忘录
MPD	maintenance planning document	维修计划文件
MPP	maintenance practice procedure	维修实施程序
MRB	Maintenance Review Board	维修审查委员会
MRBR	maintenance review board report	维修审查委员会报告
MRO	maintenance repair and overhaul	维护、修理和大修
MRU	minimum revisable unit	最小可更改单元
MSB	most significant bit	最高有效位
MTC	maintenance task card	维修工卡
MTC	Maintenance Technology Committee	维修技术委员会
MTD	maintenance training device	维护训练器
NAIP	national aeronautical information publication	国内航空资料汇编
OEM	original equipment manufacturer	原设备制造厂商
OBOM	operation bill of material	客户服务在役数据库
OMS	onboard maintenance system	机载维护系统

PBN	performance based navigation	基于性能的导航
PCN	pavement classification number	道面等级数
PCR	program change request	项目更改请求
PCR	publication change request	技术出版物修订请求
PES	performance engineer's software	性能工程软件
PM	product manager	产品经理
PMMEL	proposed master minimum equipment list	主最低设备清单建议书
PPH	policy and procedures handbook	政策与程序手册
PQP	pilot qualification plan	驾驶员资格计划
pssa	preliminary system safety assessment	初步系统安全性评估
PSP	product support plan	产品支援计划
QAR	quick access recorder	快速转录记录器
QAR	quick access recorder	快速存取记录器
QM	quality manager	质量经理
QRH	quick reference handbook	快速检查单
RAT	ram air turbine	冲压空气涡轮
REP	report for evaluation of proposals	供应商评估报告
RFI	request for information	信息征询书
RFP	request for proposal	邀标书
RFC	request for clarification	招标书澄清文件
RFFS	rescue and fire fighting services	救援与消防服务
RGS	remote control ground station	遥控地面站
RNAV	area navigation	区域导航
RNP AR	requirement navigation performance as required	所需性能导航
RSPL	recommended spare parts list	初始航材推介清单
RVSM	reduced vertical separation minimum	缩小垂直间隔
SB	service bulletin	服务通告
SBOM	service bill of material	客户服务单一数据库
SCORM	shareable content object reference model	共享内容对象参考模型

SCSA	supplier customer service agreement	供应商客户服务协议
SDS	system description section	系统描述部分
SGML	standard generalized markup language	标准通用标记语言
SID	standard instrument departure	标准仪表离场
SLP	service life policy	使用寿命担保
SMI	standard message identifiers	标准信息标识符
SMM	safety management manual	安全管理手册
SMS	safety management system	安全管理系统
SPC	spare part classification	备件分类
SPPC	spare part price catalog	航材价格目录
SR	service request	服务请求
SRAF	service request answer form	服务请求答复单
SRM	structural repair manual	结构修理手册
SSA	system safety analysis	系统安全性分析
SSA	system safety assessment	系统安全性评估
STE	simplified technical english	简化技术英语
TIMS	technical publication information management system	技术出版物信息管理系统
TMS	training management system	训练管理系统
TNA	training needs analysis	培训需求分析
TODA	takeoff distance available	可用起飞距离
TORA	takeoff run available	可用起飞滑跑距离
TSR	transfer service request	服务请求转移单
TR	temporary revision	临时修订
VHF	very high frequency	甚高频
VMBE	maximum braking energy speed	最大刹车能量速度
VMCG	minimum control speed on ground	地面最小操纵速度
VR	virtual reality	虚拟现实
V1	takeoff decision speed	起飞决断速度
V2	takeoff safety speed	起飞安全速度
WASG	world airlines and supplier's guide	全球航空公司和供应商指南
XML	extensible markup language	可扩展标记语言

索　引

大飞机出版工程
书　目

一期书目（已出版）

《超声速飞机空气动力学和飞行力学》（译著）

《大型客机计算流体力学应用与发展》

《民用飞机总体设计》

《飞机飞行手册》（译著）

《运输类飞机的空气动力设计》（译著）

《雅克-42M和雅克-242飞机草图设计》（译著）

《飞机气动弹性力学和载荷导论》（译著）

《飞机推进》（译著）

《飞机燃油系统》（译著）

《全球航空业》（译著）

《航空发展的历程与真相》（译著）

二期书目（已出版）

《大型客机设计制造与使用经济性研究》

《飞机电气和电子系统——原理、维护和使用》（译著）

《民用飞机航空电子系统》

《非线性有限元及其在飞机结构设计中的应用》

《民用飞机复合材料结构设计与验证》

《飞机复合材料结构设计与分析》（译著）

《飞机复合材料结构强度分析》

《复合材料飞机结构强度设计与验证概论》

《复合材料连接》

《飞机结构设计与强度计算》

三期书目（已出版）

《适航理念与原则》

《适航性：航空器合格审定导论》（译著）

《民用飞机系统安全性设计与评估技术概论》

《民用航空器噪声合格审定概论》

《机载软件研制流程最佳实践》

《民用飞机金属结构耐久性与损伤容限设计》

《机载软件适航标准 DO‑178B/C 研究》

《运输类飞机合格审定飞行试验指南》（编译）

《民用飞机复合材料结构适航验证概论》

《民用运输类飞机驾驶舱人为因素设计原则》

四期书目（已出版）

《航空燃气涡轮发动机工作原理及性能》

《航空发动机结构强度设计问题》

《航空燃气轮机涡轮气体动力学：流动机理及气动设计》

《先进燃气轮机燃烧室设计研发》

《航空燃气涡轮发动机控制》

《航空涡轮风扇发动机试验技术与方法》

《航空压气机气动热力学理论与应用》

《燃气涡轮发动机性能》（译著）

《航空发动机进排气系统气动热力学》

《燃气涡轮推进系统》（译著）

《燃气涡轮发动机的传热和空气系统》

五期书目（已出版）

《民机飞行控制系统设计的理论与方法》

《民机导航系统》

《民机液压系统》（英文版）

《民机供电系统》

《民机传感器系统》

《飞行仿真技术》

《民机飞控系统适航性设计与验证》

《大型运输机飞行控制系统试验技术》

《飞行控制系统设计和实现中的问题》（译著）

《现代飞机飞行控制系统工程》

六期书目（已出版）

《民用飞机构件先进成形技术》

《民用飞机热表特种工艺技术》

《航空发动机高温合金大型铸件精密成型技术》

《飞机材料与结构检测技术》

《民用飞机构件数控加工技术》

《民用飞机复合材料结构制造技术》

《民用飞机自动化装配系统与装备》

《复合材料连接技术》

《先进复合材料的制造工艺》（译著）

七期书目（已出版）

《支线飞机设计流程与关键技术管理》

《支线飞机验证试飞技术》

《支线飞机电传飞行控制系统研发及验证》

《支线飞机适航符合性设计与验证》

《支线飞机市场研究技术与方法》

《支线飞机设计技术实践与创新》

《支线飞机项目管理》

《支线飞机自动飞行与飞行管理设计与验证》

《支线飞机电磁环境效应设计与验证》

《支线飞机动力装置系统设计与验证》

《支线飞机强度设计与验证》

《支线飞机结构设计与验证》

《支线飞机环控系统研发与验证》

《支线飞机运行支持技术》

《ARJ21-700新支线飞机项目发展历程、探索与创新》

《飞机运行安全与事故调查技术》

《基于可靠性的飞机维修优化》

《民用飞机实时监控与健康管理》

《民用飞机工业设计的理论与实践》